JN303565

Elements of
Advanced Quantum Theory

ザイマン
現代量子論の基礎
［新装版］

J.M.ザイマン 著
樺沢 宇紀 訳

丸善プラネット株式会社

Elements of
Advanced
Quantum Theory

by

J.M.Ziman

© Cambridge University Press 1969
Reprinted 1977 1980 1988 1992 1995

Copyright © 1969 by Cambridge University Press.
All rights reserved. No part of this book may be
reproduced or transmitted in any form or by any means,
electronic or mechanical, including photocopying, recording
or by any information storage retrieval system, without
the prior written permission the copyright owner.
Japanese Copyright ©2008, 2019 by Maruzen Planet Co.,Ltd.
本書はCambridge University Pressの正式翻訳許可を得たものである。

序

'Sir, I have found you an argument: I am not obliged to find you an understanding'

SAMUEL JOHNSON

　おそらく数理物理学者たちはいつの時代にも彼等自身の抽象的な言語を用いて同時代の人々を惑わし続けてきた．特にこの半世紀の間に量子力学の理論は雲上の高みに上ってしまい，多くの物理学者はもはや自分の研究分野の理論を理解することができなくなってしまった．しかし観測はすべて"実験屋"が行い，考察はすべて尊大で口の立つ専門家——"理論屋"? ——がやるというのは，不健全な状態というべきであろう．

　大学院の学生と研究者のための上級教育は，あらゆる学問分野において必要なものである．しかし量子論は階層的な理論構造を持つために，その教育がことのほか困難である．量子論の場合，初級段階を修得しない限り，上の段階で現れる抽象的な形式や手法の意味を全く理解できないのである．実際，新しい一般化の方法が現れても，それはそれまでの経験則や近似法を全面的に駆逐することはない．ピラミッドの上段への近道はないのである．

　しかしピラミッドという言葉から一様に傾斜した建築物を登っていくイメージを持つならば，それはむしろ誤解を招く．私の印象では，量子論の体系は"ジグラット"(古代バビロニアやアッシリアの神殿)のように感じられる．急激な高い絶壁をひとつ越えると，一段高い抽象概念レベルで自由に動ける一定の領域がある．各々の障壁を越える時には，たとえばある段階では微分法，また別の段階では線形空間の幾何といった具合に，その都度新しい数学的手法の修得が必要となる．

　古典論から量子論へ移行する際の第1の大きなステップは，物質の波動性に関する実験事実と，微視的な過程における確率論的な性質を受け入れることである．シュ

レーディンガー方程式の助けによって，学生は原子や原子核のエネルギーレベルについて，あるいは電子や中性子の散乱やトンネリング等について説明できるようになる．

次の段階では，ヒルベルト空間を背景とした種々の概念——状態と演算子，観測量(オブザーバブル)，行列要素，摂動論——を修得する．素粒子，原子核，原子，分子等による広汎な物理現象がこれらの概念に翻訳されることになる．これらの概念の背後にある原理は明確に規定されているので，ほとんどの物理学者は教育課程の中でこのレベルの概念を修得しており，この知識を用いて一定の範囲の事柄を理解できるようになっている．

しかし大学院の学生が研究を開始すると，彼はしばしば理論的な文献において不可思議な多数の記号や概念の障壁——場の演算子，ダイヤグラム，伝播関数，グリーン関数，スピノル，S行列，既約表現，連続群等々——に直面することになる．これらの概念は必ずしも全てが数学的に密接に関係づけられているわけではないが，物理学の多岐にわたる分野においてそれらの諸概念が入り乱れて用いられているのを見るとき，ここに立ち塞がる障壁は彼が既に克服してきたものよりも高く急峻であるように感じることになる．数理を専門としない物理学者たちが，かれらの頭上の雲の上にあるものをおぼろげに感知していながら，さらなる上昇をあきらめてしまっていることは，さして驚くにはあたらない．

本書は最も単純な言葉を用いてこれらの多様な概念や計算技術の本質を説明するひとつの試みである．学生達は本書を読んだ後，文献において久保公式，ベーテ‒サルピーター方程式，群の指標表といった専門用語に遭遇しても，著者の意図するものについて見通しを立てて，臆することなく論理の筋道を辿ることができるようになるだろう．本書は高度な諸概念に対して，正面の大階段の役割を果たすわけではないが，諸概念への掛橋になれるものと考えている．

私が読者として想定したのは，英国の大学で物理学の課程を修了し，研究に従事し始めて1年ないし2年めの，まだ新たな知識に対する欲求を失っていない大学院生である．読者は解析学，線形代数，電磁気学，統計力学および特殊相対論等について，ごく基礎的な範囲の知識を持っていればよい．しかしディラック‒フォン・ノイマン形式の量子力学——行列表示，直交関数系，演算子，固有値問題などの諸概念——は十二分に理解していなければならない．また読者は素粒子物理，原子核物理および固体物理についても既に数十回の講義を受けていて，これらの基本的な知識を持っているものと仮定した．

私が本書で取り扱った事項は，もちろん他の多くの書物においても詳しく説明されているが，最も良質の説明はむしろ，その方法が特定の分野に適用されている論文においてしばしば見られる．しかし詳細な具体的記述の中から主要な原理を抽出するのは学生にとって容易なことではない．また個々の経験からは，その原理の適用範囲の

広さを理解する機会もなかなか得られないものである．たとえば通常，ファインマンのグラフ理論は，固体物理における多体問題のある特別な文脈で現れたり，素粒子論において相対論的不変性の要請による数式的な繁雑さを伴った形で現れたりする．しかしグラフ理論の本質的な要点は，グラフによって摂動展開の中に現れる各項の性質が正確に表され，トポロジー的な議論から級数の総和を求めることができるということである．残りは枝葉末節であり，特定の個々の問題を扱う際に必要に応じて知識を補填すればよい．

本質的ではない部分に読者が多大な労力を費やすことを極力避けるために，私はそれぞれの技法の適用例としてごく単純なものだけを選び，言及する原理や現象は物理学科の出身者ならば誰もがよく馴染んでいるものに限定するように努めた．本書は物理学の具体的な分野，たとえば超伝導現象，原子核構造論，素粒子の分類といった問題について実験的・理論的基礎を与えるものではない．私は学生達に，そのような各分野の専門書を独力で読めるような能力を与えることを意図したのである．

しかし一方，抽象的な数学を使用せざるを得なかったために，私の意図は大きく阻まれているかもしれない．通常の人間にとって，純粋数理学者が纏め上げた客観的な数学的定義・公理・定理などを受け入れ続けることほど窮屈なことはない．そのような探究によって達成された論理的な厳密さは価値の高いものではあるが，大抵の場合そのような綿密な議論は，我々が中心的な概念そのものをまず大掴みに掴むまでは全く役に立たないものである．ユークリッド以前にも幾何学は存在したし，コーシー以前にも解析学はあった．シューアの補題の一般的な証明を理解していなくても，群の既約表現の重要性は理解できるはずである．私は重要な結果については数学的な導出方法を与えるように心がけ，また誤解を与えかねない記述はできる限り避けるようにしたが，式の厳密さや式の成立条件，例外の有無などの付帯的な事項に疑問を持たれた読者は，他の専門的な文献を参照していただきたい．仮に読者が私の用意した範囲の限られた記述を理解できなかったり，信用できないと感じたとしても，自分自身を責めずに，自ら他の文献を用いて真実を見いだしてもらいたいと思う．

物理学的にも数学的にも上記のような制約があるために，読者の理解を深めるような有用な"演習問題"を用意することはほとんどできなかった．新たな問題を提示すると，その教育的効果よりも，その問題自体を解釈するために強いられる負担の方が大きくなるからである．しかし著しく真面目な学生ならば，他の専門的な書物を併用して，その本論と，そこでとり上げられている"実例"を並行して学ぶこともよい訓練になるであろう．

私は参考文献のリストも作成しないことにした．量子物理に関する書物とレビュー論文のカタログを形式的に用意しても，大した価値はなかろう．文献に関する私自身

の知識は，たまたま私が手にする機会を得たものに限定されており，私がよく知る文献とあまり知らない文献とをすべて公平に比較評価することはできないと思う．

　本書で扱った題材の多くは，本当は私の専門外であることをここに告白しておくべきであろう．ほぼ20年の間，私はディラックの「量子力学」第3版に記述されている量子力学的手法以上のものをあまり使わずに固体物理の理論研究に携わってきた．しかし誤魔化しをずっと続けるわけにもいかないと考え，1964年にブリストルに来た時，自分自身と実験・理論両分野の学生のために，私は固体物理学における場の量子論の方法の講義を受け持つことを提案した．この講義を数回繰り返すうちに，私はこの内容をより正確な形の原稿にして出版したいと考えるようになったが，そうして書き上げた初めの3つの章によって，私自身のそれまでの理解の仕方がいかに中途半端であったかを認識させられた．そこで私はこの企てを拡大して，更に自分が知らない多くのことを自分に対して教育することを試みた．この快い自己教育の仕事のために，私はこの2年間の冬の期間を忙しく過ごすことになったが，この期間に執筆した残りの4つの章によって，私は更に多くのことを教えられた．Jane Farmer 嬢と Lilian Murphy 夫人が本文をきれいにタイプしてくれた原稿へ，残りの数式の部分を書き移す退屈な作業にも，さほど飽き飽きすることはなかった．この適度な単純作業は，大学で眠くなるような午後の時間を過ごす鬱陶しさをかなり和らげてくれたのである．

　適格ではない者が書いた本を厚かましく売り物にすることの言い訳にはなるが，私は本書を執筆するという明確な目的のためにそれぞれの知識を修得する努力をしたので，単に研究においてこれらの技法に長く接してきたというだけの場合よりも深く理解できたと思っている．今となっては当初私が大きな障壁のように感じていた問題のいくつかは，実は些細な問題であったと分かる．しかし私は本書の中で，私自身が掛橋を一段ずつ上がってきた際に経験した理解の筋道を示したいと考えた．おそらく経験の浅い旅行者にとっては，ベデカーのような厳格で学術的な旅行案内書よりも，むしろ個人的な親身の案内が役に立つであろう．

J. M. Z.

Bristol
April 1968

目次

序 ... iii

第1章 ボーズ粒子 ... 1
 1.1 調和振動子 ... 1
 1.2 消滅演算子・生成演算子 ... 3
 1.3 相互に結合した振動子群：1次元鎖 ... 6
 1.4 3次元格子系とベクトル場 ... 9
 1.5 連続体 ... 11
 1.6 場の古典論 ... 14
 1.7 第二量子化 ... 17
 1.8 クライン–ゴルドン方程式 ... 20
 1.9 場の源・場の相互作用 ... 21
 1.10 例：フォノンのレイリー散乱 ... 23
 1.11 例：湯川型相互作用 ... 25
 1.12 荷電ボーズ粒子 ... 27

第2章 フェルミ粒子 ... 31
 2.1 数表示 ... 31
 2.2 消滅・生成演算子：反交換関係 ... 32
 2.3 第二量子化 ... 35
 2.4 散乱：統計力学との関係 ... 38
 2.5 粒子の相互作用：運動量の保存 ... 40
 2.6 フェルミ粒子–ボーズ粒子相互作用 ... 42
 2.7 正孔 (空孔) と反粒子 ... 46

第3章 摂動論 ... 51
 3.1 ブリルアン–ウィグナー展開 ... 51

3.2	ハイゼンベルク表示	55
3.3	相互作用表示	59
3.4	時間発展演算子の級数展開	60
3.5	S行列	63
3.6	S行列展開の代数的方法	66
3.7	ダイヤグラムによる表現	72
3.8	運動量表示	79
3.9	物理的な真空	86
3.10	ダイソン方程式と繰り込み	91

第4章　グリーン関数　95

4.1	密度行列	95
4.2	密度演算子の運動方程式	99
4.3	正準集団	100
4.4	久保公式	101
4.5	1粒子グリーン関数	105
4.6	エネルギー−運動量表示	107
4.7	グリーン関数の計算	110
4.8	2粒子グリーン関数	112
4.9	グリーン関数の階層性	116
4.10	時間に依存しないグリーン関数	117
4.11	グリーン関数の行列表示	120
4.12	時間に依存しないグリーン関数の空間座標表示	122
4.13	ボルン級数	123
4.14	T行列	126
4.15	例：金属中の不純物準位	130

第5章　多体問題　135

5.1	巨視的な系の量子力学的な性質	135
5.2	トーマス−フェルミ近似	136
5.3	ハートリーの自己無撞着な場	138
5.4	ハートリー−フォックの方法	139
5.5	ハートリー−フォック理論のダイヤグラムによる解釈	142
5.6	ブルックナーの方法	146
5.7	誘電応答関数	147

5.8	誘電関数のスペクトル表示	149
5.9	誘電遮蔽のダイヤグラムによる解釈	153
5.10	乱雑位相近似 (RPA)	157
5.11	フェルミ液体のランダウ理論	160
5.12	希薄なボーズ気体	164
5.13	超伝導状態	167

第6章　相対論的形式　　173

6.1	ローレンツ不変性	173
6.2	相対論的電磁気学	176
6.3	波動方程式とゲージ不変性	178
6.4	相対論的な場の量子化	181
6.5	スピノル	185
6.6	ディラック方程式	188
6.7	ディラック行列	190
6.8	ディラック場の量子化	193
6.9	相対論的な場の相互作用	197
6.10	散乱過程の相対論的運動学	200
6.11	解析的な S 行列の理論	205

第7章　対称性の数理　　211

7.1	対称操作	211
7.2	表現	213
7.3	有限群の正則表現	217
7.4	直交定理	220
7.5	指標と類	222
7.6	直積群と表現	227
7.7	並進群	232
7.8	連続群	233
7.9	回転群	237
7.10	回転群の既約表現	240
7.11	スピノル表現	242
7.12	$SU(2)$	244
7.13	$SU(3)$	248

参考文献（訳者補遺） 253

訳者あとがき 259

第 1 章 ボーズ粒子

The more we are together the merrier we'll be.

1.1 調和振動子

場の量子論では通常，占有数表示 (数表示) と呼ばれる表示法が用いられる．多粒子系の量子力学的状態は，基本的なひと揃い(そろ)の1粒子波動関数が表すそれぞれの状態に，何個ずつ粒子が (あるいは "準粒子" や "素励起" が) 入っているかを示す一連の整数によって表わされる．この表示法の本質を理解するための予備知識として，まずは物理学において最もよく知られた基本的な題材——調和振動子の力学——を論じることにする．

1次元空間で位置 x にある質点 (質量 m) が，$-gx$ の力を受けるとすると，古典的な運動方程式は，

$$m\ddot{x} = -gx \tag{1.1}$$

となる ($\ddot{x} \equiv d^2x/dt^2$)．この式は次の解を持つ．

$$x = x_0 e^{i\omega t} \tag{1.2}$$

$$\omega = \sqrt{g/m} \tag{1.3}$$

これらの式は，下記の古典的なハミルトン関数 (Hamiltonian function) から解析力学の手続きに従って導くことができる．

$$\mathcal{H} = \frac{1}{2m}p^2 + \frac{1}{2}gx^2 \tag{1.4}$$

p は運動量で，$p = m\dot{x}$ である ($\dot{x} \equiv dx/dt$)．

一方，量子論では振動子のエネルギーは量子化され，エネルギー準位は次のように与えられる．

$$\mathcal{E}_n = \left(n + \frac{1}{2}\right)\hbar\omega \tag{1.5}$$

n はゼロ以上の整数である．この結果はどのように導かれるのであろうか？最も素朴な方法は，運動量を微分演算子で表わし，シュレーディンガー方程式 (Schrödinger equation) を解析的に解くことである．しかし互いに共役な演算子 x と p の交換関係を利用する，よりエレガントな方法もある．

$$[x, p] \equiv xp - px = i\hbar \tag{1.6}$$

ここで，演算子 x, p それぞれの 2 次の項の和から成る式 (1.4) を，以下のように定義される a と a^* の積に書き換えることを試みる．

$$a = \frac{1}{\sqrt{2\hbar\omega}} \left(\frac{1}{\sqrt{m}} p - i\sqrt{g} x \right)$$

$$a^* = \frac{1}{\sqrt{2\hbar\omega}} \left(\frac{1}{\sqrt{m}} p + i\sqrt{g} x \right) \tag{1.7}$$

係数部分はこれらの演算子の交換子が 1 になるように決めてある．これは式 (1.6) と式 (1.3) を用いて確認することができる．

$$\begin{aligned} [a, a^*] &= \frac{1}{2\hbar\omega} \left\{ \frac{1}{m}[p, p] + i\sqrt{\frac{g}{m}}[p, x] - i\sqrt{\frac{g}{m}}[x, p] + g[x, x] \right\} \\ &= -\frac{1}{2\hbar} 2i[x, p] \\ &= 1 \end{aligned} \tag{1.8}$$

この交換関係は，非可換な演算子の交換関係のうちで最も基本的で重要なものである．

ハミルトニアン (1.4) をこれらの新しい演算子で表わそう．式 (1.7) を p と x について解いたものを用いて，次の表式を得ることができる．

$$\mathcal{H} = \frac{1}{2} \hbar\omega \left(aa^* + a^*a \right) \tag{1.9}$$

ハミルトニアンを単純に a と a^* の積の形にするという当初の意図は，演算子の非可換性のために完全には達成されない．

次のステップとして，式 (1.8) を満足し，かつ $\mathcal{H}$ を対角化するような a と a^* の行列表示を見いだす必要がある．これを交換関係から導く作業には少々手間がかかるが，結果は簡単に記述できる．基本となる状態関数 (ケットベクトル) を導入することにより，次のように書ける．

$$\begin{aligned} a|n\rangle &= \sqrt{n} |n-1\rangle \\ a^*|n\rangle &= \sqrt{n+1} |n+1\rangle \end{aligned} \tag{1.10}$$

それぞれの状態関数は"占有数"と呼ばれる整数の指標 n で識別される. 演算子 a は n 状態を $(n-1)$ 状態に変換する. 演算子 a^* は反対に占有数をひとつ増やすような変換を状態関数に施す.

これらの関係が交換関係 (1.8) と矛盾しないことを示すのは簡単である. たとえばこの交換子を状態関数に作用させると,

$$\begin{aligned}
[a, a^*] |n\rangle &\equiv aa^* |n\rangle - a^* a |n\rangle \\
&= a\sqrt{n+1} |n+1\rangle - a^* \sqrt{n} |n-1\rangle \\
&= \sqrt{n+1}\, a |n+1\rangle - \sqrt{n}\, a^* |n-1\rangle \\
&= \sqrt{n+1}\sqrt{n+1} |n\rangle - \sqrt{n}\sqrt{n} |n\rangle \\
&= (n+1) |n\rangle - n |n\rangle \\
&= |n\rangle
\end{aligned} \tag{1.11}$$

となる. 言い替えると, この交換子は状態関数 $|n\rangle$ をそれ自身に変換する. 基本状態 $|n\rangle$ が完全系を構成すると考えるならば, $[a, a^*]$ は完全な単位演算子である.

ここでハミルトニアン (1.9) を見てみると, 各々の $|n\rangle$ は $\mathcal{H}$ の固有ベクトルであることが分かる. 数式的な証明は式 (1.11) において第 2 項の符号のみを変えることにより得られる. その結果は,

$$\begin{aligned}
\mathcal{H} |n\rangle &= \frac{1}{2}\hbar\omega(2n+1) |n\rangle \\
&= \mathcal{E}_n |n\rangle
\end{aligned} \tag{1.12}$$

となる. 状態関数 $|n\rangle$ は n 番めのエネルギー $\mathcal{E}_n$ (式 (1.5)) に対応する固有関数である. これで調和振動子のエネルギーの"量子化"は完了した.

1.2　消滅演算子・生成演算子

式 (1.7) で定義した演算子は様々な性質と用途を持っている. a は単一振動子系の量子数 (エネルギー量子の占有数) をひとつ減らす作用を持つので消滅演算子と呼ばれる. また a^* は占有数をひとつ増加させるので生成演算子と呼ばれる. 両者の積 a^*a は系の占有数を計る演算子で, $|n\rangle$ が固有関数となっている.

ここでは状態ベクトルの単純な性質をそのまま利用して, 量子力学を構築することを考える. "波動関数"——変数 x に対する解析的な関数形——を知る必要はない. 式 (1.10) の性質と, $|n\rangle$ は全て同じ $\mathcal{H}$ の固有関数で互いに正規直交性を持つことを

知っていればよい.

$$\langle n|n'\rangle = \delta_{nn'} \tag{1.13}$$

実際,基底状態 $|0\rangle$ (真空状態とも呼ぶ) に a^* を繰り返し作用させることにより,全ての基本状態 $|n\rangle$ を得ることができる.すなわち式 (1.10) より,

$$|n\rangle = \frac{1}{\sqrt{n!}}(a^*)^n|0\rangle \tag{1.14}$$

となる.また同じく式 (1.10) より,消滅演算子を基底状態に作用させるとゼロになることも分かる.

$$a|0\rangle = 0 \tag{1.15}$$

これは,占有数が決して負の値を取らないという,極めて妥当な結果を示している.

以上の規則を利用すれば,系のいかなる量も量子力学的に計算することができる.たとえば基底状態における x^4 の平均値を知りたいとする.演算子 x は式 (1.7) を用いることにより,演算子 a と a^* で表わすことができる.

$$x = i\sqrt{\frac{\hbar\omega}{2g}}(a - a^*) \tag{1.16}$$

したがって,

$$\begin{aligned}
\overline{x^4} &\equiv \langle 0|x^4|0\rangle \\
&= \left(\frac{\hbar\omega}{2g}\right)^2 \langle 0|(a-a^*)^4|0\rangle \\
&= \frac{\hbar^2}{4mg}\{\langle 0|a^4|0\rangle - \langle 0|a^3 a^*|0\rangle - \langle 0|a^2 a^* a|0\rangle \ldots \\
&\qquad\qquad \ldots + \langle 0|(a^*)^4|0\rangle\}
\end{aligned} \tag{1.17}$$

となる.これらの行列要素を計算するために,いくつかの規則を用いる.まず消滅演算子と生成演算子の数が異なる項はすべてゼロになる.これは $|0\rangle$ に演算子を作用させてできる $n \neq 0$ の状態が,式 (1.13) で示したように $\langle 0|$ と直交するためである.

$|0\rangle$ の直前に消滅演算子のある項や,$\langle 0|$ の直後に a^* がある項も省くことができる.前者は式 (1.15) から自明であるが,後者に関しても,

$$\langle 0|a^* = 0 \tag{1.18}$$

の関係がある.式 (1.7) より a^* は a に対してエルミート共役 (Hermitian conjugate) な演算子なので,式 (1.15) のエルミート共役をとることで式 (1.18) が得られる.これは生成演算子によって真空を生じるような下位の状態は存在しないことを数式的に

表現している．a や a^* がエルミート演算子ではないことは明らかだが，a^* は初等代数で言うところの a の複素共役ではない．何故なら運動量の演算子 p はエルミート演算子であるが，x の微分演算子で表現すると虚数因子を含み，見かけ上 "虚" になっているからである．つじつまを合わせておくために，星印 (*) はエルミート共役を表わすこととする．

ここまでで，式 (1.17) の右辺には 2 つの項だけが残ることになる．残った項は式 (1.10) を繰り返し適用することによって計算できる．しかし交換関係 (1.8) を用いるともっと面白い．a^*a は対角化されているので aa^*aa^* は次のように計算される．

$$(aa^*)(aa^*) = (a^*a+1)(a^*a+1)$$
$$= (n+1)^2 \qquad (1.19)$$

また aaa^*a^* は，

$$aaa^*a^* = a(a^*a+1)a^*$$
$$= aa^*aa^* + aa^*$$
$$= (n+1)^2 + (n+1) \qquad (1.20)$$

となる．基底状態 ($n=0$) ではこれらの 2 つの演算子の期待値の和は 3 であるから，

$$\overline{x^4} = \frac{3}{4}\frac{\hbar^2}{mg} \qquad (1.21)$$

と求まる．

もちろん我々は，基底状態の波動関数から解析的に同じ結果を出すこともできる．すなわち，

$$|0\rangle = \frac{\sqrt{\alpha}}{\pi^{1/4}}\exp\left(-\frac{1}{2}\alpha^2 x^2\right) \qquad (1.22)$$

$$\alpha^4 = mg/\hbar^2 \qquad (1.23)$$

から結果を導くことができる．演算子を用いた式 (1.21) までの代数演算は，$\overline{x^4}$ の期待値を下記の積分によって求めることと等価である．

$$\langle 0|\,x^4\,|0\rangle = \frac{\alpha}{\sqrt{\pi}}\int x^4 e^{-\alpha^2 x^2} dx \qquad (1.24)$$

式 (1.14) によるあらゆる基本状態 $|n\rangle$ の生成は，基底状態の波動関数 (1.22) に順次微分演算を施してエルミート多項式 (Hermite polynomials) を導くことに対応している．

1.3 相互に結合した振動子群：1次元鎖

次に単独の調和振動子ではなく，相互作用をしている振動子群を想定してみよう．古典力学によれば振動が小さい場合，その運動は各基準振動モード (normal mode) に帰着することができる．それぞれのモードのエネルギーは，各モードを特徴づける振動数を単位として量子化されるものと考えられる．

このことは簡単に証明できる．ハミルトニアンは"基準振動モード表示"では共役変数の平方の一次結合からなり，式 (1.4) のハミルトニアンで表わされるような独立な調和振動子の集合のように振舞う．式 (1.9) のような消滅・生成演算子が導入できるのは自明のことである．

このような系の中で，広汎なモデルの原型となる特別な例がある．多数の独立な質点が規則的な配列をしており，短距離力で結合している場合である．これは明らかに結晶格子の力学の記述のための処方であるが，このような系で現われる算術は，はるかに広い適用範囲を持つ．

話を単純にするために1次元的な配列——間隔 a で並んだ原子の"鎖"——を想定し，最近接原子間は弾性定数 g のばねで繋がっているものとする．ハミルトニアンは，

$$\mathcal{H} = \frac{1}{2m}\sum_l p_l^2 + \frac{1}{2}g\sum_l (u_l - u_{l+a})^2 \tag{1.25}$$

と書かれる．u_l, p_l は鎖上の点 l にある質点の変位と運動量を表わす．鎖の端の影響を除くために，鎖は閉じているものと仮定する．

このような系に対する古典的な理論はよく知られている．ここでは演算子の手法を使うことにし，次の交換関係から始める．

$$[u_l, p_{l'}] = i\hbar\delta_{ll'} \tag{1.26}$$

この関係は，式 (1.6) の関係を拡張したものである．議論を単純にするために，位置 l の粒子の変位演算子は，他の位置 l' の粒子の運動量演算子と相互干渉がなく，これらの演算子は可換であるものとする．

ハミルトニアンを対角化するために，これらの新しい演算子にフーリエ変換を施し，新たな演算子を定義する．

$$U_k = \frac{1}{\sqrt{N}}\sum_l e^{ikl} u_l; \qquad P_k = \frac{1}{\sqrt{N}}\sum_l e^{-ikl} p_l \tag{1.27}$$

波数 k は数学的には格子の並進対称性に関係している (7.7節参照)．鎖が N 個の結合から成り，鎖の長さが $L = Na$ であるとすると，k が取り得る値は次のようになる．

$$k_n = \frac{2\pi n}{Na} = \frac{2\pi n}{L} \tag{1.28}$$

1.3. 相互に結合した振動子群：1次元鎖

n は整数である．実際には N が非常に大きい数になるので k_n の離散性はあまり目立たない．初等的なフーリエ解析の公式により，式 (1.27) を逆変換の形に直すと，

$$u_l = \frac{1}{\sqrt{N}} \sum_k \mathrm{e}^{-\mathrm{i}kl} U_k; \qquad p_l = \frac{1}{\sqrt{N}} \sum_k \mathrm{e}^{\mathrm{i}kl} P_k \tag{1.29}$$

となる．和は離散的な k が取り得る全ての値についてとる．したがって，式 (1.28) のすべての整数 n について，$-\frac{1}{2}N$ から $\frac{1}{2}N$ までの和をとることになる．通常 N は偶数として一方の端を省く．

この変換において重要な点は，式 (1.26) と同様な交換関係が変換後の U と P についても成立することである．これはフーリエ級数の基礎知識を用いて簡単に示すことができる．

$$\begin{aligned}
[U_k, P_{k'}] &= \frac{1}{N} \sum_{l,l'} \mathrm{e}^{\mathrm{i}(kl - k'l')} [u_l, p_{l'}] \\
&= \frac{1}{N} \sum_{l,l'} \mathrm{e}^{\mathrm{i}(kl - k'l')} \mathrm{i}\hbar \delta_{ll'} \\
&= \mathrm{i}\hbar \frac{1}{N} \sum_l \mathrm{e}^{\mathrm{i}(k - k')l} \\
&= \mathrm{i}\hbar \delta_{kk'}
\end{aligned} \tag{1.30}$$

このように新しく導入した"変位"U と"運動量"P も正準共役な関係を持っており，同じ波数について非可換である．波数が異なれば相互に独立な演算子となる．

次に，式 (1.29) をハミルトニアンに代入したいのであるが，ここである種の誤解の元となる問題が発生する．新しく導入する演算子 U_k と P_k はエルミート演算子ではない．これらは少し面倒な共役関係を持つ．

$$\begin{aligned}
U_k^* &= \frac{1}{\sqrt{N}} \sum_l \mathrm{e}^{-\mathrm{i}kl} u_l^* = \frac{1}{\sqrt{N}} \sum_l \mathrm{e}^{\mathrm{i}(-k)l} u_l = U_{-k} \\
P_k^* &= P_{-k}
\end{aligned} \tag{1.31}$$

実はあらかじめエルミート変換に関する対称化を考慮して，別の演算子を導入し直すことも可能である．しかし演算子は変えずに次のようなエルミート項でハミルトニアンを構成してしまう方が簡単である．

$$p_l^2 = p_l^* p_l \quad \text{etc.} \tag{1.32}$$

この慣例に従い，ハミルトニアンは次のように書かれる．

$$\mathcal{H} = \frac{1}{2} \sum_k \left\{ \frac{1}{m} P_k^* P_k + G(k) U_k^* U_k \right\} \tag{1.33}$$

$$G(k) = 2g(1 - \cos ka) \tag{1.34}$$

これは通常の座標における運動量と変位それぞれの平方を一次結合した形に対応しているものとみなせる．波数 k のモードの振動数は，

$$\begin{aligned}\omega_k &= \sqrt{\frac{G(k)}{m}} \\ &= 2\sqrt{\frac{g}{m}} \sin \frac{1}{2}|ka|\end{aligned} \tag{1.35}$$

である．通例に従って振動数の値は全て正とし，ω_{-k} は ω_k と等しいものとする．

最後のステップとして，式 (1.7) と同様に消滅・生成演算子を導入する．エルミート共役の要請を満たすように，次のように書く．

$$\begin{aligned}a_k &= \frac{1}{\sqrt{2\hbar\omega_k m}}(P_k - im\omega_k U_k^*) \\ a_k^* &= \frac{1}{\sqrt{2\hbar\omega_k m}}(P_k^* + im\omega_k U_k)\end{aligned} \tag{1.36}$$

これらの演算子は，式 (1.8) と同様な次の交換関係を持つ．

$$[a_k, a_{k'}^*] = \delta_{kk'} \tag{1.37}$$

また，式 (1.31) を用いると，他の全ての演算子同士は可換であることがわかる．

$$[a_k, a_{k'}] = 0; \qquad [a_k^*, a_{k'}^*] = 0 \tag{1.38}$$

式 (1.36) を，式 (1.31) の関係を用いて P_k 等の演算子について解くことができる．

$$P_k = \sqrt{2\hbar\omega_k m}\,\frac{1}{2}\left(a_k^* + a_{-k}\right) \tag{1.39}$$

この結果を式 (1.33) に代入して，次のようなハミルトニアンの式を得ることができる．

$$\begin{aligned}\mathcal{H} &= \frac{1}{4}\sum_k \hbar\omega_k \left(a_k^* a_k + a_k a_k^* + a_{-k}^* a_{-k} + a_{-k} a_{-k}^*\right) \\ &= \frac{1}{2}\sum_k \hbar\omega_k \left(a_k^* a_k + a_k a_k^*\right)\end{aligned} \tag{1.40}$$

（すべての $-k$ の値についての和は，すべての k についての和と同じことである．）

議論はここから 1.1 節，1.2 節と同様になる．演算子 a_k と a_k^* は波数 k のモードにおける量子の消滅と生成を司る．式 (1.27) と式 (1.36) の関係から，格子の力学的な性質はこれらの演算子ですべて表わすことができる．演算子で表わされる励起は，振動数 ω_k，波数 k で原子鎖のリング中を左右に伝播する波を表わし，分散関係 (1.35) は波の位相速度を与える．この励起はもちろん，固体におけるフォノン (phonon) に相当するようなものである．$\mathcal{H}$ の固有状態は次のような"数表示"で表わされる．

$$|n_{k_1}, n_{k_2}, \ldots, n_{k_\nu}, \ldots\rangle$$

これは ν 番目のモードがそれぞれ n_{k_ν} 個の量子を含む状態である．

1.4 3次元格子系とベクトル場

1次元鎖のモデルは場の量子論の主要な原理を見せてくれるが，かなり恣意的なもので，固体物理にそのまま適用できるものではない．だが幸いなことに2次元系や3次元系への拡張は容易である．1次元鎖上の位置 l の代わりに格子点の位置 $\boldsymbol{l}$ を指定し，波数 k の代わりに波数ベクトル $\boldsymbol{k}$ を導入する．前節で用いたフーリエ解析の定理は，積 kl をスカラー積 $\boldsymbol{k}\cdot\boldsymbol{l}$ と読み替えれば次元を拡張しても成立する．

$\boldsymbol{k}$ が取り得る値については注意を要する．3次元格子が単純立方格子であれば，$\boldsymbol{k}$ の各成分は式 (1.28) と同様に，次の条件を満足する．

$$k_x = \frac{2\pi n_x}{N_x a} = \frac{2\pi n_x}{L_x} \tag{1.41}$$

n_x は $-\frac{1}{2}N_x$ から $\frac{1}{2}N_x$ の範囲の整数であり，N_x は結晶が構成する立方体の一辺 L_x に含まれる"結晶格子"の数である．$\boldsymbol{k}$ が取り得る離散的な値は，$\boldsymbol{k}$ 空間上では立方体領域——ブリルアン領域 (Brillouin zone) の中に存在する．

単純立方格子は格子構造の一つの例に過ぎない．現実の結晶には体心立方格子，面心立方格子，六方格子等のもっと複雑な格子構造もある．これらの結晶構造の議論は，現実の結晶に対する理論において重要であるが，ここでは詳細な議論は止めておく．本書では単純立方格子でブリルアン領域が式 (1.41) で表わされるような格子しか扱わないが，ここから得られる結果は意外に適用範囲が広い．結晶の体積を V とすると $\boldsymbol{k}$ 空間における波数ベクトルの密度が結晶構造に依らず $(V/8\pi^3)$ となることは簡単に示せる．また一般にブリルアン領域内の離散的な波動ベクトル数の総和は N である．これらの規則により $\boldsymbol{k}$ が取り得る値や積分領域等の詳細に立ち入らず，次の対応関係を使うことができる．

$$\sum_{\boldsymbol{k}} e^{i\boldsymbol{k}\cdot(\boldsymbol{l}-\boldsymbol{l}')} \to \frac{V}{8\pi^3} \int_{\text{zone}} e^{i\boldsymbol{k}\cdot(\boldsymbol{l}-\boldsymbol{l}')} d^3k$$
$$= N\delta_{\boldsymbol{l}\boldsymbol{l}'} \tag{1.42}$$

(N は大きいので，和は積分に置き換えられる．) 記号の節約のために，通常 $V=1$ とする．

実際の格子系の取扱いにおいて少し面倒な点は1つの質点に関する"変位"や"運動量"が単純なスカラー変数 u_l や p_l で扱えないことである．格子の力学モデルを現

実的なものにするためには，格子点 l の変位をベクトル $\mathbf{u}_l$，これと共役な運動量もベクトル $\mathbf{p}_l$ としなければならない．したがって演算子の交換関係も次のように一般化する必要がある．

$$[\mathbf{u}_l, \mathbf{p}_{l'}] = i\hbar \mathbf{I} \delta_{ll'} \tag{1.43}$$

$\mathbf{I}$ は単位テンソルで，$\mathbf{u}_l$ と $\mathbf{p}_l$ の異なる軸方向の成分同士は交換する．

このような演算子のベクトル化によってハミルトニアンは少々複雑になる．隣接原子より遠い原子間の相互作用も考慮するとハミルトニアンは次のように書ける．

$$\mathcal{H} = \frac{1}{2m}\sum_l \mathbf{p}_l^* \cdot \mathbf{p}_l + \frac{1}{2}\sum_{l,l'} \mathbf{u}_l^* \mathbf{G}_{l-l'} \mathbf{u}_{l'} \tag{1.44}$$

テンソル $\mathbf{G}_{l-l'}$ は格子点 l の変位が格子点 l' に及ぼす"相互作用定数"の役割を担う．ここでは式 (1.32) のようなエルミート性の積の項を最後まで用いる．

ハミルトニアンをフォノン表示へ導くための初めのステップは 1.3 節と全く同様である．式 (1.27) に倣って新しいベクトルの演算子を定義する．

$$\mathbf{U}_\mathbf{k} = \frac{1}{\sqrt{N}}\sum_l e^{i\mathbf{k}\cdot l}\mathbf{u}_l, \qquad \mathbf{P}_\mathbf{k} = \frac{1}{\sqrt{N}}\sum_l e^{-i\mathbf{k}\cdot l}\mathbf{p}_l \tag{1.45}$$

そうすると，式 (1.33) と類似したハミルトニアンの表式が得られる．

$$\mathcal{H} = \frac{1}{2}\sum_\mathbf{k}\left\{\frac{1}{m}\mathbf{P}_\mathbf{k}^* \cdot \mathbf{P}_\mathbf{k} + \mathbf{U}_\mathbf{k}^* \mathbf{G}(\mathbf{k})\mathbf{U}_\mathbf{k}\right\} \tag{1.46}$$

ここでは式 (1.34) を一般化した次式を用いた．

$$\mathbf{G}(\mathbf{k}) = \sum_\mathbf{h} \mathbf{G}_\mathbf{h} e^{-i\mathbf{k}\cdot\mathbf{h}} \tag{1.47}$$

残念ながらここから直接消滅・生成演算子を導くことはできない．$\mathbf{G}(\mathbf{k})$ はテンソルだが，必ずしも対角テンソルではないことが難点となる．格子力学の理論では，この問題を処理することが本来の仕事であり，テンソルの固有値問題を解くところから議論が始まる．

しかしながらこの作業はいかなる場合でも手順が明確に定義されており，本質的には単純な作業である．ここでは煩わしい多くの記号を持ち出すことは止めて，作業の筋道を記述するに留める．まずテンソル $\mathbf{G}(\mathbf{k})$ の主軸を求め，演算子 $\mathbf{U}_\mathbf{k}$ と $\mathbf{P}_\mathbf{k}$ をこれらの軸成分で表わす．このテンソルの対角成分は式 (1.35) から類推されるように $m(\omega_\mathbf{k}^{(1)})^2,\ m(\omega_\mathbf{k}^{(2)})^2,\ m(\omega_\mathbf{k}^{(3)})^2$ と書かれる．ここで各々の主軸方向について式 (1.36) ように消滅・生成演算子を導入する．たとえば第 1 軸方向の成分について，

$$a_\mathbf{k}^{(1)} = \frac{1}{\sqrt{2\hbar\omega_\mathbf{k}^{(1)}m}}\left(P_\mathbf{k}^{(1)} - im\omega_\mathbf{k}^{(1)}U_\mathbf{k}^{(1)*}\right) \tag{1.48}$$

となる．他も同様である．最終的に式 (1.40) を一般化した次式に到達する．

$$\mathcal{H} = \frac{1}{2} \sum_{\mathbf{k},p} \hbar\omega_{\mathbf{k}}^{(p)} \left(a_{\mathbf{k}}^{(p)*} a_{\mathbf{k}}^{(p)} + a_{\mathbf{k}}^{(p)} a_{\mathbf{k}}^{(p)*} \right) \tag{1.49}$$

演算子の交換関係は次のようになる．

$$[a_{\mathbf{k}}^{(p)}, a_{\mathbf{k}'}^{(p')*}] = \delta_{\mathbf{k}\mathbf{k}'} \delta_{pp'} \tag{1.50}$$

添え字 p は 1，2，3 の値をとり，"分極方向" すなわち励起に伴うイオンの変位の方向を示す．

格子力学に対するこの "フォノンの表示" が全く正確で，かつ明瞭な描像を与えていることをここで強調しておく．1次元鎖や調和振動子の場合と同様にあらゆる系の定常状態はフォノン数の確定した状態——個数演算子の固有状態——で表せる．

$$n_{\mathbf{k}}^{(p)} = a_{\mathbf{k}}^{(p)*} a_{\mathbf{k}}^{(p)} \tag{1.51}$$

力学変数の行列要素は多くの場合，式 (1.45) および式 (1.48) と同様の変換によって，この表示で計算することが可能となる．この方法は非常に適用範囲が広く便利であるために，多くの研究者は，局所的な変位演算子で書かれた元々のハミルトニアンの形を——それを用いたほうが計算がやり易い場合にさえ——閑却してしまっているほどである．

本節で与えた一般的議論は，単位格子に 1 原子しかない単純な結晶に限定されるものではない．振動する分子や異種原子が単位格子中にある場合にも，簡単に応用がきく．あるいは局所的な演算子が変位と運動量 ($\mathbf{u}_l$ と $\mathbf{p}_l$) ではなく，位置 l にある対象 (通常，遷移金属イオン) の角運動量の成分であっても同様な形式を導くことができる．スピン間に交換相互作用が働くならば，結晶中を伝播する "スピン波" (spin wave) が存在する．このスピン励起も近似的に式 (1.49) のハミルトニアンで記述することができるが，この場合演算子 a, a^* は "マグノン" (magnon) の消滅・生成をつかさどることになる．これらの詳細な議論については，固体物理学のテキストを見られるとよい．

1.5 連続体

ここまで扱ってきた格子系は明確に定義されており，正確に種々の関係を導出することができた．しかし目的によっては，結晶格子の微視的な構造が関心の対象とならない場合も多い．そこで，ここから結晶格子を，波動が伝播する単なる媒質であると見なすことにする．

固体の中の構造を全て無視してしまい，固体を連続体として扱うために，離散的な値を取る格子位置のベクトル l を連続な位置ベクトル $\mathbf{r}$ で置き換え，l の値全てに関する和は $\mathbf{r}$ に関する積分に置き換える．位置 $\mathbf{r}$ における変位ベクトルを $\mathbf{u}(\mathbf{r})$ とし"運動量密度"を次のように定義する．

$$\mathbf{p}(\mathbf{r}) = \rho_0 \mathbf{v}(\mathbf{r}) \tag{1.52}$$

ρ_0 は媒質の密度であり，$\mathbf{v}(\mathbf{r})$ は振動する媒質の局所的な速度である．この時，式 (1.44) と同様に，ハミルトニアンを次のような形に書ける．

$$\begin{aligned}\mathcal{H} &= \frac{1}{2\rho_0} \int \mathbf{p}^*(\mathbf{r}) \cdot \mathbf{p}(\mathbf{r}) \mathrm{d}^3 r \\ &+ \frac{1}{2} \iint \mathbf{u}^*(\mathbf{r}) \mathbf{G}(\mathbf{r} - \mathbf{r}') \mathbf{u}(\mathbf{r}') \mathrm{d}^3 r \mathrm{d}^3 r'\end{aligned} \tag{1.53}$$

テンソル $\mathbf{G}(\mathbf{r} - \mathbf{r}')$ はもちろん点 $\mathbf{r}$ における単位体積の媒質の変位と，$\mathbf{r}'$ における媒質の変位の間の相互作用を表わす．積分は固体の体積全体にわたって行う．

式 (1.45) と同様に演算子のフーリエ変換を行う．

$$\mathbf{U_k} = \frac{1}{\sqrt{V}} \int \mathrm{e}^{\mathrm{i}\mathbf{k}\cdot\mathbf{r}} \mathbf{u}(\mathbf{r}) \mathrm{d}^3 r; \quad \mathbf{P_k} = \frac{1}{\sqrt{V}} \int \mathrm{e}^{-\mathrm{i}\mathbf{k}\cdot\mathbf{r}} \mathbf{p}(\mathbf{r}) \mathrm{d}^3 r \tag{1.54}$$

波数ベクトル $\mathbf{k}$ は式 (1.41) と同様に定義され，逆格子空間内で $\mathbf{k}$ が取りうる点は決まっている．しかし実空間は離散的な格子点に分割されているわけではないので，$\mathbf{k}$ がおよぶ範囲は有限のブリルアン領域(ゾーン)に限定されなくなる．すなわち格子定数 a は無限小となり，立方体領域の一辺 L_x に含まれる格子数 N_x は無限大になる．式 (1.41) の n_x は $\mathbf{u}(\mathbf{r})$ の境界条件によって整数となることに変わりはないが，上限を持たないことになる．

式 (1.54) の逆変換は通常のフーリエ逆変換である．

$$\frac{1}{V} \int \mathrm{e}^{\mathrm{i}(\mathbf{k}-\mathbf{k}')\cdot\mathbf{r}} \mathrm{d}^3 r = \delta_{\mathbf{k}\mathbf{k}'} \tag{1.55}$$

上記の関係を用いて，逆変換の式が得られる．

$$\mathbf{u}(\mathbf{r}) = \frac{1}{\sqrt{V}} \sum_{\mathbf{k}} \mathrm{e}^{-\mathrm{i}\mathbf{k}\cdot\mathbf{r}} \mathbf{U_k} \tag{1.56}$$

ハミルトニアン (1.53) に代入すると，式 (1.46) の場合と全く同じ形の表式が得られる．

$$\mathcal{H} = \frac{1}{2} \sum_{\mathbf{k}} \left\{ \frac{1}{\rho_0} \mathbf{P_k}^* \cdot \mathbf{P_k} + \mathbf{U_k}^* \mathbf{G}(\mathbf{k}) \mathbf{U_k} \right\} \tag{1.57}$$

1.5. 連続体

式 (1.47) は次のように修正される.

$$G(k) = \int G(R) e^{-ik \cdot R} d^3 R \tag{1.58}$$

ここから先は，前節で示した手順——$G(k)$ の対角化や消滅・生成演算子の導入等——を適用することにする．これは式 (1.57) に現われる P_k と U_k が正準な力学変数であることに依っている．すなわち交換関係，

$$[U_k, P_{k'}] = i\hbar I \delta_{kk'} \tag{1.59}$$

が成立する．これに対応して，$u(r)$ と $p(r)$ の交換関係は次のようになる．

$$\begin{aligned}[u(r), p(r')] &= i\hbar I \frac{1}{V} \sum_k e^{ik \cdot (r-r')} \\ &= i\hbar I \delta(r - r')\end{aligned} \tag{1.60}$$

上式では式 (1.43) で用いたクロネッカーのデルタ (Kronecker delta) の代わりに，ディラックのデルタ関数 (Dirac delta function) を導入した．この関数は $r = r'$ で無限大となるが，式 (1.60) の 1 行目のような"全ての k"に関する級数の形の定義式を理解していれば，解析的な困難はおおむね回避できる．

この式は，場の演算子 $u(r)$ と $p(r)$ が同一点以外では交換することを示している．扱う領域の自由度は無限大なので，無数の交換関係が必要となる．$p(r)$ は"運動量密度"であり，小さい体積について積分すると，その領域の実際の運動量になる．式 (1.60) はこの運動量が対象とした体積内の変位演算子とは交換しないことを意味している．

さてここで我々は量子化された場を得たことになる．系のあらゆる状態は"真空状態"|0) に生成演算子を作用させて得ることができ，系のエネルギーはそれぞれのモードの占有数で表現できる．式 (1.56) の関係を使えば，あらゆる状態における局所的な変位を求めることもできる．実際この結果は，歪テンソルの代りに変位ベクトルを用いて簡素化してはいるが，連続体中の弾性波の古典論と整合している．

我々は，連続極限の操作が可能であるという疑わしい仮定をした．結晶格子を扱う場合，これは明らかにひとつの近似に過ぎない．現実の固体には格子構造がある．最終的には 1.4 節に示したような厳密な解析と照らし合わせることにより，連続体の計算の正当性をチェックすることができる．

一方"場の量子論"では，素粒子空間に関して連続極限の取扱いが可能であることを，基本的な仮定としている．素粒子は式 (1.60) のようにデルタ関数の交換子で量子化されるような，局所的な場の演算子で記述されるものとして扱われる．面白いこ

とに，変位ベクトル $\mathbf{u}(\mathbf{r})$ に相当する場の演算子の振舞いは，その演算子によって生じた粒子の"波動関数"と極めてよく似たものになる．我々はこのような"場"の理論をこれから論じていくことにする．

1.6　場の古典論

我々にとってまず必要なのは，粒子 (より正確には"粒子状態") を生ずる母体となる場を定義するための数学的な形式である．フォノンの性質は格子の力学，もしくは連続弾性体の力学から導くことができた．マグノンの性質はスピンを配置した系を表わす基本式から導ける．しかし (現在知りうる限りにおいて) 素粒子はただ素粒子自体として存在するとしか言いようがない．素粒子を記述する式を，より基本的な原理式から導くことはできないので，観測された現象を説明できる内部矛盾のない数学的形式を案出しなければならない．

このような理論の出発点となるのは，量子論の他の分野と同様，ハミルトン形式の古典力学である．多粒子系が，ラグランジュ方程式 (Lagrange's equation) から導かれる正準理論 (canonical theory) で扱えるのと同様に，古典的な場――例えば前に説明した弾性体の変位ベクトルのような場――も正準理論で扱える．

一般的な議論のために，点 $\mathbf{r}$ における振幅を表わす場の記号を $\phi(\mathbf{r})$ とする (スカラー量でなくともよい)．場は無限大の自由度を持つ．場の状態を確定するためには，対象とする領域内の全ての点 $(\mathbf{r}_1, \mathbf{r}_2, \mathbf{r}_3, \ldots)$ における振幅の値を知らなければならない．連続空間では知るべき値の数が無数にある．$\phi(\mathbf{r}_1)$, $\phi(\mathbf{r}_2)$, $\phi(\mathbf{r}_3)$, $\cdots$ は，初等力学における位置ベクトルの成分との類推から，抽象的に各"軸"方向の成分と考えることができるが，成分の数 ("軸"の数，すなわち $\mathbf{r}_i$ が取り得る値の数) は無限個ある．

1.5 節で示したように"全ての軸 (全ての空間座標値 $\mathbf{r}_i$) に関する和"は"領域全域にわたる積分"に置き換えることができる．一度このことを理解すると，場の古典論は全く明瞭となり，特別な難しさを感じなくなるはずである．

系の全ラグランジアン (Lagrangian) L を定義するために，ラグランジアン密度 $\mathcal{L}$ を導入する．

$$L = \int \mathcal{L}(\mathbf{r}) \, d^3 r \tag{1.61}$$

$\mathcal{L}(\mathbf{r})$ は当然，点 $\mathbf{r}$ の付近の場の振幅に依存する．たとえば $\phi(\mathbf{r})$ それ自身に依存することは確実である．また粒子系のラグランジアンは運動エネルギー項の部分で速度に依存しているので，$\mathcal{L}(\mathbf{r})$ も $\phi(\mathbf{r})$ の時間微分に依存する項を含むと考えられる．空間内で隣接している点の間の関係を取り入れるために，$\mathcal{L}(\mathbf{r})$ は $\phi(\mathbf{r})$ の空間微分にも

1.6. 場の古典論

依存するものとしておく．連続極限の場合，式 (1.25) の $(u_l - u_{l+a})$ のような差は，距離に関する微分量となる．

そこで $\mathcal{L}$ は一般的に次のように表わせる．

$$\mathcal{L}(\mathbf{r}) = \mathcal{L}\left(\phi(\mathbf{r}), \frac{\partial \phi(\mathbf{r})}{\partial x}, \frac{\partial \phi(\mathbf{r})}{\partial y}, \frac{\partial \phi(\mathbf{r})}{\partial z}, \frac{\partial \phi(\mathbf{r})}{\partial t}\right) \tag{1.62}$$

これを，簡単に次のように書くことにする．

$$\mathcal{L} = \mathcal{L}(\phi, \phi_{,i}) \tag{1.63}$$

ここで $\phi_{,i}$ は空間と時間に関する微分を表わす．

$$\phi_{,i} = \frac{\partial \phi}{\partial X_i} = \left(\frac{\partial \phi}{\partial x}, \frac{\partial \phi}{\partial y}, \frac{\partial \phi}{\partial z}, \frac{\partial \phi}{\partial t}\right) \tag{1.64}$$

もちろん場の量がもっと複雑な場合も有り得る．ϕ が (弾性波の場合のように) ベクトルやテンソルであってもよいわけである．$\mathcal{L}(\mathbf{r})$ の表式は各種の微分量を含んでおり複雑に見えるかもしれない．しかし $\mathcal{L}$ 自身はスカラー量であり，このことは場の振舞いに関して非常に重要な制約条件になっている．

運動方程式を得るために，次に示すハミルトンの原理 (Hamilton's principle) を用いる．

$$\delta \int_{t_0}^{t_1} L\,\mathrm{d}t = 0 \tag{1.65}$$

この式の意味は，2 つの決められた時刻の間の作用積分は，運動径路の仮想変化に対して停留値をとっている，ということである．ここで扱っている古典場の場合には，

$$\delta \iiint \mathcal{L}(\phi, \phi_{,i})\,\mathrm{d}^3 r\,\mathrm{d}t = 0$$

すなわち，

$$\delta \int \mathcal{L}(\phi, \phi_{,i})\,\mathrm{d}^4 X = 0 \tag{1.66}$$

である．この積分は 4 次元時空における積分である．

式 (1.66) のような変分表現の正確な意味は，変分の計算法を解説した数学のテキストに詳しく説明されている．ここでは単純に δ をある種の"微分演算子"のように扱い，積分の中に入れることで必要な結果を得ることにする．

$$\begin{aligned}
\delta \int \mathcal{L}(\phi, \phi_{,i})\,\mathrm{d}^4 X &= \int \left\{\frac{\partial \mathcal{L}}{\partial \phi}\delta\phi + \sum_{i=1}^{4} \frac{\partial \mathcal{L}}{\partial \phi_{,i}}\delta\phi_{,i}\right\}\mathrm{d}^4 X \\
&= \int \left\{\frac{\partial \mathcal{L}}{\partial \phi} - \sum_{i=1}^{4} \frac{\partial}{\partial X_i}\left(\frac{\partial \mathcal{L}}{\partial \phi_{,i}}\right)\right\}\delta\phi\,\mathrm{d}^4 X \\
&\quad + \text{boundary term}.
\end{aligned} \tag{1.67}$$

前半の部分は普通の多変数関数の微分であり，後半は一般化した部分積分，すなわちグリーンの定理 (Green's theorem) の4次元への適用である．これにより ϕ の変分だけが残り，$\phi_{,i}$ の変分は消える．境界値の項が現われるが，これはゼロとなる．主要な点は ϕ の任意の変化に対して式 (1.66) の関係が保持されなければならないことであり，したがって $\delta\phi$ との積の形で積分の中に現われている関数は常にゼロでなくてはならない．このようにしてオイラーの微分方程式 (Euler equation) が導かれる[§]．

$$\frac{\partial \mathcal{L}}{\partial \phi} - \sum_i \frac{\partial}{\partial X_i}\left(\frac{\partial \mathcal{L}}{\partial \phi_{,i}}\right) = 0 \tag{1.68}$$

これが作用積分が停留値をとる条件であり，場の運動方程式となる．

この形式はラグランジュ密度のような局所的なエネルギー関数を場の方程式に結び付けるためのものである．通常の粒子の力学も初等的な一例として式 (1.68) から導ける．$\mathcal{L}$ が ϕ の空間微分を含まないと仮定すると，方程式は，

$$\frac{\partial \mathcal{L}}{\partial \phi} - \frac{\partial}{\partial t}\left(\frac{\partial \mathcal{L}}{\partial \dot{\phi}}\right) = 0 \tag{1.69}$$

となるが，これは一般化座標 ϕ の1自由度系に関するラグランジュの運動方程式 (Lagrange's equation of motion) となっている．

次に，ラグランジアン密度が次のように記述される簡単な場合を考える．

$$\mathcal{L} = \frac{1}{2}\rho_0\left(\frac{\partial \phi}{\partial t}\right)^2 - \frac{1}{2}G\left\{\left(\frac{\partial \phi}{\partial x}\right)^2 + \left(\frac{\partial \phi}{\partial y}\right)^2 + \left(\frac{\partial \phi}{\partial z}\right)^2\right\} \tag{1.70}$$

ϕ は弾性媒質の"変位"であり，密度 ρ_0 と"速度"$(\partial\phi/\partial t)$ を含む第1項は運動エネルギーを表わす．変位の空間微分の平方を含む第2項は，弾性"歪み"のポテンシャルエネルギーの符号を換えたものである．

この場合，式 (1.68) の意味は即座に理解できる．ϕ そのものは $\mathcal{L}$ に含まれないので $\partial\mathcal{L}/\partial\phi = 0$ である．他の微分については，

$$\frac{\partial \mathcal{L}}{\partial \phi_{,i}} \equiv \frac{\partial \mathcal{L}}{\partial(\partial\phi/\partial x)} = -G\left(\frac{\partial \phi}{\partial x}\right) \quad \text{etc.} \tag{1.71}$$

となり，運動方程式は次のようになる．

$$G\left(\frac{\partial^2 \phi}{\partial x^2} + \frac{\partial^2 \phi}{\partial y^2} + \frac{\partial^2 \phi}{\partial z^2}\right) - \rho_0 \frac{\partial^2 \phi}{\partial t^2} = 0 \tag{1.72}$$

[§](訳註)"オイラーの微分方程式"は数学の術語である．$\mathcal{L}$ が物理系のラグランジアン密度の場合，式 (1.68) は場の運動方程式として意味を持つが，物理の立場からはこれを"オイラー－ラグランジュの場の方程式"と呼ぶことが多い．

これはまさに，伝播速度 $\sqrt{G/\rho_0}$ の波動方程式である．

次のステップは ϕ の正準共役量となる"場の運動量"を定義することである．粒子の場合に倣(なら)って次のように定義する．

$$\pi(\mathbf{r}) = \frac{\partial \mathcal{L}}{\partial \dot{\phi}(\mathbf{r})} \tag{1.73}$$

そうすると，ハミルトニアン密度は，

$$\mathcal{H}(\mathbf{r}) = \pi(\mathbf{r})\dot{\phi}(\mathbf{r}) - \mathcal{L}(\mathbf{r}) \tag{1.74}$$

となり，系全体のハミルトニアンは次式で与えられる．

$$H = \int \mathcal{H}(\mathbf{r})\,\mathrm{d}^3 r \tag{1.75}$$

ここで式 (1.73) を用いて $\mathcal{H}(\mathbf{r})$ から $\dot{\phi}(\mathbf{r})$ を消去し，正準共役な変数の組 $\phi(\mathbf{r})$ と $\pi(\mathbf{r})$ の関数の形にしておかなければならない．この手続きを簡単な例——式 (1.70) の"スカラー弾性場のモデル"——で見てみる．式 (1.73) より，

$$\pi(\mathbf{r}) = \rho_0 \dot{\phi}(\mathbf{r}) \tag{1.76}$$

であり，式 (1.74) は，

$$\mathcal{H}(\mathbf{r}) = \frac{1}{2\rho_0}\pi^2(\mathbf{r}) + \frac{1}{2}G(\nabla\phi)^2 \tag{1.77}$$

となる．この式は場の全エネルギーを考えることにより即座に書き下すこともできたが，そうしてしまうと正準共役な変数の関係を得ることができない[†]．

1.7 第二量子化

粒子の力学においては，正準共役な変数を式 (1.6) のような交換関係を持つ演算子に置き換えることで，古典論から量子論に移行することができる．場の理論における

[†]式 (1.77) を式 (1.44) および式 (1.53) と比較すると面白い．格子モデルから話を始める場合は当然のように $G(\mathbf{r}-\mathbf{r}')$ のような非局所的相互作用が現われる．しかしモデルラグランジアン (1.70) にこのように非局所的なポテンシャルを導入しようとすると，運動方程式は式 (1.72) よりはるかに複雑になる．場の理論では厳密に局所的な相互作用しか扱わない．読者は式 (1.53) の $G(\mathbf{r}-\mathbf{r}')$ を $G\delta(\mathbf{r}-\mathbf{r}')(\partial/\partial\mathbf{r})(\partial/\partial\mathbf{r}')$ に置き換え，適切にテンソルの添え時を補うことで，連続弾性体の理論が得られることを示してみられるとよい．ここで得たハミルトニアン (1.77) は，格子力学を"スカラー化"し，かつ"局所化"したものなのである．

量子論への移行もこれとよく似ている．$\phi(\mathbf{r})$ と $\pi(\mathbf{r})$ を次のような交換関係を持つ演算子として扱う．

$$[\phi(\mathbf{r}), \pi(\mathbf{r}')] = i\hbar \delta(\mathbf{r} - \mathbf{r}') \tag{1.78}$$

このような形の交換関係の必要性と重要性は，格子モデルから正準変数を導いた式 (1.59) のところで既に議論した．

古典論においてハミルトニアンと呼ばれる関数 (1.75) も，量子化によって演算子となる．量子論でよく知られた原理によると，系の"状態"はある状態ベクトル (状態関数) $|\rangle$ によって表わされ，次の運動方程式に従う．

$$H|\rangle = \frac{\hbar}{i} \frac{\partial}{\partial t} |\rangle \tag{1.79}$$

式 (1.78) と式 (1.79) の 2 つの式が物理系を規定する．

前節でこのような方程式を $\mathbf{k}$ 空間への変換と消滅・生成演算子の導入によって扱う方法を既に学んだ．例えば単純なスカラー弾性体モデル (1.70) が，フォノンのモードに対応する解を持つことは簡単に示せる．

$$\mathcal{E}_\mathbf{k} = \left(n_\mathbf{k} + \frac{1}{2} \right) \hbar \omega_\mathbf{k} \tag{1.80}$$

ここで，

$$\omega_\mathbf{k} = \sqrt{G/\rho_0}\, k \tag{1.81}$$

である．

これらの状態はもちろん，古典的な波動方程式 (1.72) の解と同じである．平面波解は，

$$\phi(\mathbf{r}, t) = \phi_0 \exp\{i(\mathbf{k}\cdot\mathbf{r} - \omega_\mathbf{k} t)\} \tag{1.82}$$

と書ける．古典的な場の変数を演算子化することにより，エネルギーが $\hbar \omega_\mathbf{k}$ 単位で"量子化"される．あるいは振幅 ϕ_0 の取り得る値がとびとびに規定されると言ってもよい．この場合には ϕ が媒質の変位であるという解釈によって式 (1.78) の交換関係の意味が理解できる．得られた結果は充分きめの細かい理想的な格子系において妥当性を持つ．

実際の格子系はそのような理想的なものではないし，関数 $\phi(\mathbf{r}, t)$ はそもそも粒子 (もしくは素励起) に関する"波動関数"として想定したものである．それでも ϕ が正準な式 (1.68) の形式に従うような偏微分方程式を満足しさえすれば，同じ手順で量子化の手続きを遂行することができる．すなわち $\phi(\mathbf{r})$ を演算子に読み換えて，式 (1.79) を満たす状態ベクトルを定義する等の作業を行うことができる．

1.7. 第二量子化

たとえば1個の電子に関する，時間に依存するシュレーディンガー方程式を考える．

$$-\frac{\hbar^2}{2m}\nabla^2\psi + V(\mathbf{r})\psi = i\hbar\frac{\partial\psi}{\partial t} \qquad (1.83)$$

これは場の変数 ψ に関する2階の偏微分方程式である．これが次のラグランジアン密度から導かれるオイラーの微分方程式になっていることは容易に示せる．

$$\mathcal{L} = i\hbar\psi^*\dot{\psi} - \frac{\hbar^2}{2m}(\nabla\psi^*\cdot\nabla\psi) - V(\mathbf{r})\psi^*\psi \qquad (1.84)$$

ここから解析力学の処方に従って，ハミルトニアン密度や正準共役変数を導出することができる．そして，言わば一段高次のレベルで系を"量子化"できる．もともと波動関数は，1粒子の力学において演算子の被作用関数として導入されたものであるが，今度はそれ自体が，より一般的な多粒子系の状態に作用する演算子になるのである．

実際には電子はフェルミ粒子 (fermion) なので，電子のシュレーディンガー方程式に対する量子化は式 (1.78) の交換関係に従って行われるわけではない．前節までに示したような代数は"粒子"がボーズ粒子 (boson) であると想定した場合の，各モードそれぞれの励起数に対応する固有状態を与えているのである．交換関係の違いから生じる問題については第2章で扱う．

しかし第二量子化が多粒子系を扱う方法であることは理解できるであろう．第二量子化はひとつの励起 (粒子) に対する波動関数を，ある領域内に同時に励起が多数存在するような状況を記述できるように一般化する方法なのである．初等量子力学の方法ではひとつ新たな粒子を持ち込む度に波動関数空間の次元を3ずつ増やさなければならないので，多粒子系を扱うのは困難である．1粒子の位置や運動量ほど基本的な観測量ではないにしても，位置 $\mathbf{r}$ において見いだされる粒子数を計る場の演算子 $\phi(\mathbf{r})$ を導入するほうが，はるかに簡単である．

上で述べたことは数式的に示すことができる．式 (1.79) を満足する状態関数は，相互作用のないボーズ粒子系で見られるように，式 (1.68) を満たす1粒子の波動関数の対称化した組み合わせに対応している．このことの一般的な証明は次の章でフェルミ粒子を扱う際に与えられるであろう．

体系としての物理学の見地からは，式 (1.78) と式 (1.79) に示した第二量子化の手続きの方を，第一原理として——つまり場の量子論の基本公理，大前提として——扱うべきであろう．そのような場の一つの励起が従う方程式が式 (1.68) のような波動関数となることは簡単に示せる．このような見方の利点は，1粒子状態が明確ではない電磁場や重力場のような場でも量子化が可能になることである．この見方はまた，同じ場に属する別個の粒子間の相互作用や，異なる場の間の相互作用を定義するための，自然な出発点を与えてくれる．

1.8 クライン-ゴルドン方程式

式 (1.70) で定義された"スカラー弾性場"は極めて有用なボーズ粒子系のモデルである．そこにおける励起は"フォノン"や"光子"(フォトン) (photon) から分極ベクトル，テンソル成分やゲージ変換性等の麗々しい虚飾を除いて単純化したものと見なせる．この場の"粒子"は静止質量がゼロで，運動に伴うエネルギーだけを持つ．

そこで次に，式 (1.72) と似ているが，場自身に比例する項を付加した別のモデルを考えることも有益であろう．ϕ が下記のクライン-ゴルドン方程式 (Klein-Gordon equation) を満たすものとする．

$$\nabla^2 \phi - \frac{\partial^2 \phi}{\partial t^2} - m^2 \phi = 0 \tag{1.85}$$

自然単位系 $\hbar = c = 1$ を用いたが，m は本来質量の次元を持つ．

この方程式も平面波の解を持つが，その振動数は，

$$\omega_{\mathbf{k}} = \sqrt{k^2 + m^2} \tag{1.86}$$

となる．1粒子の量子エネルギーを $\hbar$ と c をあらわにして書くと，

$$\hbar \omega_{\mathbf{k}} = \pm mc^2 \sqrt{1 + \frac{\hbar^2 k^2}{m^2 c^2}} \tag{1.87}$$

と表わされ，静止質量 m，速度 $\hbar k/m$ の粒子の相対論的なエネルギーの形になっていることが分かる．当面は負のエネルギーの解は使わないことにしておくが，これについては 6.4 節で議論する．

この方程式も式 (1.70) と似た形のラグランジアン密度から導かれるが，質量項 $-\frac{1}{2} m^2 \phi^2$ が新たに必要となる[‡]．ハミルトニアン密度は次のようになる．

$$\mathcal{H} = \frac{1}{2} \left\{ \pi^2 + (\nabla \phi)^2 + m^2 \phi^2 \right\} \tag{1.88}$$

ここで $\phi(\mathbf{r})$ と $\pi(\mathbf{r})$ が正準共役な場の演算子であるとして，式 (1.78) の交換関係を導入して系を量子化できる．さらに式 (1.45) のようなフーリエ変換をそれぞれ施して，式 (1.48) と同様に消滅・生成演算子 $a_{\mathbf{k}}$ および $a_{\mathbf{k}}^*$ を導入することができる．そうするとハミルトニアンの固有状態は $|n_{\mathbf{k}}\rangle$ の組み合わせとなる．$n_{\mathbf{k}}$ は波数ベクトル $\mathbf{k}$ のモードに属する励起の数であり，励起のエネルギー $\hbar \omega_{\mathbf{k}}$ は式 (1.87) で与えられる．

[‡] (訳註) 中性クライン-ゴルドン場 (実スカラー場) のラグランジアン密度は $\mathcal{L} = \frac{1}{2} \{ (\dot{\phi})^2 - (\nabla \phi) \cdot (\nabla \phi) - m^2 \phi^2 \}$ と書ける．

これらの式は静止質量 m の自由粒子系の場を記述している．波動方程式 (1.85) は相対論的に不変な形をしているので，エネルギーは正確にローレンツ変換 (Lorentz transformation) に従って変換される (6.4節参照)．1粒子状態に占める粒子の数に制約がないので，ここで現われた粒子はボーズ粒子である．電子や中性子はフェルミ粒子なので適用対象ではない．波動関数 ϕ は実数のスカラー量であるが，これは粒子が電荷もスピンも持たないことを意味している (1.12節参照)．この粒子はスピン 0, 電荷 0 の中間子と考えることができる．

本節の趣旨はクライン–ゴルドン粒子の性質の詳細を明らかにすることではなく，有限質量を持つ場のひとつのモデルを提示することであった．粒子が有限質量を持つモデルは違った文脈から——例えば高密度プラズマの励起や液体ヘリウム中の磁束量子の運動を記述するモデルとして——提示することも可能である．

1.9 場の源・場の相互作用

相互作用のない自由粒子系の性質を記述するだけでは物理学として不充分であって，そのような系に変化が起こる方法も知らなければならない．最も基本的な変化の形は，粒子の消滅と生成である．ここで粒子がどのように生じるかを問うことにしよう．

フォノンの場は簡単に作り出すことができる．原子のいくつかを掴んで軽く揺さぶればよい．実際にはこのようなことは電磁場の照射や別の固体との接触によって為される．必要なのはフォノン場と結合した他の場もしくは物体である．これを表現するために，ハミルトニアンに次の新たな項を付け加える．

$$H_\mathrm{I} = \int X(\mathbf{r})\phi(\mathbf{r})\,\mathrm{d}^3 r \tag{1.89}$$

$\phi(\mathbf{r})$ を"変位"と考えると $X(\mathbf{r})$ は点 $\mathbf{r}$ において媒質に与えられた"力"とみなすことができる．

理論の一貫性という観点からは本来 $X(\mathbf{r})$ 自身も場の演算子として扱わねばならない．しかし当面この外場は古典的な場として扱い，量子場 ϕ に与える影響だけを考慮することにする．相互作用項がフォノン場の消滅・生成演算子の一次結合として表わされることは明らかである．式 (1.54) に倣って，

$$\phi(\mathbf{r}) = \frac{1}{\sqrt{V}}\sum_{\mathbf{k}} e^{-i\mathbf{k}\cdot\mathbf{r}}\Phi_{\mathbf{k}}; \quad \pi(\mathbf{r}) = \frac{1}{\sqrt{V}}\sum_{\mathbf{k}} e^{i\mathbf{k}\cdot\mathbf{r}}\Pi_{\mathbf{k}} \tag{1.90}$$

とすると，

$$\Phi_{\mathbf{k}} = -i\sqrt{\tfrac{1}{2}\hbar/\rho_0\omega_{\mathbf{k}}}\left(a_{\mathbf{k}}^* - a_{-\mathbf{k}}\right)$$

$$\Pi_{\mathbf{k}} = \sqrt{\tfrac{1}{2}\hbar\rho_0\omega_{\mathbf{k}}}\left(a^*_{-\mathbf{k}} + a_{\mathbf{k}}\right) \tag{1.91}$$

となる．これによってハミルトニアン (1.77) は標準的な式 (1.40) の形になる．相互作用項 (1.89) の方は，

$$H_{\mathrm{I}} = -\mathrm{i}\sum_{\mathbf{k}}\sqrt{\tfrac{1}{2}\hbar/V\rho_0\omega_{\mathbf{k}}}\,X(\mathbf{k})\left(a^*_{\mathbf{k}} - a_{-\mathbf{k}}\right) \tag{1.92}$$

$$X(\mathbf{k}) = \int X(\mathbf{r})\mathrm{e}^{-\mathrm{i}\mathbf{k}\cdot\mathbf{r}}\mathrm{d}^3 r \tag{1.93}$$

となる．

H_{I} を真空状態に作用する摂動と考えると，この項が $\mathbf{k}$ モードの励起を生み出すことは明らかである．$\mathbf{k}$ モード粒子の生成過程は，外場のフーリエ成分 $X(\mathbf{k})$ に依存する．実際，パワースペクトルのエネルギーとして観測される生成頻度(レート)は $|X(\mathbf{k})|^2$ に依存している．

外場の方もこの量子場からエネルギーを受けるが，その過程は式 (1.92) の消滅演算子が表わしている．したがって，この相互作用項は量子化されたフォノン場(光子場)の系のエネルギーの出入りを記述する正当な表現になっている．

クライン–ゴルドン粒子の場に対しても，上と全く同様な議論を行うことができる．相互作用項 (1.89) は，各状態の"中間子"の数を変えることができる．実際，素粒子の世界では，粒子の生成・消滅を含む現象が観測されており，クライン–ゴルドン場のハミルトニアンの中にこのような相互作用項を導入することは正当性があるものと考えられる．

そうするとこの時"力"$X(\mathbf{r})$ は何を表わしているのだろうか？ もし中間子が何らかの他の粒子の崩壊過程で生じるなら，$X(\mathbf{r})$ はその粒子を表わす他の波動関数に比例する量と見なせるだろう．そこで相互作用項を次のように書き直そう．

$$\mathcal{H}_{\mathrm{I}} = g\psi(\mathbf{r})\phi(\mathbf{r}) \tag{1.94}$$

g は"ψ-粒子"と"ϕ-粒子"の間の結合の強さを表わすパラメーターである．このような相互作用項は ψ-場における励起の消滅を ϕ-場の粒子の生成を伴うものとして記述する．またあらゆる過程で運動量 $\mathbf{k}$ は保存する．

もちろんこのような直接的な粒子変換の過程はほとんどの場合禁じられており，実際の過程では一度に 3 個もしくはそれ以上の粒子が関わる．議論を一般化するのは簡単である．次の相互作用ハミルトニアン密度，

$$\mathcal{H}_{\mathrm{I}} = g\{\psi(\mathbf{r})\}^p\{\phi(\mathbf{r})\}^q \tag{1.95}$$

は ψ-場の p 個の粒子と ϕ-場の q 個の粒子が関わる素過程を記述し，各因子からのフーリエ級数項の組み合わせを全て数え上げる．2 つの場からの波数ベクトルの和は常に保存する．式 (1.92) においては生成演算子は波数 $\mathbf{k}$ をもたらし，消滅演算子は波数 $-\mathbf{k}$ を奪う．相対論的な粒子の相互作用は 6.9 節で議論する．

このような相互作用項は固体物理においても見いだすことができる．格子場変位の三次の項——非調和項——はフォノン間の相互作用をもたらす．典型的には 2 つのフォノンが結合して第 3 のフォノンを生成するような過程を生じる．あるいは $\psi\psi^*\phi$ のような項は電子 - フォノン相互作用，すなわち ψ-場の電子 (もちろん荷電フェルミ粒子) がフォノンの生成によって散乱される過程を生じる．固体中の素過程の特徴は，波数ベクトルの和が常に保存されるわけではなく，相互作用の前後で逆格子ベクトル分の変化が生じ得る点にある．

1.10 例：フォノンのレイリー散乱

ここまで述べてきた理論を使ってみるために，基本的な例を取り上げる．密度 ρ_0 の媒質の中に，質点 ΔM を置く．質点はフォノン場にどのような影響を及ぼすであろうか？

問題を簡単するために，質点は $\mathbf{r} = 0$ の点にあるものとする．密度の変化分は次のように表わされる．

$$\Delta\rho = \Delta M \delta(\mathbf{r}) \tag{1.96}$$

これによりハミルトニアン密度に次の項が加わる．

$$\begin{aligned}\mathcal{H}_\mathrm{I} &= \Delta\rho \left(\frac{\partial \phi}{\partial t}\right)^2 \\ &= \frac{\Delta M}{\rho_0^2} \{\pi(\mathbf{r})\}^2 \delta(\mathbf{r})\end{aligned} \tag{1.97}$$

式 (1.90) と式 (1.91) を代入すると次のようになる．

$$\begin{aligned}H_\mathrm{I} &= \frac{\Delta M}{\rho_0^2 V} \sum_{\mathbf{k}} \sqrt{\tfrac{1}{2}\hbar\rho_0\omega_{\mathbf{k}}} \left(a^*_{-\mathbf{k}} + a_{\mathbf{k}}\right) \sum_{\mathbf{k}'} \sqrt{\tfrac{1}{2}\hbar\rho_0\omega_{\mathbf{k}'}} \left(a^*_{-\mathbf{k}'} + a_{\mathbf{k}'}\right) \\ &= \frac{\Delta M}{2\rho_0 V} \sum_{\mathbf{k},\mathbf{k}'} \sqrt{\omega_{\mathbf{k}}\omega_{\mathbf{k}'}} \left\{ a_{\mathbf{k}} a_{\mathbf{k}'} + \left(a^*_{-\mathbf{k}} a_{\mathbf{k}'} + a_{\mathbf{k}} a^*_{-\mathbf{k}'}\right) + a^*_{-\mathbf{k}} a^*_{-\mathbf{k}'} \right\}\end{aligned} \tag{1.98}$$

我々は次の状況に関心がある．すなわち初めは $\mathbf{k}$ のフォノンがひとつあって $\mathbf{k}'$ のフォノンはない．それが $\mathbf{k}'$ のフォノンがあって $\mathbf{k}$ のフォノンはない状態に移行する

ものとする.そこで次の行列要素を考える.

$$T_{\mathbf{k}}^{\mathbf{k}'} = \langle 0_{\mathbf{k}}, 1_{\mathbf{k}'} | H_I | 1_{\mathbf{k}}, 0_{\mathbf{k}'} \rangle \tag{1.99}$$

2つの消滅演算子の項と2つの生成演算子の項からの寄与がないのは明らかである. したがって,

$$\begin{aligned}T_{\mathbf{k}}^{\mathbf{k}'} &= \frac{\Delta M \hbar}{2\rho_0 V} \sqrt{\omega_{\mathbf{k}}\omega_{\mathbf{k}'}} \langle 0_{\mathbf{k}}, 1_{\mathbf{k}'} | a_{\mathbf{k}'}^* a_{\mathbf{k}} + a_{\mathbf{k}} a_{\mathbf{k}'}^* | 1_{\mathbf{k}}, 0_{\mathbf{k}'} \rangle \\ &= \frac{\Delta M \hbar}{\rho_0 V} \sqrt{\omega_{\mathbf{k}}\omega_{\mathbf{k}'}} \end{aligned} \tag{1.100}$$

となる.$\mathbf{k}$と$\mathbf{k}'$についての和はそれぞれ正負の全ての値についてとっているので,式(1.98)に現われている両方のa^*aの項が結果に寄与している.

散乱断面積を求めるために,この行列要素を平方して,散乱エネルギーでの状態密度との積をとる必要がある.状態密度は$\omega^2 V$に比例するので,散乱による遷移確率は次の形で与えられる.

$$P_{\mathbf{k}}^{\mathbf{k}'} \propto \left(\frac{\Delta M}{\rho_0}\right)^2 \omega^4 \tag{1.101}$$

この表式はレイリー散乱(Rayleigh scattering)の式としてよく知られている.

この結果自体は自明のものであるが,ここでボーズ粒子の重要な性質を指摘する機会を得た.同じ計算を,初め$\mathbf{k}$,$\mathbf{k}'$それぞれのモードにn,n'個の粒子が存在する,より一般的な場合について行ってみよう.この場合,行列要素を式(1.10)の関係を用いて計算すると,$T_{\mathbf{k}}^{\mathbf{k}'}$を用いて次のように表わされる.

$$\langle n-1, n'+1 | H_I | n, n' \rangle = \sqrt{(n'+1)n}\, T_{\mathbf{k}}^{\mathbf{k}'} \tag{1.102}$$

したがって,遷移確率は次式で表わされる.

$$Q_{\mathbf{k}}^{\mathbf{k}'} = (1+n')n P_{\mathbf{k}}^{\mathbf{k}'} \tag{1.103}$$

因子nの意味は簡単に理解できる.$\mathbf{k}$モードからの散乱確率はあらかじめ$\mathbf{k}$モードにある励起の数に比例するはずである.しかしもう一方の因子$(1+n')$は,遷移確率がこれからフォノンが入ろうとする$\mathbf{k}'$モードの占有状態にも依存することを示している.これはボーズ-アインシュタイン統計(Bose-Einstein statistics)に従う粒子において典型的に見られる"誘導放射"に他ならない(2.4節参照).ここで与えた場の理論による説明は,誘導放射に対してアインシュタインが最初に与えた説明を裏付けるものである.

1.11 例：湯川型相互作用

場の中にボーズ粒子の源がたくさんあるものと仮定しよう．それらは系のエネルギーにどのような効果をもたらすであろうか．たとえば軽い ϕ-粒子 (中間子) を生成する多数の重い ψ-粒子 (核子) がある系を考える．相互作用項として次の形を仮定する．

$$\mathcal{H}_\mathrm{I} = g\psi^*(\mathbf{r})\psi(\mathbf{r})\phi(\mathbf{r}) \tag{1.104}$$

この相互作用において ψ-粒子は散乱されるが個数は変わらない．ここでは ψ-粒子の受ける散乱を無視して演算子 $\psi(\mathbf{r})$ を単なる静的な場の関数として扱ってみる．そうすると $\psi^*\psi$ は ψ-粒子の局所的な数密度を表わすことになるが，各粒子はそれぞれの中心に相当する位置 $\mathbf{R}_j$ にデルタ関数的に局在していると考えられるので，相互作用項は次のように書き換えられる．

$$\mathcal{H}_\mathrm{I} = g\sum_j \delta(\mathbf{r} - \mathbf{R}_j)\phi(\mathbf{r}) \tag{1.105}$$

式 (1.90)，式 (1.91) を用いてこれを ϕ-場の粒子の演算子で書き改めると次のようになる．$\rho_0 = \hbar = 1$ とおく．

$$H_\mathrm{I} = -ig\sum_\mathbf{k} \frac{1}{\sqrt{2V\omega_\mathbf{k}}} \sum_j \left(a_\mathbf{k}^* e^{-i\mathbf{k}\cdot\mathbf{R}_j} - a_\mathbf{k} e^{i\mathbf{k}\cdot\mathbf{R}_j}\right) \tag{1.106}$$

上記の H_I を摂動ハミルトニアンと考えて摂動計算をすることは容易である．自由場の固有状態に対する H_I の期待値 (1 次摂動項) がゼロになることは即座にわかる．しかし 2 次の摂動項からは寄与が生じる．例えば H_I が初めに $\mathbf{k}$ モードの励起を生成し，次にそれを消滅させるという過程が考えられる．

単純に真空状態中に源が 2 つだけある状況を考察することにより，多くの興味深い結果を得ることができる．源の位置を $\mathbf{R}_1$, $\mathbf{R}_2$ とする．2 次までのエネルギー摂動は，

$$\Delta\mathcal{E} = \sum_\mathbf{k} \frac{|\langle 0|H_\mathrm{I}|1_\mathbf{k}\rangle|^2}{\mathcal{E}(0) - \mathcal{E}(\mathbf{k})} \tag{1.107}$$

である．式 (1.106) を代入することにより，次式を得る．

$$\Delta\mathcal{E} = \sum_\mathbf{k} \frac{1}{-\omega_\mathbf{k}} \frac{g^2}{2V\omega_\mathbf{k}} \left|\sum_j e^{i\mathbf{k}\cdot\mathbf{R}_j}\right|^2$$

$$= -\frac{g^2}{V} \sum_\mathbf{k} \frac{1}{\omega_\mathbf{k}^2} \{1 + \cos\mathbf{k}\cdot(\mathbf{R}_1 - \mathbf{R}_2)\} \tag{1.108}$$

第1項がなす級数は源の位置に依らない定数であり，源の数を N 個にすれば N 個分に相当する寄与が現われる．これは明らかに各々の源が仮想ボーズ粒子を放出・再吸収することで生じる自己エネルギー項である．自己エネルギーの算出を試みてみよう．式 (1.42) の関係を用いると次のような積分で表わされる．

$$\Delta\mathcal{E}_{\text{self}} = -\frac{g^2}{V}\left(\frac{V}{8\pi^3}\right)\int_0^{k_m}\frac{4\pi k^2}{\omega_{\mathbf{k}}^2}dk \tag{1.109}$$

上記の表式は，系の体積に依存しない形になっている点では期待通りであるが，残念ながらここから有限な結果を得るのは難しい．ボーズ粒子が有限の静止質量を持つ場合も想定し，$\omega_{\mathbf{k}}^2$ の形を式 (1.86) のように仮定して計算すると次のようになる．

$$\begin{aligned}\Delta\mathcal{E}_{\text{self}} &= -\frac{g^2}{2\pi^2}\int_0^{k_m}\frac{k^2}{k^2+m^2}dk \\ &= -\frac{g^2}{2\pi^2}\left(k_m - m\tan^{-1}\frac{k_m}{m}\right)\end{aligned} \tag{1.110}$$

この式は m の値にかかわらず，k_m を無限大にすると発散する．k の値の上限を設けることができれば発散は避けられるが，相対論の要請を満たす形で合理的に k の上限を導入するのは困難である．我々はここに，場の量子論に典型的に現われる発散の困難の実例を見ることができる．このような困難はある画期的な一連の手続きによって回避できる場合がある (3.9節参照)．

次に，式 (1.108) で源の相対位置 $\mathbf{R} = \mathbf{R}_1 - \mathbf{R}_2$ に依存する部分を，フーリエ変換の基本公式を用いて計算すると次のようになる．

$$\begin{aligned}\Delta\mathcal{E}_{\text{interaction}} &= -\frac{g^2}{8\pi^3}\int\frac{\cos(\mathbf{k}\cdot\mathbf{R})}{k^2+m^2}d^3k \\ &= -\frac{g^2}{4\pi R}\exp(-mR)\end{aligned} \tag{1.111}$$

2つの源のエネルギーは距離に依存し，あたかも上記のようなポテンシャル式で表わされる力が直接源の間に働いているかのように振舞う．これが有名な"湯川型相互作用"である．相互作用の距離依存性は短距離ではクーロン相互作用的であるが，距離が $\hbar/mc$ のオーダー以上になると指数関数的に減衰する．核力の到達距離は約 10^{-13} cm であり，核力を担う粒子として電子の約 200 倍の質量を持つボーズ粒子――ある種の"中間子"――が適合することはよく知られている．

もしボーズ粒子の質量 m がゼロならば，源の間の相互作用は完全なクーロン相互作用型となることにも注目する必要がある．これは電荷間の仮想光子の交換によって生じる静電気力の模式的なモデルとなっている (この場合 g は e に置き換わる)．しかし量子電磁力学の完全な理論は (6.3節参照)，光子がベクトル場を持っており，単

純なスカラー波動関数 ϕ で代表させることはできないために，実際にははるかに複雑なものである．また質量ゼロのボーズ粒子による相互作用のもうひとつの例は金属中の電子のフォノン交換によるものであり，この相互作用は超伝導現象を引き起こす．しかしこれらのケースでは，3.5節および5.13節で見る通り，場の源である電子の方の反跳も無視できない．

上記の計算は，物質粒子の間のあらゆる相互作用が，力を伝達するボーズ粒子場の媒介によるものであることを暗示している．一般に場の量子論では必ずそのようなボーズ粒子場と物質粒子の関係が現われる．相互作用の及ぶ距離が短いほど——接触相互作用の描像がよい近似になっているほど——交換するボーズ粒子の質量は大きく，それが励起される可能性を考慮する必要は少なくなる．このような事情を包括する一般的な理論はS行列の理論と呼ばれるが，これについては6.11節で議論する．

1.12 荷電ボーズ粒子

初等量子力学で現われる電子の波動関数は複素数の値を持つ．ボーズ粒子の場を複素数にしたら何が見られるであろうか？ ボーズ粒子場を，

$$\phi = \frac{1}{\sqrt{2}}(\phi_1 + i\phi_2) \tag{1.112}$$

としてみる．ϕ_1 と ϕ_2 は互いに独立な実場とする．

通常の数学の議論では ϕ と共役な関係を持つ場 ϕ^* を定義し得る．ここでは次のような定義をしよう．すなわちもし ϕ が"ゲージ変換" (gauge transformation) $\phi \to \phi e^{i\alpha}$ を受けるならば，ϕ^* は自動的に複素共役な変換 $\phi^* \to \phi^* e^{-i\alpha}$ を受けるものとする．そうすると直ちにこのゲージ変換に関して不変な物理量を，ϕ と ϕ^* の積で作ることができる．ゲージ変換そのものの重要性は，相対論的な量子電磁力学を扱う6.3節で議論することにする．

実スカラー場に対する1.8節の議論を一般化して，次のラグランジアン密度を仮定する．

$$\mathcal{L} = -\left(\nabla\phi\cdot\nabla\phi^* - \dot{\phi}\dot{\phi}^* + m^2\phi\phi^*\right) \tag{1.113}$$

ϕ と ϕ^* は仮想的に独立に扱えるので（2つの独立な場 ϕ_1 と ϕ_2 から成るので），それらは別々にクライン – ゴルドン方程式を満足する§．

$$\left(\Box - m^2\right)\phi = 0; \quad \left(\Box - m^2\right)\phi^* = 0 \tag{1.114}$$

---

§(訳註) 本稿における演算子 $\Box$ の定義は，c をあらわに書くと $\Box \equiv \nabla^2 - \frac{1}{c^2}\frac{\partial^2}{\partial t^2}$ である．6.3節参照．(原書では $\Box^2$ という表記を用いてあるが，訳稿では現在慣用的に用いられている上付き添え字の2を省いた表記に改めた．)

しかし"場の運動量"の定義において，2つの場が関係を持つことになる．

$$\pi = \frac{\partial \mathcal{L}}{\partial \dot{\phi}} = \dot{\phi}^*, \qquad \pi^* = \dot{\phi} \tag{1.115}$$

ハミルトニアン密度は，

$$\mathcal{H} = \pi\pi^* + \nabla\phi \cdot \nabla\phi^* + m^2 \phi\phi^* \tag{1.116}$$

である．ハミルトニアン密度が実数である (すなわちゲージ不変 gauge invariant である) という制約によって，2つの場は力学的に結合しなければならないことになる．

次に ϕ_1 と ϕ_2 に対して消滅・生成演算子を導入する．式 (1.90) および式 (1.91) と同様に考え，

$$\phi_1(\mathbf{r}) = -i\frac{1}{\sqrt{V}} \sum_{\mathbf{k}} \frac{1}{\sqrt{2\omega_{\mathbf{k}}}} \left(a_{\mathbf{k}}^{(1)*} - a_{-\mathbf{k}}^{(1)} \right) e^{i\mathbf{k}\cdot\mathbf{r}}$$

$$\phi_2(\mathbf{r}) = -i\frac{1}{\sqrt{V}} \sum_{\mathbf{k}} \frac{1}{\sqrt{2\omega_{\mathbf{k}}}} \left(a_{\mathbf{k}}^{(2)*} - a_{-\mathbf{k}}^{(2)} \right) e^{i\mathbf{k}\cdot\mathbf{r}} \tag{1.117}$$

と書く．これらの場は独立で，下に示す通常の交換関係以外の組み合わせは可換となる．

$$[a_{\mathbf{k}}^{(1)}, a_{\mathbf{k}'}^{(1)*}] = \delta_{\mathbf{k}\mathbf{k}'}; \qquad [a_{\mathbf{k}}^{(2)}, a_{\mathbf{k}'}^{(2)*}] = \delta_{\mathbf{k}\mathbf{k}'} \tag{1.118}$$

式 (1.112) と式 (1.117) から $\phi(\mathbf{r})$ は4種類の演算子の一次結合で表わされることが分かる．演算子を次のようにまとめてみると，理解の助けになるであろう．

$$a_{\mathbf{k}} = \frac{1}{\sqrt{2}} \{ a_{\mathbf{k}}^{(1)} - ia_{\mathbf{k}}^{(2)} \}; \qquad b_{\mathbf{k}} = \frac{1}{\sqrt{2}} \{ a_{\mathbf{k}}^{(1)} + ia_{\mathbf{k}}^{(2)} \}$$

$$a_{\mathbf{k}}^* = \frac{1}{\sqrt{2}} \{ a_{\mathbf{k}}^{(1)*} + ia_{\mathbf{k}}^{(2)*} \}; \qquad b_{\mathbf{k}}^* = \frac{1}{\sqrt{2}} \{ a_{\mathbf{k}}^{(1)*} - ia_{\mathbf{k}}^{(2)*} \} \tag{1.119}$$

これは演算子の正準変換であり，エルミート共役な $[a_{\mathbf{k}}, a_{\mathbf{k}}^*]$ や $[b_{\mathbf{k}}, b_{\mathbf{k}}^*]$ 以外の組み合わせでは交換関係はゼロとなる．

式 (1.112) を式 (1.117) と式 (1.119) を用いて書き直すと次のようになる．

$$\phi(\mathbf{r}) = -i\frac{1}{\sqrt{V}} \sum_{\mathbf{k}} \frac{1}{\sqrt{2\omega_{\mathbf{k}}}} \{ a_{\mathbf{k}}^* - b_{-\mathbf{k}} \} e^{i\mathbf{k}\cdot\mathbf{r}} \tag{1.120}$$

これ自身は単なる書き換えに過ぎない．しかし運動量の場，

$$\pi(\mathbf{r}) = \frac{1}{\sqrt{V}} \sum_{\mathbf{k}} \sqrt{\tfrac{1}{2}\omega_{\mathbf{k}}} \{ a_{\mathbf{k}} + b_{-\mathbf{k}}^* \} e^{-i\mathbf{k}\cdot\mathbf{r}} \tag{1.121}$$

1.12. 荷電ボーズ粒子

を併せて書くと，1.7節で第二量子化の一般原理として提示した次の正準交換関係が得られる．

$$[\phi(\mathbf{r}), \pi(\mathbf{r}')] = i\delta(\mathbf{r} - \mathbf{r}') \tag{1.122}$$

ここで式 (1.120) と式 (1.121) に "∗変換" を施すことを考える．この規則は ∗印のない演算子に ∗印を付け，∗印のある演算子からそれを除いて (すなわち演算子をエルミート変換して)，全ての複素数を複素共役変換するというものである．そうすると，

$$\phi^*(\mathbf{r}) = i\frac{1}{\sqrt{V}}\sum_{\mathbf{k}}\frac{1}{\sqrt{2\omega_{\mathbf{k}}}}\{a_{\mathbf{k}} - b^*_{-\mathbf{k}}\}e^{-i\mathbf{k}\cdot\mathbf{r}}$$

$$\pi^*(\mathbf{r}) = \frac{1}{\sqrt{V}}\sum_{\mathbf{k}}\sqrt{\tfrac{1}{2}\omega_{\mathbf{k}}}\{a^*_{\mathbf{k}} + b_{-\mathbf{k}}\}e^{i\mathbf{k}\cdot\mathbf{r}} \tag{1.123}$$

となり，これらも下記の交換関係を満足する．

$$[\phi^*(\mathbf{r}), \pi^*(\mathbf{r}')] = i\delta(\mathbf{r} - \mathbf{r}') \tag{1.124}$$

(これは一見，式 (1.122) に "∗変換" を施したものと整合しないように思えるが，エルミート変換によって演算子の積の順序が入れ替わること——$(AB)^* = B^*A^*$——を思い起こせば，つじつまは合っている．)

ここで示した第二量子化の形式は，式 (1.117) のような実場の量子化よりも一般性を持つ．ϕ を自己共役 (エルミート) $\phi = \phi^*$ とするためには，$a_{\mathbf{k}}$ と $b_{\mathbf{k}}$ が等しくなければならない．複素場は 2 種類の——a タイプおよび b タイプの——"粒子"や"励起"を含んでいる．

このことは，ハミルトニアンの表式において見ることができる．

$$\begin{aligned}H &= \sum_{\mathbf{k}}\omega_{\mathbf{k}}(a^*_{\mathbf{k}}a_{\mathbf{k}} + b^*_{\mathbf{k}}b_{\mathbf{k}} + 1) \\ &= \sum_{\mathbf{k}}\omega_{\mathbf{k}}(n^+_{\mathbf{k}} + n^-_{\mathbf{k}} + 1)\end{aligned} \tag{1.125}$$

各々の波数ベクトルのモードには 2 種類の粒子が入る．この 2 種類の励起は独立である．

2 種類の励起はそれぞれ何を意味するのだろうか？ 電子論においてよく知られている次の電流密度の式を足掛りとして考えてみる．

$$\mathbf{j} = -ie(\phi\nabla\phi^* - \phi^*\nabla\phi) \tag{1.126}$$

また，もうひとつゲージ不変な量として次のようなスカラー量を考える．

$$\rho = -\mathrm{i}e\left(\pi\phi - \pi^*\phi^*\right) \tag{1.127}$$

これらの量は，場の方程式 (1.114) と (1.115) により，次の連続の方程式を満たすことが導かれる．

$$\nabla\cdot\mathbf{j} - \dot{\rho} = 0 \tag{1.128}$$

したがって ρ は電荷密度と解釈することができる．

そうすると，ρ の表式 (1.127) に場の量子化を施したものを用いて，系の全電荷量を占有数表示で計算することができる．

$$\begin{aligned}
Q = \int \rho \mathrm{d}^3 r &= e\sum_{\mathbf{k}}\left(a^*_{\mathbf{k}}a_{\mathbf{k}} - b^*_{\mathbf{k}}b_{\mathbf{k}}\right) \\
&= e\sum_{\mathbf{k}}\left(n^+_{\mathbf{k}} - n^-_{\mathbf{k}}\right)
\end{aligned} \tag{1.129}$$

つまり $a^*_{\mathbf{k}}$ は電荷 e の粒子を生成し $b^*_{\mathbf{k}}$ は電荷 $-e$ の粒子を生成する．2種類の粒子はただ電荷の符号のみが異なっている．これを粒子と"反粒子"の関係として捉えることができるが，"反粒子"の概念は，実はもっと深い問題を含んでいる．

ϕ はどちらか一方のタイプの励起だけと関係するのではないことをここで指摘しておく．ϕ は式 (1.120) に見られるように，電荷 $+e$ の粒子の生成と，電荷 $-e$ の粒子の消滅の両方の作用を含んでいる．電磁気的な相互作用だけに関心があるのならば，これらの2つの過程は実効的に等価だと言える．

この節で述べた手法は，量子論に電荷を持ち込む手法として完全に普遍性を持っているわけではないことをここで強調しておかなければならない．核子やその他の重粒子(バリオン)に適用される，より複雑な定式化の方法については 7.12 節で議論する．

第 2 章 フェルミ粒子

You *gotter* accentuate *the positive*, eliminate *the negative*...

2.1 数表示

　前章で述べた理論は，電子や核子のようにフェルミ–ディラック統計 (Fermi-Dirac statistics) に従う粒子の系を記述するには全く不適切なものである．フェルミ粒子を扱うためには，それぞれのモードに1個までしか粒子が入らないような定式化が必要である．これは単純に個数演算子の固有状態を制限すればよいという問題ではなく，本質的な概念の変更を伴う．

　フェルミ粒子系の振舞いを規定するパウリの原理 (Pauli principle) の基本となるのは，多粒子波動関数が任意の2個の粒子座標の交換について"反対称"でなければならない，という規則である．

$$\Psi(\mathbf{r}_1, \mathbf{r}_2, \ldots \mathbf{r}_n \ldots \mathbf{r}_m \ldots \mathbf{r}_N) = -\Psi(\mathbf{r}_1, \mathbf{r}_2, \ldots \mathbf{r}_m \ldots \mathbf{r}_n \ldots \mathbf{r}_N) \tag{2.1}$$

一方ボーズ粒子の場合，2粒子の座標交換について"対称"となるが，これは"反対称"の場合ほどに特異な効果をもたらすものではない．

　式 (2.1) の波動関数 Ψ を，独立な個々の1粒子波動関数の組み合わせとして書き下すことによって，パウリの原理を満たす多粒子波動関数を具体的に検討できる．関数 $\psi_1, \psi_2, \ldots \psi_N$ がそれぞれ1粒子に関するシュレーディンガー方程式の解であるとする．これらの関数の単純な積，

$$\psi_1(\mathbf{r}_1)\psi_2(\mathbf{r}_2) \ldots \psi_N(\mathbf{r}_N)$$

は反対称な性質を持たない．しかし粒子対の座標を交換する置換演算子 P を用いることにより，反対称化した関数をつくることができる．

$$\Psi = \frac{1}{\sqrt{N!}} \sum_P (-1)^P \psi_1(P\mathbf{r}_1) \psi_2(P\mathbf{r}_2) \ldots \psi_N(P\mathbf{r}_N) \tag{2.2}$$

和は $N!$ 種類の置換全てについて取る．符号の ± 1 は置換回数が奇数回か偶数回かによって決まる．

式 (2.2) は，i 行 j 列の要素が $\psi_i(\mathbf{r}_j)$ である行列の行列式に相当している．Ψ は式 (2.1) を満足しており，また 2 つの関数 ψ_i が同一であればゼロになることも容易に示される．これはよく知られたパウリの原理の解釈を与えている．すなわち 2 つの粒子は決して同じ状態に入ることはない．ψ_i が正規直交系であれば，式 (2.2) も規格化された関数となる．

しかし一行列式で表わされる以上に複雑な多体の波動関数を作りたい場合もある．これは行列式の一次結合で作ることができる．一次結合で作った関数も自動的に反対称になっている．ここで $\psi_1, \psi_2, \ldots \psi_N$ が，完全規格直交系をなす関数系 $\phi_i(\mathbf{r})$ の一部であるとする．関数系全体から N 個の関数を選ぶ方法は無数にある．$\psi_i(\mathbf{r})$ が 1 粒子の変数 $\mathbf{r}$ について完全系を構成するので，N 個の関数の行列式の一次結合によって，N 粒子の変数 $\mathbf{r}_1 \ldots \mathbf{r}_N$ に対するあらゆる反対称関数を作ることができる．

ここで，上記のような関数の簡便な表記法が必要となる．慣例としては各々の行列式を，行列式に現われる関数 ψ_i を挙げることによって定義する．すなわち "占有された" 1 粒子状態 ("モード") を全てのモードの中から挙げることによって定義する．

$$|n_1, n_2, \ldots\rangle$$

という表記は，ψ_1 モードに n_1 個，ψ_2 モードに n_2 個，‥‥の粒子を持つ波動関数を表現する．これは 1.3 節でボーズ粒子に対して行ったやりかたとよく似ているが，n_i が取り得る値は 0 か 1 だけである．この表記には何ら不明瞭な点はないことをここで強調しておく．これは式 (2.2) の関数を表わす略号に過ぎない．例えば，

$$|1_1, 0_2, 0_3, \ldots\rangle \equiv \psi_1(\mathbf{r}_1) \tag{2.3}$$

$$|1_1, 1_2, 0_3, \ldots\rangle \equiv \frac{1}{\sqrt{2}} \left\{ \psi_1(\mathbf{r}_1)\psi_2(\mathbf{r}_2) - \psi_1(\mathbf{r}_2)\psi_2(\mathbf{r}_1) \right\} \quad \text{etc.} \tag{2.4}$$

である．これらを用いて一般のあらゆる反対称関数 Ψ をつくることができる．関数には変数 $\mathbf{r}_1, \mathbf{r}_2, \ldots$ が含まれるが，行列要素を計算するときには各変数について積分を実行するので結果的にこれらの変数は残らない．最終的な結果としては各粒子に区別はない．

2.2 消滅・生成演算子：反交換関係

フェルミ粒子系の状態について前節で議論したことは，粒子交換に関する制約を反対称から対称に変更すれば，ボーズ粒子系にも同じように適用できる．ボーズ粒子の

2.2. 消滅・生成演算子：反交換関係

理論においてはそれぞれのモードの占有数を変える演算子 a^* と a を定義した．フェルミ粒子系についても同様なことを試みる．$\mathbf{k}$ モードに粒子を生成する演算子を $b_\mathbf{k}^*$ と書くことにする．すなわち，

$$b_\mathbf{k}^* |n_1, n_2, \ldots, n_\mathbf{k}, \ldots\rangle = |n_1, n_2, \ldots, n_\mathbf{k}+1, \ldots\rangle \tag{2.5}$$

とする．励起を消滅させる共役な演算子も定義する．

$$b_\mathbf{k} |n_1, n_2, \ldots, n_\mathbf{k}, \ldots\rangle = |n_1, n_2, \ldots, n_\mathbf{k}-1, \ldots\rangle \tag{2.6}$$

フェルミ粒子の状態として許される，$n_\mathbf{k}$ が 0 または 1 の状態に関しては，これらの演算子はボーズ粒子の演算子と同じ作用をする．しかし許容されていない占有数が現われないように，何らかの規則を付加する必要がある．例えば，いかなる状態に作用する場合でも，

$$(b_\mathbf{k}^*)^2 = 0 \quad \text{and} \quad (b_\mathbf{k})^2 = 0 \tag{2.7}$$

とならなければならない．

ボーズ粒子の数表示の便利な点は，真空状態に生成演算子を繰り返し作用させることによってあらゆる個数状態が得られることであった．フェルミ粒子でも同じことを試みることにして，次のように書く．

$$b_\mathbf{k}^* |0\rangle = |1_\mathbf{k}\rangle = \psi_\mathbf{k}(\mathbf{r}) \tag{2.8}$$

$$b_{\mathbf{k}'}^* b_\mathbf{k}^* |0\rangle = |1_\mathbf{k}, 1_{\mathbf{k}'}\rangle$$
$$= \frac{1}{\sqrt{2}} \left\{ \psi_\mathbf{k}(\mathbf{r}_1) \psi_{\mathbf{k}'}(\mathbf{r}_2) - \psi_\mathbf{k}(\mathbf{r}_2) \psi_{\mathbf{k}'}(\mathbf{r}_1) \right\} \tag{2.9}$$

粒子数が 3 以上の状態も同様に考える．

しかしここで注意が必要である．$\mathbf{k}$ および $\mathbf{k}'$ の生成演算子を逆の順序で作用させた場合――まず $b_{\mathbf{k}'}^*$ を作用させ，あとから $b_\mathbf{k}^*$ を作用させた場合――を想定してみよう．式 (2.9) の表式が矛盾なく成立しているとすると，添え字を入れ替えることにより次式が得られる．

$$b_\mathbf{k}^* b_{\mathbf{k}'}^* |0\rangle = \frac{1}{\sqrt{2}} \left\{ \psi_{\mathbf{k}'}(\mathbf{r}_1) \psi_\mathbf{k}(\mathbf{r}_2) - \psi_{\mathbf{k}'}(\mathbf{r}_2) \psi_\mathbf{k}(\mathbf{r}_1) \right\}$$
$$= -b_{\mathbf{k}'}^* b_\mathbf{k}^* |0\rangle \tag{2.10}$$

ここでは演算子の順序が重要で，順序が違うと符号が変わってしまう．上記の結果は次のようにも書ける．

$$\left(b_{\mathbf{k}'}^* b_\mathbf{k}^* + b_\mathbf{k}^* b_{\mathbf{k}'}^* \right) |0\rangle = 0 \tag{2.11}$$

他の状態ベクトルで試みても，一般に演算子を作用させる順序に依存して同じように符号が変わる．また式 (2.7) は $\mathbf{k}$ と $\mathbf{k}'$ が等しい場合も，同じ関係に包括し得ることを示している．したがって一般的に次式が成立する．

$$b_{\mathbf{k}}^* b_{\mathbf{k}'}^* + b_{\mathbf{k}'}^* b_{\mathbf{k}}^* = 0 \tag{2.12}$$

上記関係について，これらの 2 つの演算子が "反交換関係" を持つと称することにして，式 (1.38) と同様に，新しい交換関係の記号を導入して次のように表記する．

$$\{b_{\mathbf{k}}^*, b_{\mathbf{k}'}^*\} = 0 \tag{2.13}$$

この規則は不思議に見える．2 つの全く独立なモード $\psi_{\mathbf{k}}$ と $\psi_{\mathbf{k}'}$ がいかにしてこのように干渉しあうのであろうか．この奇妙な関係は，初めに仮定した反対称性の原理そのものに起因している．式 (2.10) の関係は実際，反対称波動関数 (2.1) の具体的な式を用いて導かれている．多粒子波動関数の取扱いで具合の悪い点は，本来は個々に識別できない全粒子を扱うべきなのに，変数 $\mathbf{r}_1$, $\mathbf{r}_2$, ... が個々の粒子をあらわに表わしてしまっているように見える点である．我々は各粒子の変数の基本順序を決めておき，$|0\rangle$ に作用する初めの演算子は初めの変数に作用し，2 番目に作用する演算子は 2 番目の変数に作用し‥‥といった規則を決めておくことが必要である．しかしこの規則は統一的に規定されているわけではない．式 (2.2) の行列式も，変数の順序を規定しておかない限り，符号の任意性を持っている．

消滅演算子のほうも生成演算子と同様に反交換関係を持たねばならない．

$$\{b_{\mathbf{k}}, b_{\mathbf{k}'}\} = 0 \tag{2.14}$$

また，$\mathbf{k}$ と $\mathbf{k}'$ が異なっていれば，

$$\{b_{\mathbf{k}}, b_{\mathbf{k}'}^*\} = 0 \quad \text{if} \quad \mathbf{k} \neq \mathbf{k}' \tag{2.15}$$

となる．最後に残った $b_{\mathbf{k}}$ と $b_{\mathbf{k}}^*$ の反交換関係について調べる．以下の式は全てそれぞれの演算子，状態ベクトルの定義とパウリの原理に従っている．

$$\begin{aligned} b_{\mathbf{k}}^* b_{\mathbf{k}} |0_{\mathbf{k}}\rangle &= 0; & b_{\mathbf{k}} b_{\mathbf{k}}^* |0_{\mathbf{k}}\rangle &= |0_{\mathbf{k}}\rangle \\ b_{\mathbf{k}}^* b_{\mathbf{k}} |1_{\mathbf{k}}\rangle &= |1_{\mathbf{k}}\rangle; & b_{\mathbf{k}} b_{\mathbf{k}}^* |1_{\mathbf{k}}\rangle &= 0 \end{aligned} \tag{2.16}$$

これらの関係から下記の式が得られる．α と β は任意の係数である．

$$(b_{\mathbf{k}}^* b_{\mathbf{k}} + b_{\mathbf{k}} b_{\mathbf{k}}^*)(\alpha|0_{\mathbf{k}}\rangle + \beta|1_{\mathbf{k}}\rangle) = \alpha|0_{\mathbf{k}}\rangle + \beta|1_{\mathbf{k}}\rangle \tag{2.17}$$

したがって，あらゆる k モード状態のケットベクトルに対して次の結果を得る．

$$b_{\mathbf{k}}^* b_{\mathbf{k}} + b_{\mathbf{k}} b_{\mathbf{k}}^* = 1 \tag{2.18}$$

この結果は，あらゆる状態ベクトルに適用できる一般性を持っているので，式 (2.15) を拡張した次の反交換関係が得られる．

$$\{b_{\mathbf{k}}, b_{\mathbf{k}'}^*\} = \delta_{\mathbf{k}\mathbf{k}'} \tag{2.19}$$

式 (2.16) から，

$$n_{\mathbf{k}} = b_{\mathbf{k}}^* b_{\mathbf{k}} \tag{2.20}$$

が k モードの占有数を表わす演算子となっていることは明らかである．式 (2.5) と式 (2.6) は次のように書ける．

$$\begin{aligned} b_{\mathbf{k}}|n_{\mathbf{k}}\rangle &= \sqrt{n_{\mathbf{k}}}\,|n_{\mathbf{k}}-1\rangle \\ b_{\mathbf{k}}^*|n_{\mathbf{k}}\rangle &= \sqrt{1-n_{\mathbf{k}}}\,|n_{\mathbf{k}}+1\rangle \end{aligned} \tag{2.21}$$

この関係式は量子数が 1 より大きい状態，および 0 より小さい状態の出現を自ずから禁じるようになっている．

式 (2.13)，式 (2.14)，および式 (2.19) に示された反交換関係は，ボーズ粒子について得られている交換関係 (1.32) および (1.38) ときれいに対応している．これは偶然ではない．ボーズ粒子の演算子の関係は，"反対称"条件の代りに"対称"条件を課して，ここで行った導出と同様な方法で導くこともできるのである．唯一の本質的な違いは，式 (2.2) 式で変数の置換操作に伴って符号を変えている因子 (−1) が，ボーズ粒子の場合はすべて (+1) になることで，この結果，反交換関係の代りに交換関係が現われる．符号因子の違いによって，式 (2.21) の係数に現われている $b_{\mathbf{k}}^*$ と $b_{\mathbf{k}}$ の行列要素がボーズ粒子の場合の式 (1.10) と違ってくるのである．

前章では 1 粒子状態の座標と運動量演算子から消滅・生成演算子を導入してボーズ粒子系の理論を構築した．残念ながらフェルミ粒子系に対するそのような単純な導出方法はないので，フェルミ粒子の演算子は少々抽象的な馴染み難い方法で定義せざるを得ないのである．

2.3　第二量子化

本章のフェルミ粒子の理論は，完全規格直交系をなす 1 粒子波動関数の関数系 $\psi_{\mathbf{k}}$ による表示で構築されている．ほとんどの場合，表示の基本となる関数系には平面波

が用いられ，それらは波数ベクトル **k** で識別される．完全結晶の中の電子の場合，基本となる関数系としてブロッホ関数 (Bloch functions) を用いればよい．しかしフェルミ粒子系の一般的な議論は，表示の基本関数として平面波を用いなくとも，関数系全体が完全規格直交系を構成してさえいれば適用可能である．例えば関数系として複雑な有機分子内での1粒子の固有関数一式を採用してもよい．

特定の表示方法に拘束されることを避けるために，第二量子化された場の演算子を用いて一般のフェルミ粒子場の理論を構築することが有用であろう．これは式 (1.90)，式 (1.91) のような式を導入しなおすことによって行うことができる．まずは場の演算子を定義する．

$$\psi(\mathbf{r}) = \sum_{\mathbf{k}} \psi_{\mathbf{k}}(\mathbf{r}) b_{\mathbf{k}}; \qquad \psi^*(\mathbf{r}) = \sum_{\mathbf{k}} \psi_{\mathbf{k}}^*(\mathbf{r}) b_{\mathbf{k}}^* \tag{2.22}$$

式 (2.19) と基本関数系の直交性から，この演算子(オペレーター)に関する反交換関係を導くことができる．

$$\{\psi(\mathbf{r}), \psi(\mathbf{r}')\} = 0; \quad \{\psi^*(\mathbf{r}), \psi^*(\mathbf{r}')\} = 0 \tag{2.23}$$

$$\{\psi(\mathbf{r}), \psi^*(\mathbf{r}')\} = \delta(\mathbf{r} - \mathbf{r}') \tag{2.24}$$

これはボーズ粒子の交換関係 (1.78) と似ているが，π のような正準共役演算子を新たに導入するかわりに，ψ のエルミート共役を利用している点がボーズ粒子の場合と異なっている．これはフェルミ粒子特有の性質で，フェルミ系の"粒子"と"空孔"の対称性に関係している (2.8節参照)．

次に場の運動方程式が必要となるが，ハミルトニアンが与えられれば，下記の時間に依存したシュレーディンガー方程式から導かれる．

$$H|\rangle = \frac{\hbar}{i} \frac{\partial}{\partial t} |\rangle \tag{2.25}$$

ボーズ粒子系では，量子化された場のハミルトニアンは，それに対応する古典的なハミルトン関数と同じであった．また量子場から現われる1粒子モードが波動方程式 (1.72) やクライン–ゴルドン方程式 (1.85) の解となっている例を見てきた．これらの方程式は1粒子状態の運動方程式としての解釈が可能で，1粒子ハミルトニアンの中の運動量を，

$$\mathbf{p} = \frac{\hbar}{i} \nabla \tag{2.26}$$

と置き換える通常の"第一量子化"を行うことにより，導出することができる．

フェルミ粒子のモード $\psi_{\mathbf{k}}(\mathbf{r}, t)$ を決める運動方程式が既知であるとする．

$$\mathcal{H} \psi_{\mathbf{k}}(\mathbf{r}, t) = \frac{\hbar}{i} \frac{\partial}{\partial t} \psi_{\mathbf{k}}(\mathbf{r}, t) \tag{2.27}$$

$\mathcal{H}$ は1粒子系のハミルトニアンである．$\mathcal{H}$ が分かれば，これを場のハミルトニアン密度のように扱うことにより，式 (2.25) に現われる場のハミルトニアン H を求めることができる．

話が抽象的になったので具体的な式で記述してみる．まず式 (1.83) で与えた基礎的なシュレーディンガー方程式を考える．ここで使われているハミルトニアンは，

$$\mathcal{H}(\mathbf{r}) = -\frac{\hbar^2}{2m}\nabla^2 + \mathcal{V}(\mathbf{r}) \tag{2.28}$$

である．そうするとポテンシャル $\mathcal{V}(\mathbf{r})$ の下でのフェルミ粒子系のハミルトニアンは，

$$H = -\frac{\hbar^2}{2m}\int \psi^*(\mathbf{r})\nabla^2\psi(\mathbf{r})\,\mathrm{d}^3r + \int \psi^*(\mathbf{r})\mathcal{V}(\mathbf{r})\psi(\mathbf{r})\,\mathrm{d}^3r \tag{2.29}$$

となる．ψ と ψ^* は式 (2.23) および式 (2.24) の反交換関係を持つ場の演算子である．言わば，1粒子波動関数 $\psi(\mathbf{r})$ のハミルトニアンの期待値がもう一度"量子化"され，演算子になったのである．これはもはや多体系のための演算子，すなわち状態ベクトル $|\,\rangle$ によって張られる抽象的なフォック空間 (Fock space) 内の任意の状態に作用する演算子となっている．

このことを示すために，式 (2.22) を式 (2.29) に代入すると次のようになる．

$$\begin{aligned} H &= \sum_{\mathbf{k},\,\mathbf{k}'}\left[\int \psi_{\mathbf{k}'}^*(\mathbf{r})\left\{-\frac{\hbar^2}{2m}\nabla^2 + \mathcal{V}(\mathbf{r})\right\}\psi_{\mathbf{k}}(\mathbf{r})\,\mathrm{d}^3r\right]b_{\mathbf{k}'}^* b_{\mathbf{k}} \\ &= \sum_{\mathbf{k},\,\mathbf{k}'}\mathcal{E}(\mathbf{k})\int \psi_{\mathbf{k}'}^*(\mathbf{r})\psi_{\mathbf{k}}(\mathbf{r})\,\mathrm{d}^3r\, b_{\mathbf{k}'}^* b_{\mathbf{k}} \\ &= \sum_{\mathbf{k}}\mathcal{E}(\mathbf{k})b_{\mathbf{k}}^* b_{\mathbf{k}} \end{aligned} \tag{2.30}$$

波動関数 $\psi_{\mathbf{k}}(\mathbf{r})$ はエネルギー固有値 $\mathcal{E}(\mathbf{k})$ を持つシュレーディンガー方程式の解である．

式 (2.20) から，占有数表示 $|n_{\mathbf{k}}\rangle$ で表わされる状態は，ハミルトニアン H の固有状態であり，そのエネルギーは，

$$\mathcal{E} = \sum_{\mathbf{k}}\mathcal{E}(\mathbf{k})n_{\mathbf{k}} \tag{2.31}$$

となっている．したがって場のハミルトニアン (2.29) の仮定は，場が相互に独立なフェルミ粒子系を表わし，そこに属する粒子が1粒子ハミルトニアン (2.28) のモードに従うという主張と整合している．

再び，ここで用いた議論の方法はボーズ粒子系にも適用できることを強調しておこう．ボーズ粒子系でも，ラグランジアン密度から始めて直接場のハミルトニアンを量

子化する代りに，占有数表示を基礎において1粒子系のハミルトニアンから第二量子化された場を組み立てることができる．あるいは逆に本章におけるフェルミ粒子多体系の量子化も，まず正準な場のハミルトニアンの形を適当に仮定し，"波動関数"を反交換関係を持つ演算子に読み替えるという方法でやり直すこともできる．場の量子化に関するこれらの2通りの方法は等価なものである．場の量子論で物理的な考察を行う際には，両方の定式化の方法を常に頭に置いておく必要がある．

2.4 散乱：統計力学との関係

あらわな拘束条件が付帯されていない粒子系の非摂動状態は，通常，自由粒子系として扱われる．したがって典型的には自由場の運動エネルギーを表わす下記のハミルトニアンが用いられる．

$$\mathcal{H}_0 = \psi^*(\mathbf{r})\left(-\frac{\hbar^2}{2m}\nabla^2\right)\psi(\mathbf{r}) \tag{2.32}$$

固体物理学でも，電子系のハミルトニアンを近似的に上記の自由粒子ハミルトニアンに還元してしまう方法がある．その場合，自由電子の質量は"有効質量"に置き換わる．$\mathcal{H}_0$ に属する固有関数系として平面波を表わす関数系を採用することができる．

この自由場のハミルトニアンに対して，必要に応じて1.9節で議論したような種々の相互作用項を付加することになる．たとえば ψ^* の一次の項は新しいフェルミ粒子の励起を生じ，ψ の一次の項は励起を消滅させる．また $\psi^*(\mathbf{r})\psi(\mathbf{r})$ はフェルミ粒子を1つのモードから他のモードへ散乱するが，粒子数は保存する．

摂動の例として外場によるポテンシャルエネルギー $\mathcal{V}(\mathbf{r})$ の影響を考えてみよう．これは下記の相互作用ハミルトニアンを与える．

$$H_\mathrm{I} = \int \psi^*(\mathbf{r})\mathcal{V}(\mathbf{r})\psi(\mathbf{r})\,\mathrm{d}^3 r \tag{2.33}$$

これを平面波による表示に直すと次のようになる．

$$\begin{aligned}H_\mathrm{I} &= \sum_{\mathbf{k},\,\mathbf{k}'} \int \mathrm{e}^{-\mathrm{i}(\mathbf{k}'-\mathbf{k})\cdot\mathbf{r}}\mathcal{V}(\mathbf{r})\,\mathrm{d}^3 r\, b^*_{\mathbf{k}'}b_{\mathbf{k}} \\ &= \sum_{\mathbf{k},\,\mathbf{k}'} \mathcal{V}(\mathbf{k}-\mathbf{k}')b^*_{\mathbf{k}'}b_{\mathbf{k}}\end{aligned} \tag{2.34}$$

$\mathcal{V}(\mathbf{k}-\mathbf{k}')$ は $\mathcal{V}(\mathbf{r})$ をフーリエ変換したものである．この相互作用は明らかに $\mathbf{k}$ モードの粒子を消滅させて $\mathbf{k}'$ モードの粒子を生成させる．言い方をかえれば，$\mathbf{k}$ モードから $\mathbf{k}'$ モードへ粒子を散乱する．この過程の行列要素は明らかに $\mathcal{V}(\mathbf{k}-\mathbf{k}')$ である．

2.4. 散乱：統計力学との関係

多重散乱の効果を無視して，遷移確率をこの行列要素を平方したものを用いて表わすと，いわゆるボルン近似 (Born approximation) と同じ結果を得ることになる．

一般のフェルミ粒子系の状態に対する H_I の効果を計算すると，次のような行列要素を得る．

$$\langle n_{\mathbf{k}'}+1, n_{\mathbf{k}}-1| H_\mathrm{I} |n_{\mathbf{k}'}, n_{\mathbf{k}}\rangle = \sqrt{(1-n_{\mathbf{k}'})n_{\mathbf{k}}}\,\mathcal{V}(\mathbf{k}-\mathbf{k}') \qquad (2.35)$$

遷移確率はこれを平方した次式に比例する．

$$n_{\mathbf{k}}(1-n_{\mathbf{k}'})\left|\mathcal{V}(\mathbf{k}-\mathbf{k}')\right|^2 \qquad (2.36)$$

遷移確率は初めのモード $\mathbf{k}$ の占有数に比例し，またパウリの原理によって後のモード $\mathbf{k}'$ の"非占有"個数にも比例する．

この結果はボーズ粒子の遷移確率 (1.103) を想起させる．ボーズ粒子とフェルミ粒子の散乱確率の違いは係数因子の中の符号の違いに過ぎない．ボーズ粒子の"誘導を受けた"放出では確率を上げる因子 $(1+n_{\mathbf{k}'})$ が付くが，フェルミ粒子の"禁制を受けた"放出では代わりに確率を下げる因子 $(1-n_{\mathbf{k}'})$ が掛かる．

これらの散乱確率の式を使った簡単な議論によって，ボーズ–アインシュタイン統計およびフェルミ–ディラック統計を導くことができる．まず粒子 (ボーズ粒子もしくはフェルミ粒子) の場が古典的な熱浴の中で平衡状態にあるものと仮定する．その中で2つのモード $\mathbf{k}$ と $\mathbf{k}'$ に着目する．それぞれのモードが含む励起の数の期待値を n および n' とする (したがって n, n' は整数でなくともよい)．この2つのモードがエネルギー差 Δ を持つものとする．

$$\mathcal{E} - \mathcal{E}' = \Delta \qquad (2.37)$$

熱浴とエネルギー Δ のやりとりを伴う2つのモード間の遷移頻度（レート）Q を考える．各頻度（レート）は次のように書ける．

$$Q(\mathbf{k} \to \mathbf{k}') = n(1 \pm n')f_1 P_{\mathbf{k}\mathbf{k}'}$$
$$Q(\mathbf{k}' \to \mathbf{k}) = n'(1 \pm n)f_2 P_{\mathbf{k}'\mathbf{k}} \qquad (2.38)$$

複号 $\pm$ はボーズ粒子の場合は $+$，フェルミ粒子の場合には $-$ を選ぶ．熱浴がエネルギー Δ を受け入れやすい低エネルギー側の状態にある確率を f_1，場にエネルギーを与えやすい高エネルギー側の状態にある確率を f_2 としている．

我々は，それぞれの確率の比を決めるボルツマン因子 (Boltzmann factor) が次のようになることを知っている．

$$f_1/f_2 = \exp(\Delta/kT) \qquad (2.39)$$

$P_{\mathbf{k}\mathbf{k}'}$ と $P_{\mathbf{k}'\mathbf{k}}$ は散乱前後の状態に関する統計的占有数の因子を含んでおらず，単純に散乱確率そのものを表しているので，微視的可逆性の原理 (The principle of microscopic reversibility) から両者は等しいと言える．また詳細つりあいの原理 (The principle of detailed balance) から，式 (2.38) の2つの頻度(レート)は等しくならなければいけない．これらの関係によって次式が導かれる．

$$\frac{n(1 \pm n')}{n'(1 \pm n)} = \exp(-\Delta/kT) \tag{2.40}$$

各モードにおける粒子の占有数は，そのモードのエネルギーだけに依存する関数であると仮定する．そうした場合，占有数が下記の形で表わされるならば，エネルギー保存の関係 (2.37) を式 (2.40) に代入して得られる汎関数の関係式が満たされる．

$$n(\mathcal{E}) = \frac{1}{\exp(\mathcal{E}/kT) \mp 1} \tag{2.41}$$

これはボーズ–アインシュタイン分布およびフェルミ–ディラック分布を表わす関数である．

2.5　粒子の相互作用：運動量の保存

電子や核子の気体において重要な状況は，粒子間に相互作用が働くことである．粒子数が保存されるならば，相互作用ハミルトニアンの形は次のようになる．

$$H_\mathrm{I} = \frac{1}{2} \iint \psi^*(\mathbf{r}')\psi^*(\mathbf{r})\mathcal{V}(\mathbf{r}' - \mathbf{r})\psi(\mathbf{r})\psi(\mathbf{r}')\,\mathrm{d}^3r\,\mathrm{d}^3r' \tag{2.42}$$

これが2つのフェルミ粒子が互いにポテンシャル $\mathcal{V}(\mathbf{r}' - \mathbf{r})$ を感じて散乱される過程を示すことは明らかであろう．

このことをあらわに示すために，式 (2.22) の平面波表示を用いて上記ハミルトニアンを書き直してみる．

$$H_\mathrm{I} = \frac{1}{2} \sum_{\mathbf{k}\mathbf{k}'\mathbf{k}''\mathbf{k}'''} \mathcal{V}(\mathbf{k}'' - \mathbf{k}')\, b_{\mathbf{k}'''}^* b_{\mathbf{k}''}^* b_{\mathbf{k}'} b_{\mathbf{k}}\, \delta(\mathbf{k} + \mathbf{k}' - \mathbf{k}'' - \mathbf{k}''') \tag{2.43}$$

各項は $\mathbf{k}$ および $\mathbf{k}'$ のモードの粒子を取り去り，それらを $\mathbf{k}''$ および $\mathbf{k}'''$ のモードへ遷移させる．この遷移の行列要素は $\mathcal{V}(\mathbf{r})$ のフーリエ変換で，第2の粒子の運動量の変化 $\mathbf{k}'' - \mathbf{k}'$ に関する成分である．しかし第1の粒子も同時に $\mathbf{k}$ から $\mathbf{k}'''$ への遷移でちょうど反対向きに同じ運動量の変化を生じている．

この運動量の保存は次の形の積分から現われている．

$$\frac{1}{(2\pi)^3} \int e^{i(\mathbf{k}+\mathbf{k}'-\mathbf{k}''-\mathbf{k}''')\cdot \mathbf{r}}\,\mathrm{d}^3 r = \delta(\mathbf{k} + \mathbf{k}' - \mathbf{k}'' - \mathbf{k}''') \tag{2.44}$$

2.5. 粒子の相互作用：運動量の保存

この関係はあらゆる散乱過程において全波数ベクトルの和は変化しないことを保証している．これは場の理論における運動量保存則の現われ方の典型的な例であり，この保存則は各粒子のモードの波が干渉によって強め合う条件に相当する．運動量の保存は基本的には相互作用 $\mathcal{V}(\mathbf{r}' - \mathbf{r})$ が相対位置のみに依存し，その結果 H_I が並進操作に関して不変であることによっている．

結晶中の電子を扱う場合，この保存則が完全に同じように成立するわけではないことは興味深い．場の演算子を，式 (2.22) の基本関数系 $\psi_\mathbf{k}$ にブロッホ関数 (Bloch functions) を用いて表現する必要がある．良く知られているようにブロッホ関数は次の条件を満たす．

$$\psi_\mathbf{k}(\mathbf{r} + \boldsymbol{l}) = e^{i\mathbf{k}\cdot\boldsymbol{l}}\psi_\mathbf{k}(\mathbf{r}) \tag{2.45}$$

$\boldsymbol{l}$ は格子の並進ベクトルである．式 (2.43) に相当する相互作用ハミルトニアンは少し複雑になる．式 (2.44) の積分の代わりに次の因子が出てくる．

$$\frac{1}{N}\sum_{\boldsymbol{l}} e^{i(\mathbf{k}+\mathbf{k}'-\mathbf{k}''-\mathbf{k}''')\cdot\boldsymbol{l}} \tag{2.46}$$

この因子は $(\mathbf{k} + \mathbf{k}' - \mathbf{k}'' - \mathbf{k}''')$ がゼロ以外でも，結晶の逆格子ベクトルに一致する時には残る．そこで厳密な運動量保存則の代わりに，"結晶運動量の保存則"を導入する．この保存則は散乱過程の前後で任意の逆格子ベクトルに相当する運動量の増減を許容する．相互作用の際には常に"反転過程"(Umklapp process) を生じる可能性がある．

相互作用ハミルトニアン (2.42) において演算子の順序は重要である．もし両方の消滅演算子を右側に置かなければ，状態ベクトルがどのようなものであっても，式 (2.43) に相当する表現において $\mathbf{k}$，$\mathbf{k}'$ と $\mathbf{k}''$，$\mathbf{k}'''$ が等しいあらゆる仮想プロセスが，H_I の期待値への寄与を持ってしまう．これは電子の自己エネルギーであり，通常ゼロと仮定すべきものである．この種の相互作用から現われるもっと複雑な結果について，第 5 章で議論する．

本節で仮定したフェルミ粒子間の相互作用の形 $\mathcal{V}(\mathbf{r} - \mathbf{r}')$ は，相互作用そのものが他の場によって媒介されるという可能性を排除するものではない．1.11節で見たように，核子間の中間子の交換は核子の距離に依存したポテンシャルのような形のエネルギーの寄与を生じる．フェルミ粒子場 (核子場) で起こるエネルギー励起が，相互作用を媒介する場 (中間子場) に定常的な励起状態を引き起こすほど強くなければ，本節で示したようなフェルミ粒子間の相互作用のモデルが適用できる．

2.6 フェルミ粒子 – ボーズ粒子相互作用

固体電子論や素粒子物理における典型的な素過程はボーズ粒子場とフェルミ粒子場の相互作用を表わす次のハミルトニアンで記述される.

$$H_\mathrm{I} = \sum_{\mathbf{k},\mathbf{q}} F(q)(a_\mathbf{q} - a^*_{-\mathbf{q}}) b^*_{\mathbf{k}+\mathbf{q}} b_\mathbf{k} \tag{2.47}$$

数表示の描像では, これはフェルミ粒子 (例えば電子や核子) がボーズ粒子 (光子, フォノン, 中間子等) の放出または吸収に伴って, $\mathbf{k}$ 状態から $\mathbf{k}+\mathbf{q}$ 状態に散乱される過程を表わしている.

形状因子 $F(q)$ の形は, 物理系に依存する. 1.11節で論じた局所相互作用の場合, 式 (2.47) のもとになるハミルトニアン密度は次のようになる.

$$\mathcal{H}_\mathrm{I} = g\psi^*(\mathbf{r})\phi(\mathbf{r})\psi(\mathbf{r}) \tag{2.48}$$

ϕ はボーズ粒子場の演算子, ψ はフェルミ粒子場の演算子, g は結合定数である. そうすると $F(q)$ として次式を得る (式 (1.106) 参照).

$$F(q) = -ig/\sqrt{2\omega_\mathbf{q}} \tag{2.49}$$

これはボーズ粒子のスペクトルに依存している. 核子と中間子の系における相互作用もこのようなタイプのものである. ただし場は複数の成分を持ち, 相互作用の形はある対称性の原理によって規定されるために, 実際にはこれよりはるかに複雑である. さらにエネルギーの高さを考慮すると第6章で述べる相対論を正しく適用しなければならない.

固体物理学の標準的な問題のひとつは半導体中の電子 – フォノン相互作用である. 伝導帯にある電子のエネルギーは局所的な結晶の歪に影響される. 点 $\mathbf{r}$ の付近で格子が $\Delta(\mathbf{r})$ だけ膨張する時のエネルギー変化が $C\Delta(\mathbf{r})$ だけ生じると仮定する. C は"変形ポテンシャル"と呼ばれる. 電子系のハミルトニアン演算子には次の項が付加される.

$$H_\mathrm{I} = \int \psi^*(\mathbf{r}) C\Delta(\mathbf{r}) \psi(\mathbf{r}) \,\mathrm{d}^3 r \tag{2.50}$$

格子の膨張は 1.5 節で述べたような変位ベクトル場 $\mathbf{u}(\mathbf{r})$ で表わされる格子波によって生じるものと考えられる. フォノンの演算子を用いると, 縦の音響モードに対する連続極限の式として,

$$\begin{aligned}\Delta(\mathbf{r}) &= \nabla\cdot\mathbf{u}(\mathbf{r}) \\ &= \sum_\mathbf{q} \frac{1}{\sqrt{\tfrac{1}{2}\rho_0\omega_\mathbf{q}}} q\mathrm{e}^{-i\mathbf{q}\cdot\mathbf{r}} \left(a_\mathbf{q} - a^*_{-\mathbf{q}}\right)\end{aligned} \tag{2.51}$$

2.6. フェルミ粒子 – ボーズ粒子相互作用

を得る．このとき $F(q)$ は，

$$F(q) = \frac{Cq}{\sqrt{\frac{1}{2}\rho_0 \omega_\mathbf{q}}} = \frac{C}{\sqrt{\frac{1}{2}\rho_0 s}}\sqrt{q} \tag{2.52}$$

となる．ρ_0 は媒質の密度，s は音速である．金属中でも電子 – フォノン相互作用は同じように起こるが，金属中の変形ポテンシャル C は q に対して弱い依存性を示す．

自由空間における電子 – 光子相互作用の形状因子も，式 (2.52) と同じ波数 q 依存性を持つ．この関係を正確に導出するためには電磁場を量子化するための手の込んだ理論が必要となるが，詳細な議論は第 6 章で行う．ただ"変位ベクトル"$\mathbf{u}(\mathbf{r})$ に相当する場はベクトルポテンシャル場 $\mathbf{A}(\mathbf{r})$ で，これが電子系による電流密度場 $\mathbf{j}(\mathbf{r})$ と，次のような通常の古典的な項 (6.9 節参照) を通じて相互作用することを仮定しておく．

$$\begin{aligned}\mathcal{H}_\mathrm{I} &= \mathbf{j}\cdot\mathbf{A} \\ &= -ei(\psi^*\nabla\psi - \psi\nabla\psi^*)\cdot\mathbf{A}\end{aligned} \tag{2.53}$$

1.5 節で行った $\mathbf{u}(\mathbf{r})$ の量子化と同様に $\mathbf{A}(\mathbf{r})$ を第二量子化し，消滅・生成演算子で表わすことができる．ただし"密度因子"ρ_0 等は出てこない．結果は式 (2.47) において $F(q)$ を，

$$F(q) = \frac{e}{\sqrt{\hbar c}}\sqrt{q} \tag{2.54}$$

と置いたものになる．c は光速である．ここに現われる結合定数は，よく知られた微細構造定数 $e^2/\hbar c$ ($\approx 1/137$) の平方根である．しかし上記の議論は相対論的な扱いをしておらず，また静電ポテンシャルの余計な寄与を除くための深刻な問題も無視してある．

もうひとつ別のタイプの形状因子の例は，極性結晶中の光学モードフォノンと相互作用する電子系で見られる．電気的分極ベクトル $\mathbf{P}(\mathbf{r})$ は局所的"変位"$\mathbf{u}(\mathbf{r})$ に比例し，$\mathbf{u}(\mathbf{r})$ は通常の方法で量子化される．しかし電子は静電エネルギー $e\phi(\mathbf{r})$ を持つ．$\phi(\mathbf{r})$ は分極 $\mathbf{P}(\mathbf{r})$ と次の関係を持つ．

$$4\pi\mathbf{P}(\mathbf{r}) = \nabla\phi(\mathbf{r}) \tag{2.55}$$

この式のフーリエ変換をとることにより，波数 q のモードには $1/q$ の因子が掛ることが分かる．一方分極モードの振動数 ω_l は，ほどんど q に依存しない．したがって，

$$F(q) = -\frac{eF}{q} \tag{2.56}$$

となる．

光学フォノンの交換によって2つの固定された電子間に生じる実効的な力を1.11節と同様な手順で求め，比例係数 F を求めて見ることは，よい演習になるであろう．クーロンポテンシャルの形 $e^2/\varepsilon R$ が得られるが，見かけの誘電率 ε は，

$$\varepsilon = 2\pi\omega_l/F^2 \tag{2.57}$$

であり，この数値は実験的に決定できる．

フェルミ粒子 – ボーズ粒子相互作用によって引き起こされるいくつかの現象を考察しよう．一例としてフェルミ粒子にまとわりついている"ボーズ粒子の衣"を考えてみる．ボーズ粒子の真空に運動量 $\mathbf{k}$ のフェルミ粒子がひとつある状態 $|\mathbf{k}, 0_\mathbf{q}\rangle$ をまず考える．定常的な摂動として H_I が働くとすると，この状態は次のような変更を受ける．

$$\begin{aligned}|\mathbf{k}\rangle' &= |\mathbf{k}, 0_\mathbf{q}\rangle + \sum_\mathbf{q} |\mathbf{k}-\mathbf{q}, 1_\mathbf{q}\rangle \frac{\langle \mathbf{k}-\mathbf{q}, 1_\mathbf{q}|H_\mathrm{I}|\mathbf{k}, 0_\mathbf{q}\rangle}{\mathcal{E}_0(\mathbf{k}) - \mathcal{E}_0(\mathbf{k}-\mathbf{q}) - \omega_\mathbf{q}} \\ &= |\mathbf{k}, 0_\mathbf{q}\rangle - \sum_\mathbf{q} \frac{F(\mathbf{q})}{\mathcal{E}_0(\mathbf{k}) - \mathcal{E}_0(\mathbf{k}-\mathbf{q}) - \omega_\mathbf{q}}|\mathbf{k}-\mathbf{q}, 1_\mathbf{q}\rangle\end{aligned} \tag{2.58}$$

摂動は $\mathbf{q}$ モードのフォノンが生成した状態との混合状態を生み出す．

$\mathbf{q}$ モードのフォノン数はこの混合係数を平方したものである．全モードについて和をとると，

$$\langle N \rangle = \frac{m^{*2}}{8\pi^3}\int \frac{|F(q)|^2\, d^3q}{\{\frac{1}{2}(2\mathbf{k}\cdot\mathbf{q}-q^2) - m^*\omega_\mathbf{q}\}^2} \tag{2.59}$$

となる．非摂動状態のフェルミ粒子のエネルギー $\mathcal{E}_0(\mathbf{k})$ は，質量 m^* の自由粒子のエネルギーの形で表わされると仮定した．

この積分はそれぞれの物理的状況に応じた $F(q)$ と $\omega_\mathbf{q}$ の式を代入して評価されることになる．ここまでに取り上げた何れの例においても $q=0$ の付近では何の問題もない．形状因子が式 (2.52) で表わされる電子 – フォノン相互作用を考える．電子のエネルギーが低く，分母の $\mathbf{k}\cdot\mathbf{q}$ が無視できるものとすると，式 (2.59) の積分は次のようになる．

$$\begin{aligned}\langle N \rangle &= \frac{1}{8\pi^3}\frac{m^{*2}C^2}{\frac{1}{2}\rho_0 s}4\pi\int \frac{4q\cdot q^2 dq}{(q^2+2m^*qs)^2} \\ &= \frac{4m^{*2}C^2}{\pi^2\rho_0 s}\int_0^{q_\mathrm{D}} \frac{q\, dq}{(q+2m^*s)^2} \\ &\sim \frac{4}{\pi^2}\frac{m^{*2}C^2}{\rho_0 s}\ln\left(\frac{q_\mathrm{D}}{2m^*s}\right)\end{aligned} \tag{2.60}$$

ここではデバイ波数 (Debye wave-number) q_D が積分の上限を決めているので有限な値が得られている．しかし式 (2.54) を用いた電磁気的相互作用についての同様

2.6. フェルミ粒子 – ボーズ粒子相互作用

の計算では，積分の式は同じような形になるが，光子の振動数に自然に決まる上限値がないので，q が大きくなると対数的に発散してしまう．これが量子電磁力学におけるいわゆる発散の困難である．

式 (2.59) を見ると，$\mathbf{k}$ が充分に大きければ，ある $\mathbf{q}$ の値で積分の分母がゼロになってしまうような場合が有り得る．このような条件は式 (2.58) のエネルギーの割り算の部分から一般的に導くことができる．もし，

$$\mathcal{E}_0(\mathbf{k}) - \mathcal{E}_0(\mathbf{k} - \mathbf{q}) > \omega_{\mathbf{q}} \tag{2.61}$$

を満たす $\mathbf{q}$ が存在すれば，積分は特異点をもつ．$\mathbf{q}$ として小さい値を考えるので，

$$\mathbf{q} \cdot \frac{\partial \mathcal{E}_0(\mathbf{k})}{\partial \mathbf{k}} > qs \tag{2.62}$$

と書き直せる．これは $\mathbf{k}$ 状態のフェルミ粒子の群速度がボーズ粒子の速度 s よりも大きいという条件である．

そうすると何が起こるであろうか？ 式 (2.59) の積分が主値としては収束する場合でも，積分中の特異点のところで，式 (2.58) の状態が定常状態になってしまうような実散乱過程が生ずる可能性が出てくる．半導体の場合，このような過程によってキャリヤが散乱され，電気抵抗が生じる．電磁気的なケースでは，この種の現象は，屈折率が 1 より大きい媒質中でフェルミ粒子が光よりも速く移動する場合にのみ見られる．これがいわゆる "チェレンコフ放射" (Cerenkov radiation) である．

計算すべきもうひとつの量は，ボーズ粒子場中のフェルミ粒子の自己エネルギーである．式 (2.58) を摂動状態と考えると次式を得る．

$$\begin{aligned}\mathcal{E}(\mathbf{k}) &= \mathcal{E}_0(\mathbf{k}) + \sum_{\mathbf{q}} \frac{|\langle \mathbf{k}-\mathbf{q}, 1_{\mathbf{q}} |H_I| \mathbf{k}, 0_{\mathbf{q}} \rangle|^2}{\mathcal{E}_0(\mathbf{k}) - \mathcal{E}_0(\mathbf{k} - \mathbf{q}) - \omega_{\mathbf{q}}} \\ &= \mathcal{E}_0(\mathbf{k}) - \frac{m^*}{8\pi^3} \int \frac{|F(q)|^2 \, d^3q}{-\frac{1}{2}(\mathbf{k} \cdot \mathbf{q} - \mathbf{q}^2) + m^* \omega_{\mathbf{q}}} \end{aligned} \tag{2.63}$$

この式は核子 – 中間子系に対して 1.11 節の計算と同様に，無限大の自己エネルギー補正を与えてしまう．式 (2.63) の積分は式 (1.110) ほど急速に発散しないが，π 中間子の高エネルギーにおける相対論的効果を考慮していないために，ここでこれ以上定量的な議論をすることはできない．

自己エネルギーは電子 – 光子相互作用 (2.54) においても発散する．また電子 – フォノン相互作用では式 (2.60) が示すように q_D に強く依存する．一方，式 (2.63) において，式 (2.56) に示した電子と結晶の極性モードとの相互作用を当てはめ，振動数を定数 ω_l とすると，積分範囲に上限を設けなくても収束する．式を k について展開

すると次のようになる.

$$\mathcal{E}(k) - \mathcal{E}_0(k) = -\frac{me^2 F^2}{2\pi^2} \int_0^\pi \sin\theta d\theta \int_0^\infty \frac{dq}{q^2 - 2kq\cos\theta + 2m\omega_l}$$
$$\approx -\alpha\left(\omega_l + \frac{1}{12m}k^2 + \dots\right) \tag{2.64}$$

結合パラメータ α は,実効誘電率 (2.57) を用いて,次のように表わされる.

$$\alpha = (e^2/\epsilon)\sqrt{\frac{1}{2}m\omega_l} \tag{2.65}$$

電子の基底状態へのエネルギー補正は有限値となる.この補正は電子の周辺で格子が分極を起こすことによって得ているエネルギーである.電子のエネルギーと運動量の関係も補正をうけることになり,電子は質量 m^* を持つかのように振舞う.

$$m^* \approx \frac{m}{1 - \frac{1}{6}\alpha} \tag{2.66}$$

電子が結晶中を動くとき,光学モード励起を一緒に動かさなければならないので,電子が見かけ上重くなるという描像は物理的に理解し易い.

しかし式 (2.66) は結合パラメーター α (無次元の定数) が 6 以上になると明らかに成立しなくなる.上記のポーラロン (polaron) の理論は弱結合の極限において適用できるもので,電子と極性モードとの結合が弱くない場合には全く異なった計算方法が必要になる.

本節における教訓は,場の間の相互作用について基本的な摂動を書き下すことは容易でも,それはしばしば無限大という解釈不能な結果を与えるということである.これが場の相互作用において,次章以降で議論するような洗練された計算法を必要とする理由である.

2.7 正孔 (空孔) と反粒子

多くの物理系において,凝縮したフェルミ粒子系——例えば金属中の電子系や核物質中の核子など——を見ることができる.相互作用が強くなければ排他律が効果的に働き,系の基底状態は凝縮したフェルミ粒子気体として記述される.これは占有された 1 粒子状態 $|\mathbf{k}\rangle$ の波数ベクトルが,$\mathbf{k}$ 空間内でフェルミエネルギー $\mathcal{E}_F$ 以下の領域をすべて満たした状態である.粒子数 N,体積 V で,各々 2 つのスピン状態を持つとすると,フェルミ面 (Fermi surface) は半径,

$$k_F = \left(3\pi^2 N/V\right)^{\frac{1}{3}} \tag{2.67}$$

2.7. 正孔（空孔）と反粒子

の球面となる. 実際の金属電子のフェルミ面が複雑な形状を持つことはよく知られているが, 電子状態はエネルギー $\mathcal{E}(\mathbf{k})$ の $\mathcal{E}_F$ と比較した大小により, フェルミ面の "上" もしくは "下" の状態に分けられる.

金属電子系の全エネルギースペクトルは大層複雑なものであるが, そのうち基底状態のエネルギーに近い狭い範囲のエネルギー準位だけがしばしば関心の対象になる. その場合, 基底状態の大きなエネルギーを差し引いて, 凝縮フェルミ気体を "真空" として扱い, それに近い準位の状態を低エネルギー励起として扱うと便利である. 電子の数は極めて多いが, そのうちほとんどが排他律のためにエネルギーを変えることはできない. もちろん, あらゆる相互作用において電子数が保存するものと仮定する. 励起状態を希薄な準粒子の気体として記述すると, 取扱いが極めて簡単になる. ただし後から示すように, 準粒子数は通常の物理現象において保存しない.

互いに独立な多電子の凝縮系は, 次のハミルトニアンで表わされる.

$$H_0 = \sum_{\mathbf{k}} \mathcal{E}(\mathbf{k}) b_{\mathbf{k}}^* b_{\mathbf{k}} \tag{2.68}$$

そして, あらゆる相互作用は粒子数を保存する.

$$N = \sum_{\mathbf{k}} b_{\mathbf{k}}^* b_{\mathbf{k}} = \sum_{k<k_F} 1 \tag{2.69}$$

基底状態は, エネルギー $\mathcal{E}(\mathbf{k}) = \mathcal{E}_F$ 以下の準位が埋った状態である. この $\mathbf{k}$ 空間においてフェルミ面で囲まれた領域を $k < k_F$ と簡単に記述した. ここで系が $\mathbf{k}$ を $-\mathbf{k}$ で置き換える反転変換について不変であると仮定する. すなわち,

$$\mathcal{E}(-\mathbf{k}) = \mathcal{E}(\mathbf{k})$$

とする.

基底状態でエネルギーの期待値がゼロになるような新しいハミルトニアンを定義しよう. 式 (2.69) を用いてこのハミルトニアンを,

$$\begin{aligned}\tilde{H}_0 &= H_0 - \sum_{k<k_F} \mathcal{E}(\mathbf{k}) \\ &= \sum_{\mathbf{k}} \{\mathcal{E}(\mathbf{k}) - \mathcal{E}_F\} b_{\mathbf{k}}^* b_{\mathbf{k}} - \sum_{k<k_F} \{\mathcal{E}(\mathbf{k}) - \mathcal{E}_F\} \end{aligned} \tag{2.70}$$

と書く. このハミルトニアンは H_0 と全く同等な系の記述が可能である.

ここで次の消滅・生成演算子を導入する.

$$\tilde{b}_{\mathbf{k}} = \begin{cases} b_{\mathbf{k}} \\ b_{-\mathbf{k}}^* \end{cases} \quad ; \quad \tilde{b}_{\mathbf{k}}^* = \begin{cases} b_{\mathbf{k}}^* \\ b_{-\mathbf{k}} \end{cases} \quad \text{for} \quad \begin{cases} k > k_F \\ k < k_F \end{cases} \tag{2.71}$$

言葉で言えば，フェルミ面内のモードについては消滅演算子と生成演算子の役割が入れ替わり，波数 k は反転する．しかしこれらは依然としてフェルミ粒子の演算子であり，元の $b_\mathbf{k}$，$b_\mathbf{k}^*$ と同様に次の反交換関係を満たす．

$$\{\tilde{b}_\mathbf{k}, \tilde{b}_{\mathbf{k}'}^*\} = \delta_{\mathbf{k}\mathbf{k}'} \tag{2.72}$$

式 (2.71) を式 (2.70) に代入すると，次式を得る．

$$\begin{aligned}\tilde{H}_0 &= \sum_{k<k_\mathrm{F}} \{\mathcal{E}(\mathbf{k}) - \mathcal{E}_\mathrm{F}\}(1 - \tilde{b}_{-\mathbf{k}}^* \tilde{b}_{-\mathbf{k}}) + \sum_{k>k_\mathrm{F}} \{\mathcal{E}(\mathbf{k}) - \mathcal{E}_\mathrm{F}\} \tilde{b}_\mathbf{k}^* \tilde{b}_\mathbf{k} \\ &\quad - \sum_{k<k_\mathrm{F}} \{\mathcal{E}(\mathbf{k}) - \mathcal{E}_\mathrm{F}\} \\ &= \sum_\mathbf{k} \tilde{\mathcal{E}}(\mathbf{k}) \tilde{b}_\mathbf{k}^* \tilde{b}_\mathbf{k} \end{aligned} \tag{2.73}$$

ここで k がフェルミ面の内側でも外側でも，

$$\tilde{\mathcal{E}}(\mathbf{k}) = |\mathcal{E}(\mathbf{k}) - \mathcal{E}_\mathrm{F}| \tag{2.74}$$

である．

このハミルトニアンの"真空"$|\tilde{0}\rangle$ は，H_0 の基底状態にあたる．式 (2.73) の性質は正確にフェルミ粒子系と同様で，各粒子がすべて正のエネルギーを持ち，真空状態から演算子 $\tilde{b}_\mathbf{k}^*$ によって生成される．しかし基底状態に近い状態ではこの"準粒子"の気体は希薄で，互いの衝突頻度は非常に少ない．この点はそもそもの話の始まりである凝縮したフェルミ粒子系の描像とは大きく違っている．

また，凝縮フェルミ粒子の描像では粒子数が式 (2.69) のように確定していたが，準粒子系の描像では，粒子数は不確定である．次の式はゼロに確定しているので，フェルミ準位の上に励起された準粒子と，フェルミ準位の下に生じた準粒子数は常に等しくなる．

$$\begin{aligned}N - \sum_\mathbf{k} b_\mathbf{k}^* b_\mathbf{k} &= N - \sum_{k<k_\mathrm{F}} (1 - \tilde{b}_{-\mathbf{k}}^* \tilde{b}_{-\mathbf{k}}) - \sum_{k>k_\mathrm{F}} \tilde{b}_\mathbf{k}^* \tilde{b}_\mathbf{k} \\ &= \sum_{k<k_\mathrm{F}} \tilde{b}_\mathbf{k}^* \tilde{b}_\mathbf{k} - \sum_{k>k_\mathrm{F}} \tilde{b}_\mathbf{k}^* \tilde{b}_\mathbf{k} \\ &= \tilde{N}_{k<k_\mathrm{F}} - \tilde{N}_{k>k_\mathrm{F}} \end{aligned} \tag{2.75}$$

フェルミ準位の下にあるモードでは，$\tilde{b}_\mathbf{k}^*$ は実際には $-\mathbf{k}$ の電子を消滅させるが，これを"正孔 (空孔) の生成"と言い替えることにしよう．正孔は正のエネルギー

2.7. 正孔 (空孔) と反粒子

| 1(a) | 1(b) | 1(c) | 1(d) | 1(e) |

図1

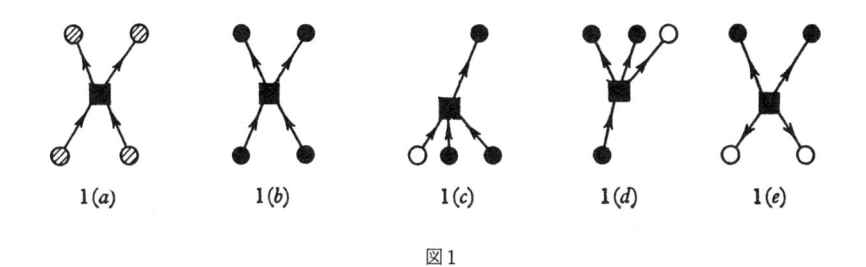

$-\{\mathcal{E}(\mathbf{k}) - \mathcal{E}_\mathrm{F}\}$ を持つ. また $-\mathbf{k}$ の電子の消滅は系のエネルギーを $-(-\mathbf{k})$ 増加させるので, この"正孔的な"準粒子の運動量を $\mathbf{k}$ とすることで整合性がとれる.

準粒子の描像に移行することによって, 式 (2.34) や式 (2.43) で表わされる散乱や相互作用の記述は少々複雑になる. 実電子がひとつの状態からもうひとつの状態に遷移する単純な散乱過程は, 次のように 4 つの項に分けて表わされる.

$$\begin{aligned} H_\mathrm{I} &= \sum_{\mathbf{k},\mathbf{k}'} \mathcal{V}(\mathbf{k}-\mathbf{k}')b_\mathbf{k}^* b_{\mathbf{k}'} \\ &= \sum_{k,k'<k_\mathrm{F}} \mathcal{V}(\mathbf{k}'-\mathbf{k})\tilde{b}_\mathbf{k}\tilde{b}_{\mathbf{k}'}^* + \sum_{k,k'>k_\mathrm{F}} \mathcal{V}(\mathbf{k}-\mathbf{k}')\tilde{b}_\mathbf{k}^* \tilde{b}_{\mathbf{k}'} \\ &\quad + \sum_{k'<k_\mathrm{F}<k} \mathcal{V}(\mathbf{k}+\mathbf{k}')\tilde{b}_\mathbf{k}^* \tilde{b}_{\mathbf{k}'}^* + \sum_{k<k_\mathrm{F}<k'} \mathcal{V}(-\mathbf{k}-\mathbf{k}')\tilde{b}_\mathbf{k}\tilde{b}_{\mathbf{k}'}. \end{aligned} \quad (2.76)$$

第 1 項と第 2 項は単純に準粒子が同種の励起状態の別モードへ遷移する散乱過程を表わすが, 第 3 項は真空からの電子 – 正孔対の生成, 最後の項は電子 – 正孔対の消滅を表わす.

式 (2.43) のような粒子間の相互作用に付随する過程はさらに複雑である. そこで各過程を, 準粒子の出入りを矢印で記述するダイヤグラムで表現することにする. 内向きの矢は相互作用によって消滅する準粒子, 外向きの矢は相互作用の結果生成する準粒子を表わす. そうすると図1(a) で表わされる"実電子"の相互作用過程は, 図1(b)-(e) に表わされる準粒子の過程に分類される.

例えば図1(d) は, 電子が真空からの電子 – 正孔対の生成を引き起こした時に散乱を受ける過程を表わしている. もちろん散乱される前の電子は, 電子 – 正孔対を生じるために必要なエネルギーをあらかじめ持っている.

フェルミ面付近の準粒子について, 式 (2.74) で与えられている準粒子エネルギー

は，次のように近似できる．

$$\tilde{\mathcal{E}}(\mathbf{k}) = |\mathcal{E}(\mathbf{k}) - \mathcal{E}_{\mathrm{F}}|$$
$$\approx \left|(\mathbf{k} - \mathbf{k}_{\mathrm{F}})\frac{\partial \mathcal{E}(\mathbf{k})}{\partial \mathbf{k}}\right|$$
$$\approx |k - k_{\mathrm{F}}|v_{\mathrm{F}} \qquad (2.77)$$

低エネルギーの"電子的な"準粒子の速度は近似的にフェルミ速度となっている．注意深く考察すれば，演算子 $\tilde{b}_{\mathbf{k}}^{*}$ で生成される"正孔的"準粒子の速度は，

$$\mathbf{v}_{\mathbf{k}} = \frac{\partial \mathcal{E}(\mathbf{k})}{\partial \mathbf{k}} \qquad (2.78)$$

となっていることが分かる．こうなるのは"正孔的"準粒子の定義を $-\mathbf{k}$ モードの実電子の消滅としたことによる．一方半導体の価電子帯に生じる正孔の定義には，波数の反転を施さないが，$\mathcal{E}(\mathbf{k})$ の勾配がバンド上端付近では負になるので，正孔の速度は結果的に正になる．どちらの場合にしろ，電子が負の電荷を持つため"正孔的"準粒子は正電荷を運ぶことになる．

上記の議論はいかなる荷電フェルミ粒子系でも，元のフェルミ粒子と同じ力学的性質を持ち電荷の符号だけが異なる"反粒子"を定義できることを示している．そのような代表的な例はディラックの陽電子仮説である．ディラックの相対論的な波動方程式 (6.6節) によれば，同じ波数 $\mathbf{k}$ に属する波動関数は2通りあり，エネルギー固有値 $\pm \mathcal{E}(\mathbf{k})$ を持つ．負のエネルギーのモードが全て電子で満たされていると仮定し (ディラックの海)，この状態を真空 $|\tilde{0}\rangle$ とすれば，全ての励起は正のエネルギーを持ち，力学的対象として扱いやすくなる．この場合"フェルミ面"のかわりに $\mathbf{k} = 0$ が正のエネルギーと負のエネルギーを分けることになるが，それ以外は既に与えた金属電子系における準粒子描像の定式化の方法がそのまま適用できる．したがって実電子があるモードから他のモードへ散乱される図1(b) のような過程は，たとえば真空中で電子-陽電子対を生成する図1(d) のような過程と解釈することも有り得る．実際3.7節，6.8節および6.10節で概説する代数的なからくりを見ると，"時間を遡る"電子の矢を，通常の時間軸方向での"正孔(空孔)"と解釈することにより，電子－正孔系のいくつかの過程をまとめて図1(a) のような単一のダイヤグラムで代表させることができることが分かる．

これで，荷電フェルミ粒子の理論の定式化と反粒子の導入の方法が，1.12節で述べた荷電ボーズ粒子の場合と同じではないことが理解されるであろう．

第 3 章 摂動論

It were a dark and stormy night; and t'rain came down in loomps. *Cap'n said 'Tell us tale', and tale it ran as follows: 'It were a dark and stormy night; and t'rain...'*

3.1 ブリルアン–ウィグナー展開

　数学を用いて具体的な問題の解を求めようとする場合，級数展開の手法を避けることは一般には難しい．量子論では摂動計算が至るところに現われるが，限られた具体例に基づく初等的な低次摂動項の取扱いは，時間に依存しない形式についても時間に依存する形式についてもよく知られているところである．この章では，一般の主要ハミルトニアン H_0 の系に小さい摂動ハミルトニアン H' が加えられた効果を計算する際の，体系づけられた方法を扱うことにする．

　一般論に入る前に，あまり知られていないが極めて有用な基本公式を導出しておく．話を単純にするために，非摂動ハミルトニアン H_0 が通常の1粒子演算子で，固有関数 $|\Psi_0\rangle$ を持つものとする．

$$H_0 |\Psi_0\rangle = \mathcal{E}_0 |\Psi_0\rangle \tag{3.1}$$

$|\Psi_0\rangle$ は規格化されているものとする．摂動 H' を与えた場合，次の方程式を解かなければならない．

$$(\mathcal{E} - H_0) |\Psi\rangle = H' |\Psi\rangle \tag{3.2}$$

新しい状態 $|\Psi\rangle$ を，規格化を考えずに，次のように2つの項に分けて書いてみる．

$$|\Psi\rangle = |\Psi_0\rangle + |\Phi\rangle \tag{3.3}$$

ここで"摂動による変化分"は非摂動状態に対して直交する．すなわち，

$$\langle \Psi_0 | \Phi \rangle = 0 \tag{3.4}$$

となっている.

この条件は"射影演算子"によって簡潔に表わせる. 次の記号を導入する.

$$M \equiv |\Psi_0\rangle \langle \Psi_0| \tag{3.5}$$

この演算子を任意のケット $|\Theta\rangle$ の前に置いてみよう.

$$\begin{aligned} M|\Theta\rangle &= |\Psi_0\rangle \langle \Psi_0|\Theta\rangle \\ &= (\langle \Psi_0|\Theta\rangle)|\Psi_0\rangle \end{aligned} \tag{3.6}$$

M は,対象であるケット $|\Theta\rangle$ と $|\Psi_0\rangle$ との内積をとって,その値をケット $|\Psi_0\rangle$ に乗じるという作用を持つ. $|\Psi_0\rangle$ をヒルベルト空間 (Hilbert space) の中の単位ベクトルと考えると,式 (3.6) はベクトル $|\Theta\rangle$ の $|\Psi_0\rangle$ の方向への"射影"を求める式になっている.

射影演算子は物理量を表わす演算子とは全く異なり,単なる便利な代数的仕掛けである. その本質的特徴を表わす性質は次のようなものである.

$$\begin{aligned} M^2|\Theta\rangle &= |\Psi_0\rangle \langle \Psi_0|\Psi_0\rangle \langle \Psi_0|\Theta\rangle \\ &= |\Psi_0\rangle \langle \Psi_0|\Theta\rangle \\ &= M|\Theta\rangle \end{aligned} \tag{3.7}$$

この関係はいかなるベクトル $|\Theta\rangle$ に対しても成立する. したがって演算子 M は冪等である. すなわち,

$$M^2 = M \tag{3.8}$$

である.

ここで $|\Theta\rangle$ のうちの"残りの部分"――$|\Psi_0\rangle$ 方向の成分を除いた後の成分――を考えてみよう. 射影補充演算子 P を次のように定義する.

$$P = 1 - M \tag{3.9}$$

この演算子もまた冪等な性質を持ち,任意のベクトルを $|\Psi_0\rangle$ と直交する多様体空間へ投影する.

摂動の問題に戻ると,式 (3.3) と式 (3.4) から直ちに次の関係が得られる.

$$P|\Psi\rangle = |\Phi\rangle \tag{3.10}$$

3.1. ブリルアン−ウィグナー展開

非摂動ハミルトニアンをこの状態に作用させたものについて，次の式が得られる．

$$\begin{aligned} PH_0\,|\Phi\rangle &= H_0\,|\Phi\rangle - |\Psi_0\rangle\,\langle\Psi_0|H_0\Phi\rangle \\ &= H_0\,|\Phi\rangle - |\Psi_0\rangle\,\mathcal{E}_0\,\langle\Psi_0|\Phi\rangle \\ &= H_0\,|\Phi\rangle \\ &= H_0 P\,|\Phi\rangle, \quad \text{etc.} \end{aligned} \tag{3.11}$$

すなわち P と H_0 は可換である．

式 (3.2) は次のように書き直せる．

$$(\mathcal{E} - H_0)\,|\Phi\rangle = H'\,|\Psi\rangle - (\mathcal{E} - \mathcal{E}_0)\,|\Psi_0\rangle \tag{3.12}$$

この式の両辺に P を作用させると次のようになる．

$$(\mathcal{E} - H_0)\,|\Phi\rangle = PH'\,|\Psi\rangle \tag{3.13}$$

また M を式 (3.2) に作用させると次式が得られる．

$$\mathcal{E} = \mathcal{E}_0 + \langle\Psi_0|H'|\Psi\rangle \tag{3.14}$$

これらの式は厳密に成立しているが，解法は近似的な方法しかない．式 (3.13) の関係を用いて，式 (3.3) を次のように書き直す．

$$|\Psi\rangle = |\Psi_0\rangle + (\mathcal{E} - H_0)^{-1} PH'\,|\Psi\rangle \tag{3.15}$$

これは $(\mathcal{E} - H_0)$ の逆演算子 $(\mathcal{E} - H_0)^{-1}$ が存在することを意味する．この記号に意味を持たせるために，まずこれを作用させる任意の状態 $|\Theta\rangle$ を H_0 の固有状態で表す．

$$|\Theta\rangle = \sum_n a_n\,|\Psi_n\rangle \tag{3.16}$$

そして，この状態に対する $(\mathcal{E} - H_0)^{-1}$ の作用を次のように表してみる．

$$(\mathcal{E} - H_0)^{-1}\,|\Theta\rangle \equiv \sum_n a_n \frac{1}{\mathcal{E} - \mathcal{E}_n}\,|\Psi_n\rangle \tag{3.17}$$

上記の式が $(\mathcal{E} - H_0)$ の逆演算を表わしている事は次のように確認できる．

$$\begin{aligned} (\mathcal{E} - H_0)(\mathcal{E} - H_0)^{-1}\,|\Theta\rangle &= \sum_n a_n \frac{1}{\mathcal{E} - \mathcal{E}_n}(\mathcal{E} - H_0)\,|\Psi_n\rangle \\ &= \sum_n a_n \frac{1}{\mathcal{E} - \mathcal{E}_n}(\mathcal{E} - \mathcal{E}_n)\,|\Psi_n\rangle \\ &= |\Theta\rangle \end{aligned} \tag{3.18}$$

$\mathcal{E}$ が H_0 の固有値 $\mathcal{E}_n$ と一致しない限り,上記の定義に曖昧さはない.

ここで,式 (3.15) を逐次代入によって解く.

$$|\Psi\rangle = |\Psi_0\rangle + \frac{1}{\mathcal{E} - H_0} PH' \left(|\Psi_0\rangle + \frac{1}{\mathcal{E} - H_0} PH' |\Psi\rangle \right)$$
$$= |\Psi_0\rangle + \frac{1}{\mathcal{E} - H_0} PH' |\Psi_0\rangle + \frac{1}{\mathcal{E} - H_0} PH' \frac{1}{\mathcal{E} - H_0} PH' |\Psi_0\rangle + \ldots \tag{3.19}$$

この級数展開は"ブリルアン−ウィグナー摂動展開"(Brillouin-Wigner perturbation expansion) として知られている.

この公式の重要性を明らかにするために,式 (3.19) をエネルギーの式 (3.14) に代入し,式 (3.17) のようにすべての状態と演算子を H_0 の固有状態で表現すると次式のようになる.

$$\mathcal{E} = \mathcal{E}_0 + \langle\Psi_0|H'|\Psi_0\rangle + \sum_{n \neq 0} \frac{|\langle\Psi_0|H'|\Psi_0\rangle|^2}{\mathcal{E} - \mathcal{E}_n} + \ldots \tag{3.20}$$

射影演算子は各項の中で自動的に余分な行列要素を排除している.

この公式は初等的な摂動論におけるレイリー−シュレーディンガー級数 (Rayleigh-Schrödinger series) とよく似ているが,各項の分母には系の非摂動エネルギー $\mathcal{E}_0$ の代わりに,摂動を受けたエネルギー $\mathcal{E}$ が入っている.この点で扱いが難しい.

しかしこの式にも使い道はある.H' によって基底状態が,ほとんどエネルギー差がないもうひとつの状態とだけ結合している単純な場合を考えよう.基底状態に関する H' の期待値がゼロならば次式を得る.

$$\mathcal{E} = \mathcal{E}_0 + \frac{|H'_{01}|^2}{\mathcal{E} - \mathcal{E}_1} \tag{3.21}$$

この式は $\mathcal{E}$ について 2 つの解を与えるが,これらは完全縮退もしくはほとんど縮退した状態に関する,レイリー−シュレーディンガーの摂動論による次の永年方程式の解と同じものである.

$$\begin{vmatrix} \mathcal{E} - \mathcal{E}_0 & H'_{01} \\ H'_{10} & \mathcal{E} - \mathcal{E}_1 \end{vmatrix} = 0 \tag{3.22}$$

ブリルアン−ウィグナー級数はいかなる場合でも効力を発揮するといった性質のものではないが,物理的に重要な解を導く場合もある.この級数はレイリー−シュレーディンガー級数をより正確に修正した,自己無撞着な解法 (3.9 節参照) のプロトタイプになっている.複雑な問題に取り組む時,この方法を利用した予備的な計算によってしばしば解法の見通しが得られることがある.また本節で述べた射影演算子や逆演算子の基本的な使い方は,他のいろいろな場面においても役に立つ.

3.2 ハイゼンベルク表示

時間依存のある問題を扱うために，より洗練された理論が必要とされる．初等的な形式では，力学変数が時間に依存しない演算子で表わされ，状態ベクトル $|\psi(t)\rangle$ が時間に依存するシュレーディンガー方程式に従って変化する．

$$H|\psi(t)\rangle = i\hbar \frac{\partial}{\partial t}|\psi(t)\rangle \qquad (3.23)$$

観測量(オブザーバブル)の期待値の表式に時間に依存する $|\psi(t)\rangle$ が含まれることによって，系の観測量の時間変化が記述される．この表示法はよく知られているシュレーディンガー表示 (Schrödinger representation) である．

ある力学変数を表わす演算子 A の計算を考えてみよう．時刻 t における A の期待値は次式で与えられる．

$$\mathcal{A}(t) = \langle\psi(t)|A|\psi(t)\rangle \qquad (3.24)$$

この量の時間依存性は運動方程式 (3.23) を用いて求められる．ディラック記号におけるブラとケットのエルミート共役関係に注意を払うことにより，次式が得られる．

$$\begin{aligned}
i\hbar\frac{\partial \mathcal{A}(t)}{\partial t} &= \left\{i\hbar\frac{\partial}{\partial t}\langle\psi(t)|\right\}A|\psi(t)\rangle + \langle\psi(t)|Ai\hbar\frac{\partial}{\partial t}|\psi(t)\rangle \\
&= \langle\psi(t)|-HA|\psi(t)\rangle + \langle\psi(t)|AH|\psi(t)\rangle \\
&= \langle\psi(t)|[A,H]|\psi(t)\rangle \qquad (3.25)
\end{aligned}$$

演算子 A の期待値の時間変化率は，A とハミルトニアンとの交換子の期待値である．

これは有用な関係式である．例えばハミルトニアンと交換する演算子に対応する物理量は，運動の際の"保存量"となるという原理——この原理の一般的な重要性は 7.8 節において述べる——が，この式によって示されている．またこの式は次のように時間に依存する演算子の定義が可能であることを示唆している．

$$i\hbar\frac{\partial A(t)}{\partial t} = [A(t), H] \qquad (3.26)$$

ここでは定義し直された状態関数を左右に配することにより，演算子の期待値が得られるものと考える．

上記のような演算子を定義する手順を以下に示す．シュレーディンガーの状態関数 $|\psi_S(t)\rangle$ の時間変化が，次のようにある演算子(オペレーター) $U(t)$ の作用の変化によって記述されるものとする．

$$|\psi_S(t)\rangle = U(t)|\psi(0)\rangle \qquad (3.27)$$

ここで $|\psi(0)\rangle$ は時刻ゼロにおける状態を固定したものである．この演算子(オペレーター) $U(t)$ は 2 つの条件を満たさねばならない．

第1に，状態関数の規格化条件が任意の時刻において満たされるためには，$U(t)$ はユニタリー演算子でなければならない．つまり，

$$1 = \langle \psi_S(t)|\psi_S(t)\rangle = \langle \psi(0)|U^*(t)U(t)|\psi(0)\rangle \tag{3.28}$$

という条件から，

$$U^*(t)U(t) = U(t)U^*(t) = 1$$

であり，すなわち，

$$U^*(t) = U^{-1}(t) \tag{3.29}$$

となっている．この演算子は力学変数を表わすハミルトニアンのような演算子とは異なるタイプのものである．$U(t)$ は一種の"等形変換"演算子であり，系の時間変化を表わすためにヒルベルト空間内の軸を回転させる作用を持つ．

第2に，この"時間発展演算子"$U(t)$ は運動方程式 (3.23) と整合するものでなければならない．すなわち，

$$HU(t)|\psi(0)\rangle = i\hbar \frac{\partial}{\partial t} U(t)|\psi(0)\rangle \tag{3.30}$$

が成立するので，$U(t)$ に関する運動方程式は，

$$i\hbar \frac{\partial U(t)}{\partial t} = HU(t) \tag{3.31}$$

となる．また，これと共役な方程式は次のようになる．

$$-i\hbar \frac{\partial U^*(t)}{\partial t} = U^*(t)H \tag{3.32}$$

これらの方程式を簡単に解くことができる．初期条件は当然 $U(0) = 1$ となるので，上記方程式の解は，

$$U(t) = e^{-(i/\hbar)Ht} \tag{3.33}$$

と表わされる．指数に演算子 H が現われるが問題はない．指数関数を級数展開した形に直せばその意味は明瞭である．

シュレーディンガー方程式 (3.23) は，式 (3.27) と式 (3.33) によって形式的に解かれたことになる．我々は本章で，このような式を頻繁に利用することになるであろう．しかしまず，しばらく他のことに言及する．シュレーディンガーの力学変数演算子 A_S に対応した，時間に依存する演算子を次のように定義しよう．

$$A_H(t) = U^*(t)A_S U(t) \tag{3.34}$$

3.2. ハイゼンベルク表示

この演算子——変数 A を"ハイゼンベルク表示"(Heisenberg representative) にしたもの——の状態 $|\psi(0)\rangle$ に関する期待値は，A_S の $|\psi_S(t)\rangle$ に関する期待値と一致している．

$$\begin{aligned}\langle\psi(0)|A_H|\psi(0)\rangle &= \langle\psi(0)|U^*(t)A_S U(t)|\psi(0)\rangle \\ &= \langle\psi_S(t)|A_S|\psi_S(t)\rangle \end{aligned} \quad (3.35)$$

$A_H(t)$ の運動方程式も式 (3.31) と式 (3.32) より導かれる．

$$\begin{aligned}i\hbar\frac{\partial A_H(t)}{\partial t} &= i\hbar\frac{\partial U^*(t)}{\partial t}A_S U(t) + U^*(t)A_S i\hbar\frac{\partial U(t)}{\partial t} \\ &= -U^*(t)H A_S U(t) + U^*(t)A_S H U(t) \\ &= -H U^*(t)A_S U(t) + U^*(t)A_S U(t) H \\ &= [A_H(t), H] \end{aligned} \quad (3.36)$$

($U(t)$ と H を交換するために式 (3.33) を用いた．) この式は，前に推定した式 (3.26) と同じ形をしている．$A_H(t)$ は時間に依存する演算子で，状態 $|\psi(0)\rangle$ に関する期待値をとると，時刻 t における系の物理量 A の期待値が求まる．

このようにして"状態"が時間に依存しない単なる背景となり，演算子それ自身が時間に依存するように量子力学の体系を変換することが可能である．これがハイゼンベルク表示と呼ばれるものである．この表示の利点は，全ての物理過程を古典的な運動方程式とよく似た方程式 (3.36) に従う演算子に帰することができる点にある．たとえば1粒子の運動量演算子は，シュレーディンガー表示では，

$$p = \frac{\hbar}{i}\frac{\partial}{\partial q} \quad (3.37)$$

である．しかしハイゼンベルク表示では運動方程式に従い，

$$\begin{aligned}\frac{\partial p}{\partial t} &= -\frac{i}{\hbar}[p(t), H] \\ &= -\left[\frac{\partial}{\partial q}H - H\frac{\partial}{\partial q}\right] \\ &= -\frac{\partial H}{\partial q} \end{aligned} \quad (3.38)$$

という時間変化をする．これはハミルトンの正準方程式に相当するものである．この式は対応原理等の，古典論と量子論の関係を調べるための出発点になる式である．

時間依存性が具体的に現われる例を見るために，調和振動子の場合を調べてみよう．ハミルトニアンは，

$$H = \frac{1}{2}\hbar\omega(a^*a + aa^*) \quad (3.39)$$

である．ハイゼンベルク表示の消滅演算子は次式を満たす．

$$i\hbar \frac{\partial a(t)}{\partial t} = [a(t), H]$$
$$= \hbar\omega a(t) \tag{3.40}$$

右辺の計算は基本的な a と a^* の交換関係を用いて行った．ここから $a(t)$ は，

$$a(t) = e^{-i\omega t} a(0) \tag{3.41}$$

と求まる．また同様にして $a^*(t)$ については，

$$a^*(t) = e^{i\omega t} a^*(0)$$

となる．

　このように消滅演算子は負の振動数を持つが，これはエネルギー量子 $\hbar\omega$ を取り去る効果を持つことに対応している．また式 (2.71) のフェルミ粒子系における"正孔 (空孔)"もしくは"反粒子"演算子への変換 $b_\mathbf{k}^* \to \tilde{b}_{-\mathbf{k}}$ は，ハイゼンベルク表示においては波数ベクトルの反転と同時に"振動数"の符号の反転も伴うことになる．これは変換に伴ってエネルギーの基準を変えていることと整合する．陽電子の演算子が"時間を遡る電子"の演算子と等価であるという原理は，一般的な理論において重要となる (3.7節および 6.8節参照)．

　ハイゼンベルク描像的な見方のもうひとつの利点は，問題のうち関心のある部分だけを，定常的な効果の部分から分離できることである．ハミルトニアン H に任意の定数 E_0 を付加すること——例えば粒子を高い静電ポテンシャルを持つ領域に置くこと——を考えてみよう．シュレーディンガー表示では状態ベクトルが変わってしまう．

$$|\psi_\mathrm{S}'(t)\rangle = e^{-(i/\hbar)E_0 t} |\psi_\mathrm{S}(t)\rangle \quad \text{etc.} \tag{3.42}$$

しかしハイゼンベルク表示では違いを生じない．

$$A_\mathrm{H}'(t) = e^{(i/\hbar)(H_0+E_0)t} A_\mathrm{S} e^{-(i/\hbar)(H_0+E_0)t}$$
$$= A_\mathrm{H}(t) \tag{3.43}$$

因子 $\exp\{\pm i E_0 t/\hbar\}$ は可換であるため残らない．ハイゼンベルク表示はこのような全ての状態に対する任意の位相変換について不変である．この議論は，時間に依存するシュレーディンガー波動関数の振動数の意味に疑問を感じていた者にとって理解の助けになるであろう．振動数因子は他の状態の振動数との相対値としてのみ意味を持つ．

よく知られているように，ハイゼンベルク形式の量子力学はシュレーディンガー形式のそれとほとんど同時期に見いだされていた．しかしハイゼンベルク形式はその抽象的な簡潔さのために，具体的な問題を解くことには不向きであった．たとえば水素原子の状態を求めるには，我々に馴染み深い偏微分方程式を解くほうが，演算子の代数だけに頼って複雑なハミルトニアンの行列要素を対角化するよりも簡単である．

3.3 相互作用表示

しかしながら摂動の問題については，ハイゼンベルク描像のように，演算子が時間に依存する形式を採用したほうが便利になる．時間に依存する摂動の標準的な取扱いにおいては，摂動によって生じる状態が非摂動ハミルトニアンの固有状態の重ね合わせで表現される．このとき用いる固有状態には時間因子が付く．すなわち，

$$|\psi_\mathrm{S}(t)\rangle = \sum_n a_n(t) e^{-(i/\hbar)\mathcal{E}_n t} |n\rangle \tag{3.44}$$

と書ける．$|n\rangle$ は時間に依存しないシュレーディンガー方程式，

$$H_0 |n\rangle = \mathcal{E}_n |n\rangle \tag{3.45}$$

の解である．問題の要点は準位間の遷移に依存して変化する係数 $a_n(t)$ を求めることにある．

各固有状態の時間因子を演算子の方に含めることにより，もっと簡潔に同様の結果を得ることができる．非摂動ハミルトニアンを用いた変換により，次のような新しい状態ベクトルの表示を定義する．

$$|\psi_\mathrm{I}(t)\rangle = e^{(i/\hbar)H_0 t} |\psi_\mathrm{S}(t)\rangle \tag{3.46}$$

この変換に伴い，摂動ハミルトニアンは下記のように変更をうける．

$$H_\mathrm{I}'(t) = e^{(i/\hbar)H_0 t} H_\mathrm{S}' e^{-(i/\hbar)H_0 t} \tag{3.47}$$

この "相互作用表示" においては，状態ベクトルと演算子が両方とも時間に依存する．しかし物理的に重要なのは状態ベクトルの時間変化の方である．式 (3.46) と式 (3.44) から次式を得る．

$$|\psi_\mathrm{I}(t)\rangle = \sum_n a_n(t) |n\rangle \tag{3.48}$$

この表示で状態ベクトルの変化は，固有状態間の遷移によって生じる展開係数の変化にのみ依存し，それぞれの状態 $|n\rangle$ に付随する時間変化にはよらない．

他方，シュレーディンガー描像では時間に依らなかった摂動ハミルトニアンが，今度は時間に依存する．式 (3.45) と式 (3.47) から行列要素は次のようになる．

$$\langle n|H'_I(t)|m\rangle = e^{i(\mathcal{E}_n - \mathcal{E}_m)t/\hbar}\langle n|H'_S|m\rangle \tag{3.49}$$

上記のように m 行 n 列の行列要素は，結合する自由場のモード間の固有振動数の差に一致する振動数を持つ．演算子の挙動は，運動方程式で記述される．式 (3.36) と同様な方法で，任意の演算子に関する運動方程式は次のように導かれる．

$$i\hbar\frac{\partial A_I(t)}{\partial t} = [A_I(t), H_0] \tag{3.50}$$

このように，相互作用表示の演算子はすべて，相互作用がない系のハイゼンベルク表示演算子のように振舞う．

物理的に重要な部分は次の状態ベクトルに関する運動方程式に含まれる．

$$H'_I(t)|\psi_I(t)\rangle = i\hbar\frac{\partial|\psi_I(t)\rangle}{\partial t} \tag{3.51}$$

上式は式 (3.46)，式 (3.47) および式 (3.23) から導かれる．このように相互作用表示における状態ベクトルは，摂動ハミルトニアンだけを用いた"シュレーディンガー方程式"に従う．この結果は考察をさらに進めるために好都合な出発点を与えている．

我々が通常量子力学の問題において"背景となる世界"のハミルトニアンを無視して，たとえば点電荷ポテンシャル場の中の1電子問題のようなものを孤立系の問題として扱っているときには，実は暗黙のうちに相互作用表示を用いているのである．背景の莫大な定常的エネルギーに付随する時間因子は，相互作用表示によってすべて自動的に除かれることになる．

3.4 時間発展演算子の級数展開

相互作用描像 (以後，特に表示法を指定しない場合はこの描像を用いるものとする) では，解くべき運動方程式は式 (3.51) である．この解を，式 (3.30) で用いたようなユニタリー演算子で表わすことにしよう．任意の時刻 t における状態関数は，ある基準となる時刻 t_1 における状態から次式のように時間発展すると考える．

$$|\psi(t)\rangle = U(t, t_1)|\psi(t_1)\rangle \tag{3.52}$$

時間発展演算子は式 (3.31) と同様に，次の方程式を満たさなければならない[†]．

$$i\frac{\partial U(t, t_1)}{\partial t} = H'(t)U(t, t_1) \tag{3.53}$$

[†] これ以降 $\hbar = 1$ と置き，すべての式において $\hbar$ を省略する．これから述べるような数式的

3.4. 時間発展演算子の級数展開

H' が時間に依存しないならば，解は式 (3.33) と同じ形になる．

$$U(t, t_1) = e^{-i(t-t_1)H'} \tag{3.54}$$

一方 H' が時間に依存する場合，もし H' が "c-数" (すなわち演算子ではなく，通常のスカラー関数) であるならば，解は次の形に書ける．

$$U(t, t_1) = \exp\left\{-i\int_{t_1}^{t} H'(t)\,dt\right\} \tag{3.55}$$

残念ながら $H'(t)$ が演算子であるために上の式は使えない．この式は，例えば異なる時刻 t, t' を引き数とした $H'(t)H'(t')$ のような積が順序に依らず一意的に決まることを前提としているが，演算子積は一般に交換するわけではない．したがって式 (3.55) が成立するとは限らない．

しかし式 (3.53) の級数解をつくることは難しくはない．まずこの式を初期条件 $U(t_1, t_1) = 1$ として積分すると，次式が得られる．

$$U(t_2, t_1) = 1 - i\int_{t_1}^{t_2} H'(t) U(t, t_1)\,dt \tag{3.56}$$

右辺の積分の中に現われる $U(t, t_1)$ に再びこの表式自身を適用することを繰り返すと，次式を得る．

$$\begin{aligned}
&U(t_2, t_1) \\
&= 1 - i\int_{t_1}^{t_2} H'(t)\,dt + (-i)^2 \int_{t_1}^{t_2} H'(t)\,dt \int_{t_1}^{t} H'(t')\,dt' + \ldots \\
&\ldots + (-i)^n \int_{t_1}^{t_2} dt \int_{t_1}^{t} dt' \ldots \int_{t_1}^{t^{(n-1)}} dt^{(n)} H'(t) H'(t') \ldots H'(t^{(n)}) + \ldots
\end{aligned} \tag{3.57}$$

この級数解は正確であり，かつ演算子の順序をあらわに示している．n 番目の項が n 次摂動項であることは明らかである．摂動論における課題はこれらの各項の値を求めること，そしてもし可能ならば全ての項の和を解析的に求めることである．

基礎的なレイリー－シュレーディンガー級数との対応関係を見るために，摂動ハミルトニアンを自由 1 電子系に付加した小さなポテンシャル $\mathcal{V}(\mathbf{r})$ としてみる．この問

議論において，物理量の次元の感覚を保持してもらうために，どこまでこのような物理定数を明示し続けるべきか，判断が難しいところである．フーリエ変換に現われる "系の体積" も同様で，学習者自身が体積の現われるべき所を自ら辿っていけるようになれば，省略してしまうことができる．

題を扱う際には，次の問題を回避するためにあるトリックを用いる必要がある．問題となるのはポテンシャルが定常的に存在するために，系の状態が"時間発展"せず，単にハミルトニアン $H_0 + \mathcal{V}$ の定常的な固有状態になってしまうことである．

そこで，初めに摂動ポテンシャルが存在せず，あたかも"徐々に摂動のスイッチが入る"ような取扱いをする．すなわちシュレーディンガー表示において，摂動ハミルトニアンを，

$$H'_S(t) = e^{-\alpha|t|} \mathcal{V} \tag{3.58}$$

とする．α は微小な正数である．この取扱いは，系の状態は時刻 $t_1 = -\infty$ において非摂動ハミルトニアンに属するある固有状態 $|n\rangle$ であり，徐々に時間発展した結果 $t=0$ で全ハミルトニアン $H_0 + \mathcal{V}$ に属する状態になることを意味する．したがって $|n\rangle$ に演算子 $U(0, -\infty)$ を作用させた状態が，摂動を受けた状態となるはずである．

式 (3.57) の級数のうち1次の摂動項を計算することにしよう．演算子の相互作用表示への変換式 (3.47) を適用して次のように書ける．

$$U(0, -\infty) \approx 1 - i\int_{-\infty}^{0} e^{iH_0 t} e^{\alpha t} \mathcal{V} e^{-iH_0 t} dt \tag{3.59}$$

この式自体は抽象的であるが，これを状態ベクトル $|n\rangle$ へ実際に作用させてみよう．行列要素を用いた計算により次のようになる．

$$\begin{aligned}
U(0, -\infty)|n\rangle &\approx |n\rangle - i\int_{-\infty}^{0} dt\, e^{iH_0 t} e^{\alpha t} \mathcal{V} e^{-i\mathcal{E}_n t} |n\rangle \\
&\approx |n\rangle - i\int_{-\infty}^{0} dt\, e^{\alpha t} e^{-i\mathcal{E}_n t} e^{iH_0 t} \sum_m \mathcal{V}_{nm} |m\rangle \\
&\approx |n\rangle - i\int_{-\infty}^{0} dt\, e^{\alpha t} e^{-i\mathcal{E}_n t} \sum_m \mathcal{V}_{nm} e^{i\mathcal{E}_m t} |m\rangle \\
&\approx |n\rangle - i\sum_m \int_{-\infty}^{0} e^{i(\mathcal{E}_m - \mathcal{E}_n - i\alpha)t} dt\, \mathcal{V}_{nm} |m\rangle \\
&\approx |n\rangle - \sum_m \frac{\mathcal{V}_{mn}}{\mathcal{E}_m - \mathcal{E}_n - i\alpha} |m\rangle
\end{aligned} \tag{3.60}$$

ここでは発散する項がないように $\mathcal{V}_{nn}$ はゼロとしておく．微小量 α は省くことができるので (α の主たる役割は積分を収束させることである)，よく知られた時間に依存しない摂動論の公式が得られたことになる．

式 (3.58) の数式的操作は，数学的な正当性を示すことは簡単ではないが，高度な諸問題を解く際に極めて有用なものである．これは"断熱極限"の操作で系に摂動を加えることに相当している．

3.5 S行列

散乱現象を扱うことは多いが，散乱過程の詳細は一般に検知できない．我々に分かることは，粒子が互いに遭遇するはるか以前の時刻 t_1 における粒子の初期状態と，相互作用の後，再び粒子が充分に離ればなれになった時刻 t_2 における最終的な状態だけである．そこで"散乱行列"(S行列)を次のように定義する．

$$S \equiv U(-\infty, \infty) \tag{3.61}$$

初期状態と終状態の時刻を無限の過去および未来として扱うので，式 (3.57) から式を導く際に時刻の変数はあらわに出て来なくなる．積分を正しく収束させるために数式的技巧が少し必要になる．

S行列はユニタリー行列であるが，しばしば散乱に寄与しない多くの成分を含む．"遷移行列"(T行列) $\mathcal{T}$ は，

$$\mathcal{T} \propto S - 1 \tag{3.62}$$

のように，S行列のうち非散乱成分を除いた部分を表わす．$\mathcal{T}$ の非対角行列要素はそれぞれの初期状態から終状態への遷移確率振幅である．状態 $|a\rangle$ から $|b\rangle$ への単位時間の遷移確率は，それぞれのエネルギーを $\mathcal{E}_a$, $\mathcal{E}_b$ とすると，

$$P_{a \to b} = 2\pi \left| \langle a | \mathcal{T} | b \rangle \right|^2 \delta(\mathcal{E}_a - \mathcal{E}_b) \tag{3.63}$$

と表わされる．式 (3.62) と式 (3.63) によって S行列理論は具体的な散乱問題と関係を持つ．たとえばボルン近似では遷移振幅がポテンシャル $\mathcal{V}$ で与えられ，

$$\langle a | \mathcal{T} | b \rangle \approx \langle a | \mathcal{V} | b \rangle \tag{3.64}$$

となっている．詳細は 4.14 節で議論する．

相互作用表示を用いて S行列を導入したが，S行列が含んでいるユニタリー変換の考え方は，もっと一般的に別の形で利用することもできる．たとえば 3.1 節における議論で，摂動状態 $|\Psi\rangle$ は非摂動状態 $|\Psi_0\rangle$ と次のユニタリー変換で関係づけられるとしてもよい．

$$|\Psi\rangle = S |\Psi_0\rangle \tag{3.65}$$

こうすると式 (3.15) のブリルアン-ウィグナーの式は，次式と等価である．

$$S = 1 + \frac{1}{\mathcal{E} - H_0} P H' S \tag{3.66}$$

また，時間に依存しない摂動論を扱うもうひとつの方法は，ハミルトニアンを対角化する正準変換行列としてユニタリー行列 S を導入するものである．式 (3.2) および

式 (3.65) から，$|\Psi_0\rangle$ は変換されたハミルトニアン，

$$\tilde{H} = S^{-1}(H_0 + H')S \tag{3.67}$$

の固有状態となる．

ユニタリー行列 S を次のように書いてみる．

$$S = e^{iW} \tag{3.68}$$

W が求めるべき演算子である．この式の指数関数の意味は級数展開した形で理解すべきものであるから，式 (3.67) は次のようになる．

$$\tilde{H} = H_0 + H' + i[H_0, W] + i[H', W] + \frac{1}{2}i^2[[H_0, W], W] + \ldots \tag{3.69}$$

ここで W が次式を満たすものと仮定してみよう．

$$H' + i[H_0, W] = 0 \tag{3.70}$$

この関係は $\tilde{H}$ から摂動ハミルトニアン H' の単独1次の項を除く．H'，W についての2次の項までを残すと次式が得られる．

$$\tilde{H} \approx H_0 + \frac{1}{2}i[H', W] \tag{3.71}$$

この表式は対角化された全ハミルトニアンの，きわめて有用な近似式となっている．

ここでもう一度，基礎的な通常のレイリー–シュレーディンガー級数を取り上げてみる．式 (3.70) を書き下すと，

$$\langle\Psi_n|H'|\Psi_m\rangle + i\langle\Psi_n|H_0 W - W H_0|\Psi_m\rangle = 0 \tag{3.72}$$

であり，W の行列要素は次のように求まる．

$$i\langle\Psi_n|W|\Psi_m\rangle = \frac{\langle\Psi_n|H'|\Psi_m\rangle}{\mathcal{E}_m - \mathcal{E}_n} \tag{3.73}$$

式 (3.68) の関係から，行列 S も同時に求められたことになる．これを式 (3.71) に代入して対角要素を見てみると，通常の2次摂動エネルギーの表式となっている．

この方法は対角要素だけに関心がある場合には便利である．たとえばフェルミ粒子–ボーズ粒子相互作用 (2.47) によるフェルミ粒子場のエネルギーへの寄与を考えてみよう．話を簡単にするために，一般的なボーズ粒子の生成・消滅項の寄与を取り入れるかわりに，ボーズ粒子については真空状態とみなし，真空からの1個ボーズ粒子の励起過程と，1個の励起状態が消滅して真空に戻る過程だけを考える．ボーズ粒子の消滅・生成はもちろんフェルミ粒子の状態の遷移と同時に起こるが，ボーズ粒子の過

程は上記のように制約しておき，フェルミ粒子の消滅・生成だけをあらわに考える．すなわち W はフェルミ粒子については演算子であるが，ボーズ粒子については限定されたボーズ粒子状態間を関係づける行列として扱う．式 (3.73) を適用すると次のようになる．

$$\mathrm{i}\langle 1_\mathbf{q}|W|0\rangle = -\sum_\mathbf{k} \frac{F(q) b^*_{\mathbf{k}-\mathbf{q}} b_\mathbf{k}}{\mathcal{E}(\mathbf{k}) - \mathcal{E}(\mathbf{k}-\mathbf{q}) - \omega_\mathbf{q}} \tag{3.74}$$

$$\mathrm{i}\langle 0|W|1_\mathbf{q}\rangle = \sum_{\mathbf{k}'} \frac{F(q) b^*_{\mathbf{k}'+\mathbf{q}} b_{\mathbf{k}'}}{\mathcal{E}(\mathbf{k}') + \omega_\mathbf{q} - \mathcal{E}(\mathbf{k}'+\mathbf{q})} \tag{3.75}$$

これらを式 (3.71) の第 2 項に代入して，非摂動ハミルトニアンに付加すべき補正項を求めると，以下のようになる．

$$\begin{aligned}
&\frac{1}{2}\mathrm{i}[H', W] \\
&= \frac{1}{2}\mathrm{i}\langle 0|H'W - WH'|0\rangle \\
&= \frac{1}{2}\mathrm{i}\sum_\mathbf{q} \left\{ \langle 0|H'|1_\mathbf{q}\rangle\langle 1_\mathbf{q}|W|0\rangle - \langle 0|W|1_\mathbf{q}\rangle\langle 1_\mathbf{q}|H'|0\rangle \right\} \\
&= \frac{1}{2}\sum_{\mathbf{k},\mathbf{k}',\mathbf{q}} |F(q)|^2 b^*_{\mathbf{k}'+\mathbf{q}} b_{\mathbf{k}'} b^*_{\mathbf{k}-\mathbf{q}} b_\mathbf{k} \\
&\quad \times \left\{ \frac{1}{\mathcal{E}(\mathbf{k}) - \mathcal{E}(\mathbf{k}-\mathbf{q}) - \omega_\mathbf{q}} - \frac{1}{\mathcal{E}(\mathbf{k}') + \omega_\mathbf{q} - \mathcal{E}(\mathbf{k}'+\mathbf{q})} \right\}
\end{aligned} \tag{3.76}$$

第 2 項において $\mathbf{q}$ を含む項を $-\mathbf{q}$ の項に置き替え ($\omega_\mathbf{q} = \omega_{-\mathbf{q}}$ を用いる) $\mathbf{k}$ と $\mathbf{k}'$ を入れ替えると次のようになる．

$$H_{\mathrm{el,el}} = \sum_{\mathbf{k},\mathbf{k}',\mathbf{q}} \frac{\omega_\mathbf{q} |F(q)|^2}{\{\mathcal{E}(\mathbf{k}) - (\mathbf{k}-\mathbf{q})\}^2 - \omega_\mathbf{q}^2} b^*_{\mathbf{k}'+\mathbf{q}} b_{\mathbf{k}'} b^*_{\mathbf{k}-\mathbf{q}} b_\mathbf{k} \tag{3.77}$$

このように摂動 H' はボーズ粒子の交換によるフェルミ粒子間の相互作用を生じる．引力相互作用になるか斥力になるかは関与するフェルミ粒子とボーズ粒子の運動量による．超伝導現象の起源となる仮想フォノンの交換による実効的な電子間相互作用はまさしくこのような相互作用である．湯川の相互作用——π 中間子の交換による核子間の相互作用——もこのように計算される．1.11 節で示した湯川型相互作用の導出では，分母に含まれる核子のエネルギー変化分 (反跳効果) を無視してある．

上記の計算法はもちろん近似方法の一例に過ぎない．上の散乱項以外のフェルミ子 - ボーズ粒子散乱の寄与を変換ハミルトニアン $\tilde{H}$ に含める場合もあり得るし，上の散乱を別の正準変換で除いてしまう場合も有り得る．この方法は一般的ではないし

系統立ってもいないが，式 (3.57) のような S 行列展開の骨の折れる計算をせずに，ハミルトニアンの不都合な項を除いてしまえる簡単な方法としてしばしば用いられる.

3.6　S 行列展開の代数的方法

相互作用表示による S 行列の正確な級数展開式は式 (3.57) および式 (3.61) で定義されるが，摂動 H' に関する n 次の項は次のように書ける.

$$S_n = (-\mathrm{i})^n \int_{-\infty}^{\infty} \mathrm{d}t_1 \int_{-\infty}^{t_1} \mathrm{d}t_2 \ldots \int_{-\infty}^{t_{n-1}} \mathrm{d}t_n \{H'(t_1)H'(t_2)\ldots H'(t_n)\} \quad (3.78)$$

この式は各積分の上限に次の積分の積分変数を含んでいるために，積分の実行順序が全て固定されており，極めて扱い難い.

一方，式 (3.55) を演算子の非可換性を無視して展開してみた場合，上の式に対応する n 次の項は次のようになる.

$$\begin{aligned}
S'_n &= (-\mathrm{i})^n \frac{1}{n!} \left\{ \int_{-\infty}^{\infty} H'(t)\,\mathrm{d}t \right\}^n \\
&= (-\mathrm{i})^n \frac{1}{n!} \int_{-\infty}^{\infty} \mathrm{d}t_1 \int_{-\infty}^{\infty} \mathrm{d}t_2 \ldots \int_{-\infty}^{\infty} \mathrm{d}t_n \{H'(t_1)H'(t_2)\ldots H'(t_n)\}.
\end{aligned} \quad (3.79)$$

式 (3.78) が式 (3.79) と異なるのは $dt_1 dt_2 \cdots dt_n$ の n 次元空間内の積分領域が下記の領域に限られていることである.

$$-\infty < t_n \leq t_{n-1} \leq t_{n-2} \leq \ldots \leq t_2 \leq t_1 < \infty \quad (3.80)$$

しかしこれらの変数に対して $n!$ 通りの交換を行い，積分空間内の $n!$ 個の同様な内領域での積分を行って，それらの全ての和を $n!$ で割ると，式 (3.79) とよく似た式が得られる.

$$S_n = (-\mathrm{i})^n \frac{1}{n!} \int_{-\infty}^{\infty} \mathrm{d}t_1 \int_{-\infty}^{\infty} \mathrm{d}t_2 \ldots \int_{-\infty}^{\infty} \mathrm{d}t_n P\{H'(t_1)H'(t_2)\ldots H'(t_n)\} \quad (3.81)$$

今度は各々の積分は $t_1 \cdots t_n$ 軸方向の全ての領域について行われる．ただし積分される演算子積は時間順序に従って並べ換えられており，この操作が記号 P で表わされている (P 積)．たとえば次のような領域，

$$-\infty < t_k < t_l < \ldots < t_m < \ldots < t_n < t_q < \infty \quad (3.82)$$

3.6. S行列展開の代数的方法

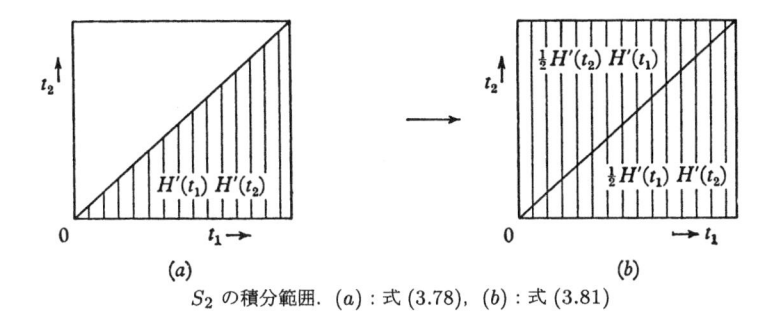

S_2 の積分範囲. (a): 式 (3.78), (b): 式 (3.81)

で積分を行う場合,演算子積は,

$$H'(t_q)H'(t_n)\ldots H'(t_m)\ldots H'(t_l)H'(t_k) \tag{3.83}$$

としなければならない. $H'(t_i)$ は一般には互いに交換しないので,この順序づけは重要である.そうでなければ式 (3.81) は式 (3.79) と全く同じということになる.

$H'(t)$ が通常空間 $\mathbf{r}$ の中でのハミルトニアン密度の積分であることを使って,式 (3.81) をもう少し一般的な形に直すことができる.

$$S_n = \frac{(-\mathrm{i})^n}{n!}\int\cdots\int \mathrm{d}^4x_1\mathrm{d}^4x_2\ldots \mathrm{d}^4x_n P\{\mathcal{H}'_I(x_1)\mathcal{H}'_I(x_2)\ldots\mathcal{H}'_I(x_n)\} \tag{3.84}$$

x_i は "時空" 連続体中での3次元空間座標 $\mathbf{r}_i$ および時間座標 t_i を表わす.この記号は式の表記を簡潔にするために導入したが,ここでは式が相対論的不変性を持つというわけではなく,時間軸と空間軸の間の変換は許されていない.相対論的に共変な取扱いは 6.4 節に現われる.

我々が扱う問題の本質は S 自体,もしくはその各次数項の行列要素を求めることである.系が初期状態 $|\Psi_i\rangle$ から終状態 $|\Psi_f\rangle$ へ移行する確率の計算のためには,次のような行列要素を知らなければならない.

$$\langle\Psi_f|S|\Psi_i\rangle = \sum_n \langle\Psi_f|S_n|\Psi_i\rangle \tag{3.85}$$

初期状態と終状態は多くの場合極めて単純である.たとえば初めに1個か2個の粒子が別々によく定義された状態で存在し,それが相互作用を行ってから分かれて,やはりよく定義された別の状態に落ち着く,ということをしばしば考える.この場合われわれは決められた初期状態と終状態の間の中間状態だけを考察すればよく,相互作用ハミルトニアンによってもたらされるあらゆる遷移の行列要素を求める必要はない.

例として 2.7 節のフェルミ粒子 – ボーズ粒子相互作用の 2 次の項を考えよう．係数は除いて場の演算子の積の部分を見てみる．

$$S_2 \sim \int d^4 x_1 \int d^4 x_2 P\{\psi^*(x_1)\phi(x_1)\psi(x_1)\psi^*(x_2)\phi(x_2)\psi(x_2)\}$$

$$\sim \sum_{\mathbf{k}_1,\mathbf{k}_2,\mathbf{k}_3,\mathbf{k}_4,\mathbf{q},\mathbf{q}'} \left[\iint e^{i(\mathbf{k}_1-\mathbf{q}-\mathbf{k}_2)\cdot\mathbf{r}_1} e^{i(\mathbf{k}_3-\mathbf{q}'-\mathbf{k}_4)\cdot\mathbf{r}_2} d^3 r_1 d^3 r_2 \right.$$

$$\times \iint e^{i(\mathcal{E}_1\pm\omega-\mathcal{E}_2)t_1} e^{i(\mathcal{E}_3\pm\omega'-\mathcal{E}_4)t_2}$$

$$\left. \times P\{b_1^*(a_\mathbf{q} - a_{-\mathbf{q}}^*)b_2 b_3^*(a_{\mathbf{q}'} - a_{-\mathbf{q}'}^*)b_4\} dt_1 dt_2 \right] \quad (3.86)$$

自由場の表示では，たとえば b_1^* は運動量 $\mathbf{k}_1$，エネルギー $\mathcal{E}_1$ の状態のフェルミ粒子を位置 $\mathbf{r}_1$，時刻 t_1 に生成し，b_2 は同様に $\mathbf{k}_2$，$\mathcal{E}_2$ の粒子を $\mathbf{r}_1$，t_1 で消滅させる．b_3^*，b_4 も同様である．

この行列 S_2 が電子を 1 個だけ含む状態に対して作用すると考えよう．例えば $t_2 < t_1$ の場合，P 積はそのままの順序となり，まず b_4 が電子を消滅させ，次に b_3^* が他の状態の電子を生成し，それを b_2 が消滅する過程が可能である．この過程では b_3^* と b_2 が直接関係し，そのため運動量が同じ値 $\mathbf{k}_2 = \mathbf{k}_3$ をとる．

この場合 b_3^* と b_2 の交換子はゼロでない．反交換関係 (2.19) を用いた演算子積の書き換えが可能である．

$$b_1^*(a_\mathbf{q} - a_{-\mathbf{q}}^*)b_2 b_3^*(a_{\mathbf{q}'} - a_{-\mathbf{q}'}^*)b_4$$
$$= -b_1^*(a_\mathbf{q} - a_{-\mathbf{q}}^*)b_3^* b_2 (a_{\mathbf{q}'} - a_{-\mathbf{q}'}^*)b_4$$
$$+ b_1^*(a_\mathbf{q} - a_{-\mathbf{q}}^*)(a_{\mathbf{q}'} - a_{-\mathbf{q}'}^*)b_4 \delta(\mathbf{k}_2 - \mathbf{k}_3) \quad (3.87)$$

右辺第 1 項は，我々が考えている初期状態に対してはゼロとなる．消滅させるべき第 2 の電子が存在しないからである．このように "許容される中間状態" は，反交換関係による代数的な操作によって第 2 項に現われてきている．

この項は更にフォノン演算子が適切な関係を持たなければ——$a_{-\mathbf{q}'}^*$ によって生成されたフォノンが $a_\mathbf{q}$ によって消滅しなければ——寄与を生じない．これも演算子の交換関係に関係している．また $t_1 < t_2$ の場合，x_1 と x_2 に付随する演算子は順序を入れ替えることになるために，異なったタイプの中間状態の考察——今度は b_4 と b_1^* の反交換子が重要な効果を持つ——が必要となる．

我々がなすべき作業はつまるところ，ゼロにならない交換子および反交換子を明示し，かつ演算子の積はすべて "正規な形式"——すなわち生成演算子は左側，消滅演算子は右側においた形に直すことである．式 (3.87) で示したように，正規な演算子

3.6. S 行列展開の代数的方法

積は真空に対する期待値がゼロであり、また単純な励起状態に対しても期待値ゼロを与えることが多い。したがって交換子および反交換子によって残される部分だけを主に考察すればよい。

上記の議論の最後の部分のために、下記のような演算子積の操作 N を定義する。

$$N(ABC\ldots XYZ) \equiv (-1)^P LMN\ldots QRS \tag{3.88}$$

$LMN\ldots QRS$ は演算子積 $ABC\ldots XYZ$ に対して、すべての生成演算子が全ての消滅演算子の先に来るように順序の並べ換えを行ったものである。符号因子はフェルミ粒子演算子同士の置換が必要となった回数の奇偶に依存する。例えば、

$$N\{\psi^*(x)\psi(x')\} = \psi^*(x)\psi(x')$$
$$N\{\psi(x)\psi^*(x')\} = -\psi^*(x')\psi(x) \tag{3.89}$$

である。

ボーズ粒子の場合、1.9 節で示した演算子 ϕ と π はそれぞれが消滅演算子と生成演算子を両方含む。したがって次のように 2 項に分割して扱う必要がある。

$$\phi(x) = \sum_{\mathbf{q}} \frac{1}{\sqrt{2\omega_{\mathbf{q}}}} (a_{\mathbf{q}}^* - a_{-\mathbf{q}}) e^{i\mathbf{q}\cdot\mathbf{r}} = \phi^+(x) - \phi^-(x) \quad \text{etc.} \tag{3.90}$$

そうすると "正規積"（N 積: normal product）は次のようになる。

$$N\{\phi(x)\phi(x')\} = \phi^+(x)\phi^+(x') - \phi^+(x')\phi^-(x)$$
$$- \phi^+(x)\phi^-(x') + \phi^-(x)\phi^-(x') \tag{3.91}$$

ボーズ粒子演算子の正規積は、簡単に ϕ や π の項で表わすことはできない。

基本的に正規積化の操作はボーズ粒子が常に交換し、フェルミ粒子が常に反交換するかのような扱いで行われる。もちろんこれは常に成立するものではない。シュレーディンガー表示では、

$$\psi(\mathbf{r})\psi^*(\mathbf{r}') = -\psi^*(\mathbf{r}')\psi(\mathbf{r}) + \delta(\mathbf{r} - \mathbf{r}') \tag{3.92}$$

である。相互作用表示では式 (3.41) に示したエネルギー（時刻）因子が全ての場の演算子に付くので、次のようになる。

$$\psi(x)\psi^*(x') = N\{\psi(x)\psi^*(x')\} + \delta(\mathbf{r} - \mathbf{r}') e^{i(\mathcal{E}'t' - \mathcal{E}t)} \tag{3.93}$$

残念ながら S 行列の中の項を正規積化しそのまま使うわけにはいかない。これは式 (3.81) において P と表わした時刻順序の規則のためである。演算子は時刻変数が右

から左へ順次大きくなるように並べなければならない．この操作を表現するためのもうひとつの記号——ウィック (Wick) の時間順序積：T積——を導入しよう．T積はP積と同様な時間順序の並べ換えであるが，並べ換えの際フェルミ粒子演算子同士が1回入れ替わる度に因子 (-1) が付加される．実際には相互作用ハミルトニアンに現われるフェルミ粒子の演算子が常に対になっているので，この符号因子は違いを生じない．式 (3.84) の代わりとなる S_n の式を書いておく．

$$S_n = \frac{(-\mathrm{i})^n}{n!} \iint \cdots \int \mathrm{d}^4 x_1 \mathrm{d}^4 x_2 \cdots \mathrm{d}^4 x_n T\{\mathcal{H}'_I(x_1)\mathcal{H}'_I(x_2)\cdots\mathcal{H}'_I(x_n)\} \quad (3.94)$$

ここで，

$$T\{A_1(x_1)A_2(x_2)\cdots A_n(x_n)\} \equiv (-1)^P A_j(x_j)A_k(x_k)\cdots A_m(x_m) \quad (3.95)$$

である．$t_m < \cdots < t_k < t_j$ であり，P は演算子を時間順序に置き換える際に必要なフェルミ粒子演算子同士の置換回数である．この操作も式 (3.88) で示した正規積化の操作と同様に，ボーズ粒子の演算子は交換し，フェルミ粒子の演算子は反交換するかのように演算子を扱っている．この符号因子はこの先の議論でボーズ粒子とフェルミ粒子の演算子を同じように扱えるようにするための工夫である．

我々は重要なポイントに到達した．あらゆる演算子を用いた正規積の期待値はゼロになる．ここで2つの演算子の"縮約"(contraction) を次のように定義する．

$$\overline{A_1(x_1)A_2(x_2)} = T\{A_1(x_1)A_2(x_2)\} - N\{A_1(x_1)A_2(x_2)\} \quad (3.96)$$

縮約は T積の真空期待値と一致する．

$$\overline{A_1(x_1)A_2(x_2)} = \langle 0|T\{A_1(x_1)A_2(x_2)\}|0\rangle \quad (3.97)$$

縮約を作る操作は，基本的には演算子積の中からゼロにならない交換子と反交換子を取り出す作業である．縮約は c-数，すなわち状態ベクトルに依存しない量であり，式 (3.97) で直接計算することができる．

例としてフェルミ粒子場の演算子の対を考えて見よう．

$$\overline{\psi^*(x)\psi(x')} = \langle 0|T\{\psi^*(x)\psi(x')\}|0\rangle \quad (3.98)$$

ここで (i) $t > t'$ の場合，時間順序積は正規積と同じなので残らない．

$$\overline{\psi^*(x)\psi(x')} = 0 \quad \text{for} \quad t > t' \quad (3.99)$$

(ii) $t < t'$ の場合，交換関係 (3.93) を用いて次のように計算される．

$$\overline{\psi^*(x)\psi(x')} = \langle 0| - \psi(x')\psi^*(x) |0\rangle$$
$$= \langle 0| \psi^*(x)\psi(x') - \delta(\mathbf{r}-\mathbf{r}') e^{i(\mathcal{E}t - \mathcal{E}'t')} |0\rangle$$
$$= -\delta(\mathbf{r}-\mathbf{r}') e^{i(\mathcal{E}t - \mathcal{E}'t')} \quad \text{for} \quad t < t' \tag{3.100}$$

実はここでは各々の場の演算子の時間因子をただ形式的に付加してあるので，上記の式は厳密なものではない．正しい形式はあとから順を追って示す．ここで注意すべき主要な点は，縮約がいわゆる "伝播関数" (propagator) になっていることである．これがゼロでない値を持つためには，粒子を消滅させる時刻 t' には，それに先立つ時刻 t において既に生成された粒子がなくてはならない．この点が，縮約が単なる交換子・反交換子と性質を異にする特徴的な部分である．

我々に必要なのは，より複雑な任意の T 積を，N 積と縮約に還元するための一般的な方法である．この方法はウィックの定理 (Wick's theorem) によって与えられる．ウィックの定理は次のようなものである．"時間順序積 (T 積) は，積の中で任意の演算子対の縮約を任意の数だけ作ったものを，それぞれ正規積化して，総和をとったものに等しい" この定理の意味は，演算子数が少ない場合の実例を見ることで理解できるであろう．まず式 (3.96) から 2 演算子積については次のようになる．

$$T[AB] = N[AB] + \overline{AB}$$
$$= N[AB] + N[\overline{AB}] \tag{3.101}$$

更に 3 演算子，4 演算子の場合，

$$T[ABC] = N[ABC] + N[\overline{AB}C] + N[A\overline{BC}]$$
$$+ N[\overline{AC}B] \tag{3.102}$$

$$T[ABCD] = N[ABCD] + N[\overline{AB}CD] + N[A\overline{BC}D]$$
$$+ N[\overline{ABCD}] + N[A\overline{BCD}] + N[\overline{AD}BC]$$
$$+ N[\overline{AC}BD] + N[\overline{AB}\,\overline{CD}]$$
$$+ N[\overline{AC}\underline{BD}] + N[\overline{AD}\underline{BC}] \tag{3.103}$$

となる．各項の表示の意味は次の通りである．

$$N[\overline{ABCD}] \equiv \eta \overline{CD}N[AB] \tag{3.104}$$

ここで η は $ABCD$ を $CDAB$ に直すときフェルミ粒子の演算子の交換によって現われる符号因子である．

　ウィックの定理の証明は通常の場の量子論のテキストにおいて与えられている．証明方法は基本的には次のようなものである．T積からN積を作るときに，いくつかの生成演算子と消滅演算子の置換を行う必要がある．この置換によって生じる違いを補うために，置換の際には対象となった演算子対の縮約を補正項として付加しなければならない．T積内での演算子対の順序が正規な順序でない場合には置換の必要が生じるので，縮約を含んだ補正項が必要である．一方T積内で演算子対があらかじめ正規な順序であるとき ($\psi^*(x)\psi^*(x')$ のような場合もこれに含まれる) には置換の必要は生じないが，この場合，縮約もゼロとなる．したがって形式的には全ての演算子対の組み合わせに関して，縮約をとった演算子積を加えていけばよいことになる．

　これで，S行列の各項を評価するための系統的な計算方法を得たことになる．ウィックの定理をS行列の表式 (3.94) に適用すると，可能な縮約の組み合わせに応じた多くの項が現われる．各項は時空間における多重積分で表わされるが，積分の中味は次の2種類だけになる．(i) 場の演算子の縮約だけを含み，式 (3.100) で見るようなc-数の関数となっているもの．(ii) 場の演算子の正規積を含み，期待値や初期状態-終状態間の行列要素が簡単に推定できるもの (多くの場合ゼロとなる)．この代数的方法は抽象的に定義されているが，具体的に式 (3.86) の過程を考察したときに行った手続き以上のものを含んでいるわけではない．

3.7　ダイヤグラムによる表現

　前節で述べた代数的方法は全く正確なものではあるが，これだけに頼って計算を進めるのは大変である．しかし幸運なことに，S行列中で実際に寄与を残す項の特徴を，簡潔なトポロジー的表現で表わすことが可能である．

　まず，ある任意の演算子積 $T[ABCDE]$ に対するウィックの定理を，各々の演算子を点で表わし，各々の縮約を線で表わした一連のダイヤグラムで表現してみることにしよう．そうすると次に示すように沢山の項に相当するダイヤグラムを考える必要がある．

3.7. ダイヤグラムによる表現

$$\begin{array}{c} A\ B \\ \bullet\ \bullet \\ \bullet\ \bullet\ \bullet \\ C\ D\ E \end{array} + \begin{array}{c} A\ B \\ \bullet\!\!-\!\!\bullet \\ \bullet\ \bullet\ \bullet \\ C\ D\ E \end{array} + \begin{array}{c} A\ B \\ \bullet\ \bullet \\ \bullet\ \bullet\ \bullet \\ C\ D\ E \end{array} + \cdots + \begin{array}{c} A\ B \\ \bullet\!\!-\!\!\bullet \\ \bullet\ \bullet\ \bullet \\ C\ D\ E \end{array} + \begin{array}{c} A\ B \\ \bullet\ \bullet \\ \bullet\ \bullet\ \bullet \\ C\ D\ E \end{array} + \cdots$$

$N[ABCDE]\quad N[\overline{AB}CDE]\quad N[\overline{ACDE}B]\quad N[A\overline{BCD}E]\quad N[\overline{AD}\,\overline{BC}E]$

しかしこれらのダイヤグラム全てが関係するわけではなく，縮約がゼロになる多くのケースを含んでいる．そのような消滅するケースをあらかじめ避けるためには，どのような規則に従えばよいのであろうか？

(a) 各々の演算子は時空座標 x_i を引き数に持ち，S_n の中で用いられる時空座標は n 個だけである．同じ時空座標に関する演算子同士の縮約は残らない．したがってダイヤグラム上の点は n 個のグループに分けられ，別のグループの演算子を繋ぐ縮約だけを考えればよい．このことによって考えるべき項が大幅に減る．

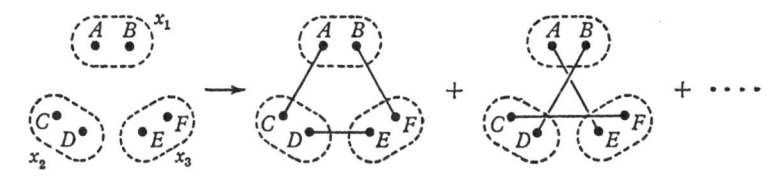

(b) 同じ種類の場の演算子の組み合わせ——ボーズ粒子にはボーズ粒子，フェルミ粒子にはフェルミ粒子の演算子——だけを考える．したがってダイヤグラム上の各点について，場の種類が分かるような表示を用いなければならない．これはその点につながっている線の種類で示すことができる．例えばフェルミ粒子の縮約は実線，ボーズ粒子の縮約は点線で表わす．

(c) フェルミ粒子では 2 つの生成演算子同士の縮約はゼロである．$\psi^*(x_i)$ に対しては $\psi(x_j)$ との縮約を考えればよい．この条件をダイヤグラムに反映させるため $\psi^*(x_i)$ から発する線を外向きの矢印とし，その矢印は $\psi(x_j)$ で終端させることにする．一方ボーズ粒子の場合は ϕ が消滅演算子と生成演算子両方を含むので (式 (3.90) 参照)，縮約を表わす線は矢印にしなくてよい．$\phi(x_i)$ と $\phi(x_j)$ は常に結合できる．

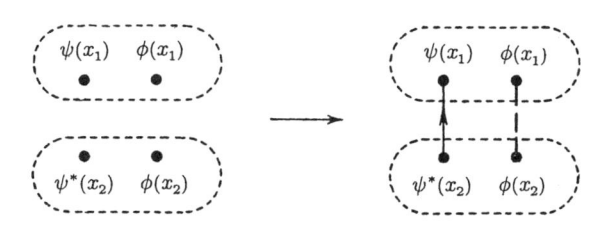

(d) 各々の演算子は，他の演算子と結合するか，系の初期状態に作用するか，もしくは系の終状態に寄与するか，の何れかの役割を持つ．したがってダイヤグラム上の各点は，他の点と結合させるか，初期状態もしくは終状態にあたる"外部の点"へ延ばしておかなければならない．例えば初期状態と終状態にフォノンが無く電子がひとつだけ存在する状況を想定する場合，電子に関してはダイヤグラムの外部から来て ψ に終端する1本の線と，ψ^* から発して外部に向かう1本の線が必要になるが，フォノンの演算子は全て外部とは関係せずダイヤグラムの中で互いに結合する．すなわち次に示す図のような扱いになる．

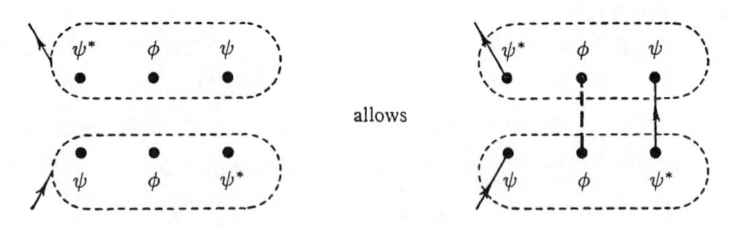

(e) S行列の n 次の項は，n 個の異なる時空点上における摂動ハミルトニアンの T 積である．各々の摂動ハミルトニアンは全く同じ形で場の演算子積を含んでいる．たとえば式(2.48) の $\psi^*(x)\phi(x)\psi(x)$ のような積が各摂動ハミルトニアンで現われる．したがってダイヤグラム中の全てのグループの線の出入りは同じパターンになる．ここで，ひとつのグループの演算子を"結節点"(vertex)——グループからの線の出入りの組み合わせに従って，ダイヤグラムの他の部分とつながっている単一の点——に集約して表現することにする．結節点にある演算子の数と種類は自ずから明らかになるので，いちいち結節点が含んでいる演算子を表示する必要はない．

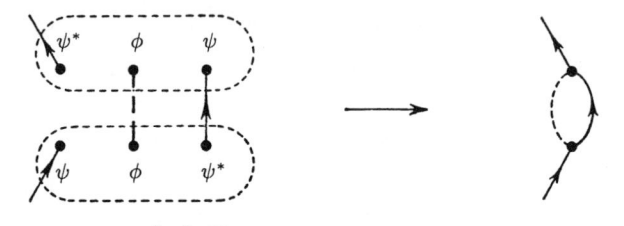

(f) それぞれひとつの結節点は1時空点に属するので，ダイヤグラムに対して時空間座標を与えることができる．たとえば時間軸を上向きにとり，3次元空間 $\mathbf{r}$ の空間軸を代表させて横向きに書くことができる．このダイヤグラムは直接的な物理的解釈を与える．次に示す図は電子が時刻 t_1 に位置 $\mathbf{r}_1$ においてフォノンを放出し，時刻 t_2 までに $\mathbf{r}_2$ まで移動してそのフォノンを再吸収する過程を表わす．

3.7. ダイヤグラムによる表現

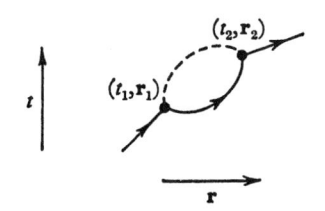

もちろんダイヤグラム上の線が現実に粒子が辿る時空間内の径路をそのまま表わしているわけではない (例えば電子とフォノンの線をそれぞれ恣意的に曲げて，両者が重ならないようにし，線のつながり方が分かるようにしている). しかしこのような表記方法は多くの目的に対して極めて有用である. 厳密に言えば"ファインマンダイヤグラム"(Feynman diagram)は代数表現をトポロジカルな表現に直したものに過ぎないが，これによって物理的な過程を理解することが容易になる.

例として，通常のフェルミ粒子 – ボーズ粒子相互作用 (2.48) の 2 次摂動のダイヤグラムを考えてみよう. 各々の結節点(ヴァーテックス)はフェルミ粒子の入る線, 出る線各 1 本ずつと, 1 本のボーズ粒子線を持つ. したがって以下に示すような物理的描像を作り上げることができる.

<u>コンプトン散乱</u> (Compton scattering) 電子が時空点 1 において光子を吸収し, それと異なる時空点 2 において光子を再放出する過程.

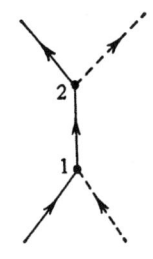

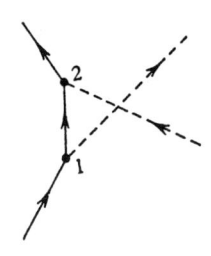

このダイヤグラムでは外部へ伸びる光子の線に方向を与えなければならない. 初期状態がこれから吸収される光子を含み, 終状態において放出された光子が存在しなければならないからである. 実際のコンプトン散乱は, よく似ているがトポロジー的に区別されるもうひとつのダイヤグラムからの寄与を含む. それは最終的に現われる光子の放出が, 初めにあった光子の吸収より前の時刻に起こる過程である. これらの 2 つの過程からの行列要素への寄与は別々に計算しなければならない.

チェレンコフ効果　このダイヤグラムはコンプトン散乱のものとよく似ているが，2つの光子が両方とも放出光子になっている．式 (2.61) で見たように，このような過程はエネルギー保存と運動量保存の要請から，通常は許されないものであるが，固体中の電子‐フォノン系の電気抵抗，すなわちポーラロンの移動度 (2.6節) を評価する場合には考慮しなければならない．この過程における中間状態は仮想的な状態を示しているので，1個の光子を生じる実過程が単純に2回連続した過程とは異なる．

フェルミ粒子の自己エネルギー　もしフェルミ粒子から放出されたボーズ粒子が再び同じフェルミ粒子に吸収されるならば，式 (2.63) で計算したような種類の過程──自由電子のエネルギーに対する仮想フォノンの放出・再吸収による効果──を記述することができる．この過程はたとえばポーラロンの有効質量の補正を与える．

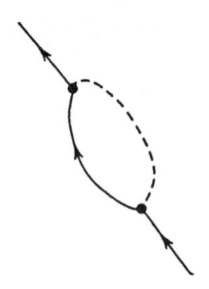

ボーズ粒子の交換によるフェルミ粒子間相互作用　これは 1.11 節および 3.5 節において既に扱った種類の過程である．2本のフェルミ粒子線を結ぶボーズ粒子の線は矢印でない，方向を持たない線でよいことに注意しよう．結節点1が結節点2より前の時刻にあれば，ボーズ粒子の1から2への伝播しなければならない．逆に結節点2の方が時刻が先行していれば，ボーズ粒子も2から1へ伝播しなければならない．このことはボーズ粒子演算子の縮約を扱うことで，自動的に処理されている．時刻の関係が $t_1 < t_2$ か $t_1 > t_2$ かにより，それぞれ適切に順序づけられた演算子積があてがわれる．

3.7. ダイヤグラムによる表現

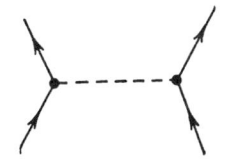

これらの過程においては，フェルミ粒子があらかじめ存在するものとして扱われている．しかしダイヤグラムで次に描いたような結節点(ヴァーテックス)を考えてみよう．

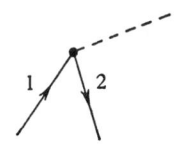

結節点(ヴァーテックス)にはフェルミ粒子が入る矢と出る矢があり，ダイヤグラムの規則は形式的に満たされているが，このような図は物理的に何を意味するのであろうか？ 1 の電子は結節点(ヴァーテックス)で明らかに消滅し，その後の時刻には残らない (ここでは時間軸を上方向に取っている)．このような過程は "正孔 (空孔)" が同じ結節点(ヴァーテックス)に到達して，電子－正孔対が互いに相手を消滅させることによってのみ成立する．したがってこのような線——結節点(ヴァーテックス)から時間を遡る(さかのぼ)方向に書かれたフェルミ粒子の線——は，結節点(ヴァーテックス)に向かって通常の伝播をする正孔を表わすものと考えなければならない．

物理的な要請から，時間を遡る電子を正孔 (空孔) と解釈できることは，このダイヤグラム法の極めて有用な性質である．我々は 3.2 節で既にフェルミ粒子－反フェルミ粒子変換 (2.8節) が，見かけ上時間方向を逆行させるような数式表現を伴うことを見た．この議論を確認すれば，正孔を含む過程の S 行列への寄与はこのような時間を反転した伝播関数のダイヤグラムで与えられ，ダイヤグラムと代数表現との対応関係を変更する必要は全くないことが分かる．しかし場合によっては正孔の出現がほとんど許されない系もあることも忘れてはならない．たとえばポーラロン問題においては "反粒子" 生成に要するエネルギーは，通常この問題で考慮すべきエネルギー範囲をはるかに超えているために，電子数は事実上厳密に保存する．

正孔 (空孔) の寄与を含むような 2 次摂動の過程を以下に考えてみよう．

<u>ボーズ粒子の自己エネルギー</u>　仮想的なフェルミ粒子－反フェルミ粒子対(つい)の励起による，ボーズ粒子のエネルギー補正である．量子電磁力学においてこの過程は光の伝播に影響を及ぼす．固体物理ではこのダイヤグラムは，金属電子との相互作用によ

る"音速の補正"を記述する．

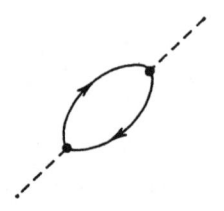

真空の分極 (真空偏極)　真空においても仮想的なボーズ粒子とフェルミ粒子の対(つい)が励起され，それらが再結合によって消滅する過程が起こり得る．このような過程は深刻な問題を生じる．それは何もない空間の基底状態に関して，形式的にはエネルギーを発散させてしまう可能性があるからである．この余計な寄与を除く方法は，3.9節において議論する．

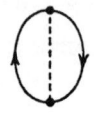

粒子‐反粒子相互作用　これはもちろんフェルミ粒子間のボーズ粒子交換による相互作用と類似したものである (i)．しかし同じような結果を与える (ii) のようなダイヤグラムもあることに注意しよう．すなわち初めの電子と陽電子は相互に消滅し，そのとき生じた仮想的光子が後の時刻に再び電子-陽電子対(つい)を励起する．これらの2つのダイヤグラムは等価ではなく，行列要素を計算する際には，それぞれの過程からの寄与を加え合わせなければならない．

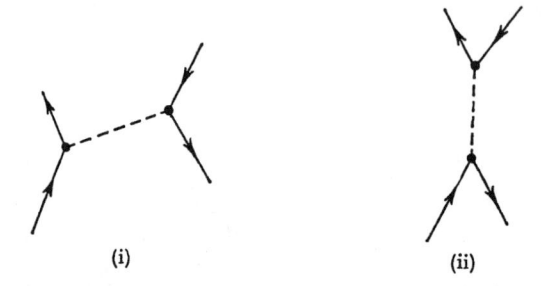

(i)　　　　　　(ii)

本節の議論は，霧箱や泡箱で撮影された飛跡を写しとることによって，素粒子の基礎的な過程のファインマンダイヤグラムが得られるような錯覚を与えるかもしれな

3.8. 運動量表示

い．しかしそのような飛跡は外線だけに対応する．観測された初期状態と終状態の間に"仮想的な"内部の粒子伝播や結節点(ヴァーテックス)を挿入することにより，S行列を展開して現われる無数の項に対応する無限個のダイヤグラムが現われる．摂動論の本質的な課題は，このようなダイヤグラムを全て描き，それらの遷移確率やエネルギーへの寄与を代数的に求めることである．

例として単一フェルミ粒子のエネルギー補正——式 (2.63) で与えた "有効質量" の計算——をさらに考えてみよう．次に来る摂動項は S_4 であり，図に示すダイヤグラム (i)-(iv) からの寄与がある．

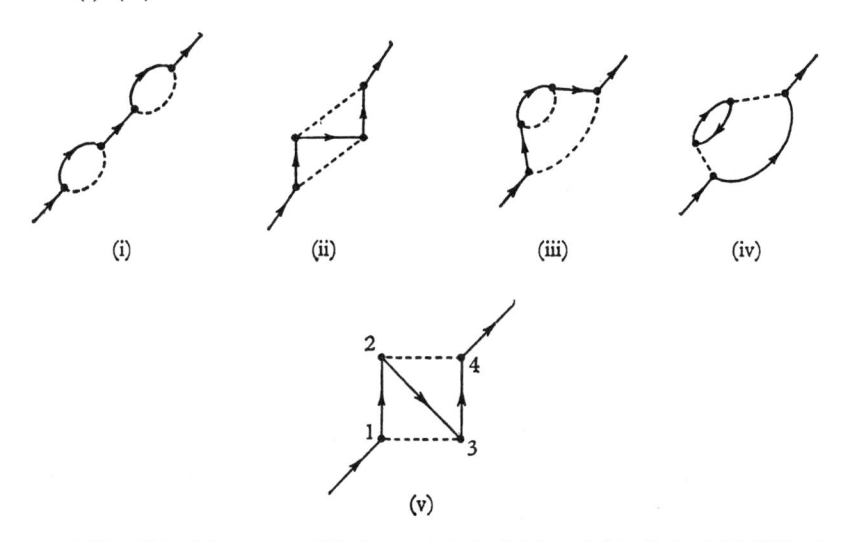

(i)　　(ii)　　(iii)　　(iv)

(v)

まだ他の過程が残っているだろうか？ たとえば (v) のように途中に正孔が現われるように見える過程を思いつくかもしれない．しかしトポロジー的にはこのダイヤグラムは (ii) と同一である．結節点(ヴァーテックス)3 が結節点(ヴァーテックス)2 より前の時刻になっても計算式の形は変わらない．このような時間順序の前後に起因する違いは積分中の縮約の定義にあらかじめ含まれている．ここにおいて，結節点(ヴァーテックス)の時間順序を変えることを，反粒子の導入と解釈し直すことができる，ファインマンの原理の便利な性質を見ることができる．

3.8　運動量表示

決められた次数のダイヤグラムを全て描いたら，次にそれらの過程の行列要素への寄与を代数的に求めるための規則が必要である．計算式は "縮約" もしくは正規積

の行列要素を時空間内で多重積分したものになる．この式について詳細に検討してみよう．

既に見てきたように縮約はダイヤグラム中で結節点(ヴァーテックス)間を結ぶ線に対応し，結節点(ヴァーテックス)から結節点(ヴァーテックス)への粒子の伝播を表わす．そこでフェルミ粒子とボーズ粒子の伝播関数をそれぞれ次のように定義する．

$$G_0(x - x') \equiv i\overline{\psi^*(x)\psi(x')} \tag{3.105}$$

$$D_0(x - x') \equiv \overline{\phi(x)\phi(x')} \tag{3.106}$$

真空偏極を表わすような2次摂動の寄与は，4次元時空積分を2重に行った形の式で与えられる．

$$S_2 = \frac{1}{2!} \iint G_0(x - x')G_0(x' - x)D_0(x - x')\,\mathrm{d}^4x\,\mathrm{d}^4x' \tag{3.107}$$

より複雑な次の図のようなダイヤグラムになると，さらに多くの伝播関数の積を，多くの変数について積分しなければならない．

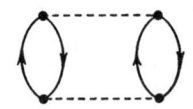

しかし自由場の相互作用を扱う場合には，これらの積分は"運動量表示"へ変換することによっていくらか簡素化される．すなわち非摂動ハミルトニアンにおいて運動量はよい量子数となっているので，相互作用表示における場の演算子は (式 (2.22) と式 (3.41) 参照) 次のように表わせる．

$$\psi(x) = \sum_{\mathbf{k}} e^{i\mathbf{k}\cdot\mathbf{r}} e^{-i\mathcal{E}(\mathbf{k})t} b_{\mathbf{k}} \quad \text{etc.} \tag{3.108}$$

この表現は，たとえば原子の中の電子のような回転対称性を持つ系には全く適さないことを注意しておく．このような場合はS行列の一般論に戻って考えなければならない．

式 (3.99) で示したように，フェルミ粒子の伝播関数は消滅演算子が生成演算子よりも前の時刻に現われる場合ゼロになる．すなわち，

$$G_0(x - x') = 0 \quad \text{if} \quad t > t' \tag{3.109}$$

3.8. 運動量表示

逆に生成演算子のほうが前の時刻にあれば，式 (3.108) を式 (3.105) に代入して，

$$G_0(x-x') = -i\langle|\sum_{\mathbf{k},\mathbf{k}'}e^{-i(\mathbf{k}\cdot\mathbf{r}-\mathbf{k}'\cdot\mathbf{r}')}e^{i\{\mathcal{E}(\mathbf{k})t-\mathcal{E}(\mathbf{k}')t'\}}b_{\mathbf{k}}^*b_{\mathbf{k}'}|\rangle$$

$$= -i\sum_{\mathbf{k}}e^{-i\mathbf{k}\cdot(\mathbf{r}-\mathbf{r}')}e^{i\mathcal{E}(\mathbf{k})(t-t')} \quad \text{if} \quad t < t' \qquad (3.110)$$

となる．交換関係 (2.19) を用いた．

ここで，次の性質を持つ関数の解析的な表現が必要となる．

$$G(\mathcal{E}) = \begin{cases} -ie^{-i\mathcal{E}T} & \text{for} \quad T > 0 \\ 0 & \text{for} \quad T < 0 \end{cases} \qquad (3.111)$$

このような関数は積分路を指定した複素積分を考えることによって得られる．

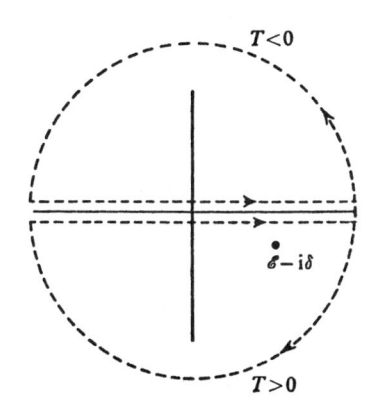

$$G(\mathcal{E}) = \frac{1}{2\pi}\int_{-\infty}^{\infty}\frac{e^{-i\Omega T}}{\Omega - \mathcal{E} + i\delta}d\Omega \qquad (3.112)$$

積分は複素平面内の実軸に沿って実行する．δ は無限小の正数である．$T > 0$ の場合，積分路を極 $\mathcal{E} - i\delta$ を囲む下半平面にとることにより，留数が残って式 (3.111) の結果を得る．一方 $T < 0$ の場合，上半平面に積分路をとると $i\Omega t$ の実部が負になって積分はゼロになる．以上の結果，式 (3.111) と式 (3.112) は等価であることが分かる[‡]．

[‡](訳註) コーシー (Cauchy) の積分公式によれば，$f(z)$ が正則関数で，z_0 が複素平面内の単純閉曲線 C の内側にある場合，$\oint_C \frac{f(z)}{z-z_0}dz = \pm 2\pi i f(z_0)$ である．符号は周回積分の向きによって決まり，反時計回りの場合にプラスになる．また z_0 が C の外にある場合には積分はゼロになる．

式 (3.112) の関係を式 (3.109) と式 (3.110) に用いると，フェルミ粒子伝播関数について次の表式が得られる．

$$G_0(x-x') = \frac{1}{(2\pi)^4} \iint \frac{e^{-i(\mathbf{k}\cdot\mathbf{r}-\Omega t)} e^{i(\mathbf{k}\cdot\mathbf{r}'-\Omega t')}}{\Omega - \mathcal{E}(\mathbf{k}) + i\delta} \mathrm{d}^3 k\, \mathrm{d}\Omega \qquad (3.113)$$

微小量 δ は単に積分を収束させるための因子である．フェルミ粒子が"正孔 (空孔) 的状態"すなわち反粒子状態の場合は δ の符号を変える必要がある．

式 (3.113) を，式 (3.107) のような積分中の各フェルミ粒子伝播関数に代入しなければならない——すなわちダイヤグラム上のフェルミ粒子の線それぞれにあてがわなければならない．そうすると被積分関数は以下のようになる．

(i) フェルミ粒子を表わす線各々には"運動量"$\mathbf{k}$ と"エネルギー"Ω の指標が付く．
(ii) 時空座標 $(\mathbf{r}, t)$ の結節点(ヴァーテックス)には，運動量 $\mathbf{k}$，エネルギー Ω で結節点(ヴァーテックス)から"出る"伝播関数各々につき，$e^{-i(\mathbf{k}\cdot\mathbf{r}-\Omega t)}$ の因子が付く．また運動量 $\mathbf{k}'$，エネルギー Ω' で結節点(ヴァーテックス)に"入る"線については $e^{i(\mathbf{k}'\cdot\mathbf{r}-\Omega' t)}$ が付く．
(iii) フェルミ粒子の線は，運動量とエネルギーに関する4変数積分で表わされる寄与を持つ．

$$\frac{1}{(2\pi)^4} \iint \frac{\mathrm{d}^3 k\, \mathrm{d}\Omega}{\Omega - \mathcal{E}(\mathbf{k}) + i\delta} \qquad (3.114)$$

ボーズ粒子の伝播関数 (3.106) の取扱いはフェルミ粒子の場合より少し複雑になるが，これは式 (3.41) と式 (3.90) の関係から決まる．1本のボーズ粒子の線は，結節点(ヴァーテックス)の時間順序に依存してその寄与が決まる2通りの伝播関数，すなわち一方の結節点(ヴァーテックス)からもう一方への伝播関数と，その逆方向の伝播関数の和で表わされる．ダイヤグラム上のボーズ粒子線は運動量 $\mathbf{q}$ をあてがわれ，

$$\frac{1}{2\omega_\mathbf{q}} \left[\frac{1}{\omega - \omega_\mathbf{q} + i\delta} - \frac{1}{\omega + \omega_\mathbf{q} - i\delta} \right] = \frac{1}{\omega^2 - \omega_\mathbf{q}^2 + i\delta} \qquad (3.115)$$

を全ての $\mathbf{q}$ と ω で積分したものを表わす．因子 $1/2\omega_\mathbf{q}$ は式 (3.90) の $(2\omega_\mathbf{q})^{-\frac{1}{2}}$ から来ている．また2つの分数はボーズ粒子の放出または吸収の2つの過程，すなわちベクトル $\mathbf{q}$ 方向で，エネルギー増加または減少を生じる2通りの過程を表わしている．6.4節において示すが，この形式は相対論的に一般化できるものである．

もちろん相互作用ハミルトニアンが含んでいる係数因子も考慮しなければならない．フェルミ粒子–ボーズ粒子相互作用の形を式 (2.47) とすると，各結節点(ヴァーテックス)には形状因子 $F(\mathbf{q})$ が付くことになる．これはボーズ粒子の伝播関数 (3.115) に係数 $|F(\mathbf{q})|^2$ を付加することで，積分に含めてしまうことができる．

3.8. 運動量表示

各々の結節点(ヴァーテックス)には，そこで相互作用をする粒子の単純な平面波関数が残る．これらに対しては支障無く各々の結節点(ヴァーテックス)の時空座標について積分をとることができる．積分は簡単に実行できる．

$$\iint e^{i(\mathbf{k}-\mathbf{k}'+\mathbf{q})\cdot\mathbf{r}} e^{-i(\Omega-\Omega'+\omega)t} d^3r\, dt = (2\pi)^4 \delta(\mathbf{k}-\mathbf{k}'+\mathbf{q}) \delta(\Omega-\Omega'+\omega) \tag{3.116}$$

すなわち運動量と"エネルギー"は各結節点(ヴァーテックス)において保存する．

ダイヤグラムからの寄与を，次の手順で評価できる．

(i) 運動量 $\mathbf{k}$ と"エネルギー" Ω，もしくは運動量 $\mathbf{q}$ と"エネルギー" ω を，ダイヤグラム内部の各フェルミ粒子線およびボーズ粒子線にあてがう．

(ii) 各結節点(ヴァーテックス)において運動量と"エネルギー"が保存するようにする．すなわちこれらの独立変数の数を減らして，与えられた外部の線の変数の制約の範囲内の自由度だけを残す．

(iii) 各々の線に式 (3.114)，式 (3.115) 等の伝播関数を置き，それらの伝播関数の積をすべての独立な運動量と"エネルギー"について積分する．

例としてフォノンの放出・再吸収過程による自己エネルギー補正を考えよう．

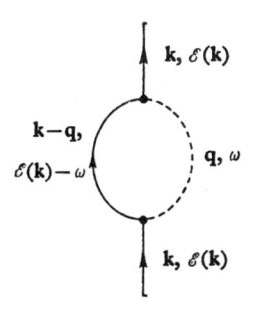

初期状態における電子の運動量は $\mathbf{k}$，エネルギーは $\mathcal{E}(\mathbf{k})$ であるとする．フォノンの運動量 $\mathbf{q}$ および"エネルギー" ω は任意に決めることができるが，そうすると電子の中間状態における運動量とエネルギーは自動的に定まる．行列要素は次の積分を含む．

$$I = \iint \frac{|F(\mathbf{q})|^2}{\omega^2 - \omega_\mathbf{q}^2 + i\delta} \frac{1}{\mathcal{E}(\mathbf{k}) - \omega - \mathcal{E}(\mathbf{k}-\mathbf{q}) + i\delta} d^3q\, d\omega \tag{3.117}$$

この式を式 (2.63) と比較してみると面白い．ω に関する積分は $\omega = \omega_\mathbf{q}$ と $\omega = -\omega_\mathbf{q}$ で極を持つ．前者は式 (2.63) で見た 2 次摂動項に相当する．後者の極は何を意味す

るのか？明らかにこの項は次の図のようにフォノンが逆方向に伝播する過程によるもので，電子 – 正孔対の生成の後に，正孔が入射電子と結合して消滅する．

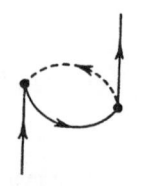

式 (2.63) においてはこの可能性は想定されていないし，実際上重要ではない．正孔を生じるためには非常に大きなエネルギー (例えば半導体のバンドギャップ相当のエネルギー) を要するからである．しかしそのような状態において $\mathcal{E}(\mathbf{k} - \mathbf{q})$ を正確に決めたい場合には，この過程を含めて式 (3.117) を考えなければならない．

本章において粒子線を表す式 (3.114) と式 (3.115) は，単に代数処理の要請から現われてきている．しかし 4.6 節に示すように，これらの伝播関数は，場のグリーン関数 (Green function) として重要な意味を持っている．実際これらのグリーン関数は，波動関数が重要な役割を演じる物理のほとんどすべての部分を扱うことができる．

外線については，正規の計算において更に例外的な規則が現われる．既に見てきたように，このような例外規則はウィック展開によって現われた項の中で，正規積の行列要素がゼロにならないものから来る．具体的な実例においてそのような行列要素を見いだし，S行列の項に含めることは難しいことではない．例えば外部から入射してくるボーズ粒子線の，フェルミ粒子 – ボーズ粒子相互作用を表す結節点(ヴァーテックス)に対する寄与の因子は $F(\mathbf{q})(2\omega_\mathbf{q})^{-\frac{1}{2}}$ となる．しかしこの問題に関する詳細な記述は他の書籍に譲ることにする．

もうひとつ指摘しておくべき点は，式 (3.84) の因子 $1/n!$ をなくせることである．ダイヤグラムを運動量表示に変換するとき，我々は暗黙のうちに n 個の結節点(ヴァーテックス)に対して時空座標変数 $(x_1, x_2, \ldots, x_n)$ の配し方を特定した．ひとつのダイヤグラムは n 個の点に座標変数を配する $n!$ 個の等価な項の中のひとつを表わしている．式 (3.84) の積分はトポロジー的に同等で座標変数の配し方だけが異なるすべてのダイヤグラムについての総和をとらなければならない．各々のダイヤグラムは等しい寄与を与えるので，トポロジー的に等しいダイヤグラムの総和をとることによって，初めの因子 $1/n!$ は消える．

任意のダイヤグラムを想定する時には，パウリの原理を破るようなダイヤグラムも出てくるという疑念が生じ得るかもしれない．我々はフェルミ粒子の演算子 $b_\mathbf{k}$, $b^*_{\mathbf{k}'}$ の反交換関係に基づいて反対称な扱いをしてきたはずなので，このようなことが生じ

3.8. 運動量表示

るのは理解し難いことである．しかし (i) のように 2 つのボーズ粒子の交換があり，その 2 つの運動量がたまたま同じである場合には，運動量 $\mathbf{k}-\mathbf{q}$ の状態が 2 つのフェルミ粒子によって同時に占有されてしまっているのではないだろうか？ 実は S 行列にはこのような寄与を正確に打ち消す他の項が含まれている．T 積を正規積と縮約に分割するときに用いた方法のために，トポロジー的には全く別の形になっている (ii) のダイヤグラムがこの役割を担う．

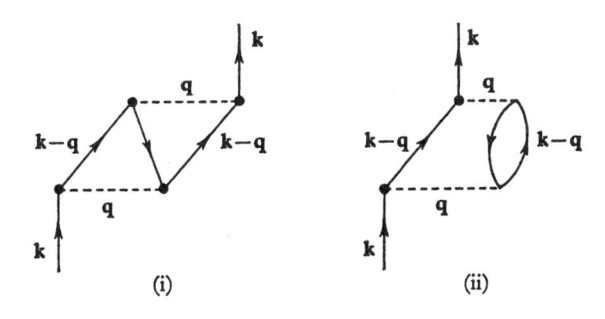

ここまでのダイヤグラムに関する議論で，ボーズ粒子 – フェルミ粒子相互作用だけを取り上げてきたが，他の型の相互作用に対しても同様のダイヤグラムを組み上げることができる．例えば式 (2.42) や式 (2.43) の"2 粒子間相互作用"はフェルミ粒子の線と，相互作用ポテンシャル $\mathcal{V}(\mathbf{r}'-\mathbf{r})$ またはそのフーリエ変換 $\mathcal{V}(\mathbf{k}''-\mathbf{k}''')$ を示す波線とを用いたダイヤグラムで表わされる．ボーズ粒子 – フェルミ粒子相互作用と異なる点は波線が外線にならないことと，フェルミ粒子 – ボーズ粒子相互作用の場合には寄与を持たなかった"ループ"の項を考慮しなければならないことである．2 粒子間相互作用のダイヤグラムでもフェルミ粒子の伝播関数は式 (3.114) のように表わされるが，運動量の変化と波線の波数 $\mathbf{q}$ と合わせておき，行列要素の中に波線の寄与 $\mathcal{V}(\mathbf{q})$ を含めなければならない．

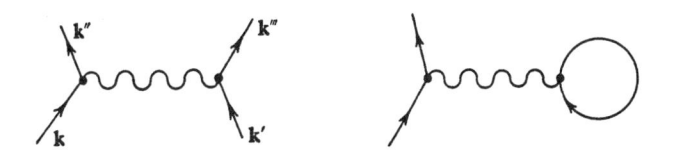

本質的な要点は，ダイヤグラムの手法が一般にあらゆる摂動問題に適用でき，摂動の各項を系統的に導く方法を与えていることである．ダイヤグラムの構造，線の種類，結節点(ヴァーテックス)における線の繋(つな)がり方の規則，符号の付き方等は，対象とする個々の系の性質と表示の選び方によるが，本質的な方法論は共通している．結節点(ヴァーテックス)において運動

量と"エネルギー"はどの場合にも常に保存する．この性質は時空座標を消去したこの理論の最もエレガントな側面を反映している．

しかしファインマンダイヤグラムは"仮想的な"過程を記述していることをここで強調しておくべきであろう．フェルミ粒子やボーズ粒子の伝播関数に現われる Ω や ω といった変数を"エネルギー"と呼んだのは，単にこれらが物理的エネルギーの次元を持つからである．しかし式 (3.114) と式 (3.115) に与えた伝播関数には，真に物理的に実現し得る自由粒子エネルギー $\mathcal{E}(\mathbf{k})$ や $\omega_\mathbf{q}$ とこれらの変数との差が含まれている．真のエネルギーは，初期状態の外線から終状態の外線までのダイヤグラム全体ではもちろん保存しているが，個々の結節点(ヴァーテックス)においては保存しない．これは初等的な摂動論におけるエネルギー遷移——初期状態から，終状態へたどり着く前に仮想的に短時間存在すると考えられる中間状態への遷移——を反映したものである．

3.9 物理的な真空

ダイヤグラム法は摂動級数の任意の次数の項をすべて系統的に調べあげる方法である．しかし各項を別個に調べあげる手法は，いくら高次のダイヤグラムを計算する手法に熟達したとしても，常に役立つわけではない．

第一に，有限個の項を集めても本質的に新しい物理現象を見いだせるわけではない．それぞれの項が特異性を持たなければ，各項の総和も特異性を持つことはなく，たとえば多体系の相転移(束縛状態の出現など)を表わすことはできない．

また，もし低次の項が発散する場合——これは1.11節や2.7節に見たように基礎的な場の理論においてしばしば起こるのであるが——各次数の項において発散を除去する普遍的な方法が得られていない限り，ダイヤグラムによる方法は無力である．

摂動級数をダイヤグラム表現することの特筆すべき利点は，代数に頼ることなく，ごく単純なトポロジー的議論によって着目すべき基礎過程を限定し，その限定部分に関する無限項の和を容易に構成できることである．5.5節や5.9節で示す予定であるが，このような性質は，特定次数の項を数え上げることができる性質よりも，はるかに重要である．

例として図2(a)のようなタイプの複雑なダイヤグラムの計算を取り上げよう．運動量や"エネルギー"の変数を図に示したように用いる．そうするとまず，このグラフが表す因子だけのために，内部ボーズ粒子の運動量 $\mathbf{q}$ に関する積分を実行しなければならない．しかしこの積分はサブダイヤグラム図2(b)——式 (3.117) で示したもの——を含むだけである．サブダイヤグラムの部分は運動量 $\mathbf{k}$，エネルギー $\mathcal{E}$ で入射してきて，同じく $\mathbf{k}$, $\mathcal{E}$ で飛び去る電子を表わす関数 $G'(\mathbf{k}, \mathcal{E})$ を表すことになる．

3.9. 物理的な真空

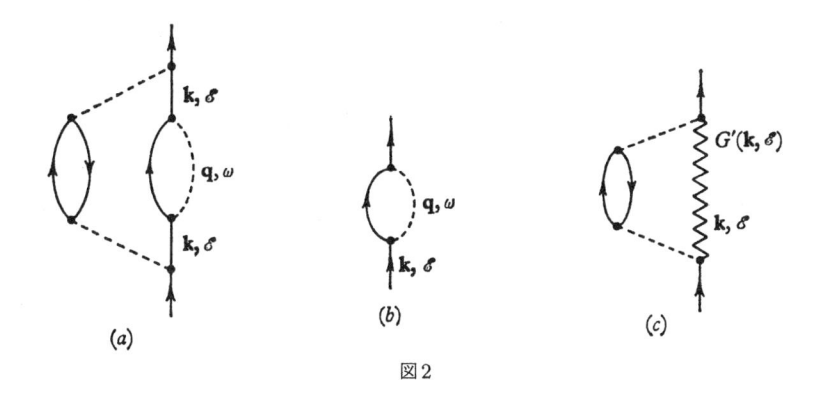

図2

これは大きなダイヤグラム図2(a) を図2(c) のように置き換えて考えることが可能であることを意味する．図2(c) のジグザグな線はサブダイヤグラム図2(b) を表わす．このジグザク線には，自由粒子の伝播関数の代わりに，修正された伝播関数 $G'(\mathbf{k}, \mathcal{E})$ を対応させる必要がある．

しかし通常の伝播関数の代わりに現われる可能性があるサブダイヤグラムは他にも沢山ある．たとえば次に示すようなダイヤグラムを考えることができる．これら各々によって，大きなダイヤグラム中に挿入されるべき修正された伝播関数が定義される．

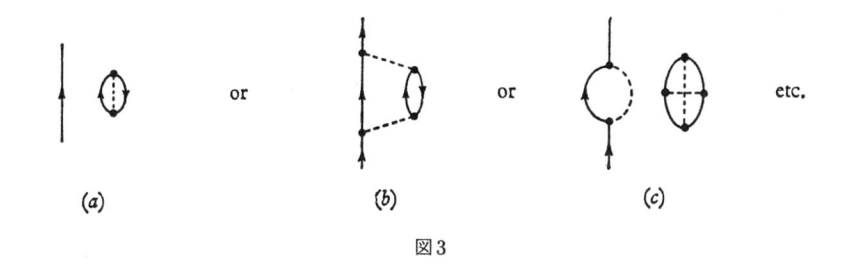

図3

ここで2本の電子の外線を持つサブダイヤグラムの総和を考えてみよう．もちろんこれは無限の項の和になるが，これに相当する修正された伝播関数が何らかの方法で計算できるものと仮定してみる．

$$G''(\mathbf{k}, \mathcal{E}) = \sum_{\text{all self-energy diagrams}} G'(\mathbf{k}, \mathcal{E}) \tag{3.118}$$

図2(c) のジグザグ線の伝播関数として $G''(\mathbf{k}, \mathcal{E})$ を用いるとするならば，これは何を意味するであろうか？ それはジグザグ線を図3で示したようなあらゆるサブダイヤグラム——真空中を自由に移動するフェルミ粒子が経験し得るすべての過程に対応するサブダイヤグラム——に置き換えて，総和を計算することと等価な内容を表わす．そこで $G''(\mathbf{k}, \mathcal{E})$ を表わす線を特別に ===>=== のように描くことにする．そうすると次のような図は，もはや前節で扱ったような単一の過程を表わすダイヤグラムではなく，無限個のダイヤグラムの組の総和を表わすことになる．

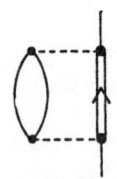

この伝播関数 (3.118) は直接に物理的な重要性を持っている．これは自由粒子が何もない空間の中を移動する時に起こりうる全ての過程，仮想的励起などを表わしている．このようにフェルミ粒子のエネルギーに対する仮想的励起の効果をすべて含んだこの伝播関数は，"自己エネルギー部分" (self-energy part) と呼ばれる[§]．

ボーズ粒子に対しても同様のことを考えて，新しい線 ======= で表わされる伝播関数 D'' を導入することができる．D'' は初めと終りが1本のボーズ粒子線となっている全てのダイヤグラムの和を表わし，自由ボーズ粒子伝播関数 D_0 の代わりにこれを用いて新たなダイヤグラムをつくることができる．更に，単一の結節点(ヴァーテックス)と等価な全てのダイヤグラムを図のように考え，これらの全ての和を通常の単一結節点(ヴァーテックス)に置き換える特別な記号を導入することができる．この修正された結節点(ヴァーテックス)においても運動量と"エネルギー"は保存するが，積分を計算する際には式 (2.47) の形状因子のような，"結節部分" (vertex part) $F''(\mathbf{k}, \mathbf{q})$ が必要となる．

$$\tag{3.119}$$

最後に"真空部分"というものが考えられるが，これは外線を持たない閉じたグラフで定義される．S_{vacuum} という次の図で表わされる量は，真空中での分極ゆらぎ

[§] (訳註) 本書における"自己エネルギー部分"という語の使い方は通例とは少し異なるので注意を要する．p.92 訳註参照．

や仮想的な粒子対の励起等の効果に関する S 行列を与える．

上記の種々の和の間には，トポロジー的な関係がある．たとえばフェルミ粒子の自己エネルギーを表わすグラフ一式すべてを考えてみる．これは次の図のようにフェルミ粒子の伝播とは独立な真空ゆらぎの因子を持つような項を含む．

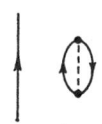

もしダイヤグラム中の 2 つの部分が伝播関数の線で繋がっていなければ，それらは S 行列の要素に対して，独立な積分変数を通じて，別々の因子として寄与する．したがって (AB) が互いに繋がっていない 2 つのダイヤグラム A と B から構成されるダイヤグラムを表すものとするならば，

$$S_{(AB)} = S_A S_B \tag{3.120}$$

となる．

さてここで，連結した (connected) 自己エネルギーグラフの総和を考えてみよう．これらのグラフと任意の真空ダイヤグラムを組み合わせることで，自己エネルギー項全体が形成される．式 (3.118) の $G''(\mathbf{k}, \mathcal{E})$ は，すべての連結したグラフの伝播関数と真空グラフの S 行列の積によって作られていると言える．すなわち次のような伝播関数を定義すると，

$$G(\mathbf{k}, \mathcal{E}) = \sum_{\text{all connected self-energy graphs}} G'(\mathbf{k}, \mathcal{E}) \tag{3.121}$$

次のような単純な関係が成立する．

$$G'' = G' S_{\text{vacuum}} \tag{3.122}$$

同じ方法で，新しいボーズ粒子伝播関数や結節部分についても連結項だけについて和をとった D, F を定義すると，やはりフェルミ粒子の場合と同様に次の関係が得られる．

$$D'' = D S_{\text{vacuum}} \quad \text{and} \quad F'' = F S_{\text{vacuum}} \tag{3.123}$$

S行列についても次の一般式が成立する．

$$S_{\text{all graphs}} = S_{\text{connected graphs only}} S_{\text{vacuum}} \tag{3.124}$$

さて，S行列の基本的な定義式 (3.61) に戻ってみよう．

$$\begin{aligned}|\Psi_{\text{final}}\rangle &= S|\Psi_{\text{initial}}\rangle \\ &= S_{\text{connected}}\left(S_{\text{vacuum}}|\Psi_{\text{initial}}\rangle\right) \\ &= S_{\text{connected}}|\Psi'\rangle \end{aligned} \tag{3.125}$$

ここで新しく定義されている

$$|\Psi'\rangle = S_{\text{vacuum}}|\Psi\rangle \tag{3.126}$$

は何を意味するのだろうか？ これは"我々が実際に観測する系"の振舞いを記述しており，初めに想定された実粒子だけでなく，相互作用項の効果で真空中に生じるすべてのゆらぎや仮想粒子対の励起などの過程を含む．これが"物理的な"真空の実際の在り方である．仮想的にゆらぎや励起がないものとした状態 $|\Psi\rangle$ は単なる数式上の要素であって，実際の真空においてそのような静的な状態が保たれているわけではない．したがって"実空間"を背景とした過程を記述したい場合，状態 $|\Psi'\rangle$ との相対的な違いの部分だけを評価する必要がある．これは簡単で，行列要素や伝播関数を評価する際に非連結グラフの部分を"真空過程"分として省き，$|\Psi\rangle$ に対する連結グラフからの寄与だけを計算すればよいのである[†]．

ここで現われる真空の"補正"は計算の過程においてしばしば発散する．つまり系の基底エネルギーは無限大量の変更を受けることになる．これは単に仮想的状態 $|\Psi\rangle$ が物理的に実現されないというだけでなく，状態 $|\Psi'\rangle$ によって数式的に記述できないことを意味している．しかしこの無限大量の補正は一定したものであり，S_{vacuum} はあらゆる場合について同じものなので，この真空補正は実際上問題なく行える．

[†](訳註) 全過程と真空過程の違いの部分を評価する状態ベクトルを $|\Psi''\rangle$ と表記すると，これは数式的には，

$$\langle\Psi''|T(\cdots)|\Psi''\rangle = \langle\Psi|T(\cdots)S|\Psi\rangle / \langle\Psi|S|\Psi\rangle$$

と定義される．右辺の真空偏極因子 $\langle\Psi|S|\Psi\rangle$（本文中の S_{vacuum} に相当する）による除算は，非連結グラフの寄与を省くことと等価である．文献によっては，真空過程を除いた $|\Psi''\rangle$ の方を"本当の真空"(true vacuum) と呼んでいる場合もある．4.7節を参照されたい．

3.10 ダイソン方程式と繰り込み

前節の議論から，我々が扱わなければならないのは，連結ダイヤグラムの無限和に相当する"物理的"実粒子の伝播関数 G や D を含んだ過程だけであることが明らかになった．したがって，例えばコンプトン効果の正しい計算には，(i) のようにフェルミ粒子線，ボーズ粒子線，結節点(ヴァーテックス)すべてを自己エネルギー補正を含むもの (もちろん真空項は除く) にしたダイヤグラムが必要である．そのようなグラフはもちろん単純なダイヤグラムの無限和を表わすが，コンプトン散乱に寄与する全てのダイヤグラムを含んでいるわけではない．例えば (ii) のようなダイヤグラムは含まれておらず，これを考慮するには，修正された伝播関数と結節部分を用いて更に進んだ無限和の基本構成を考えなければならない．

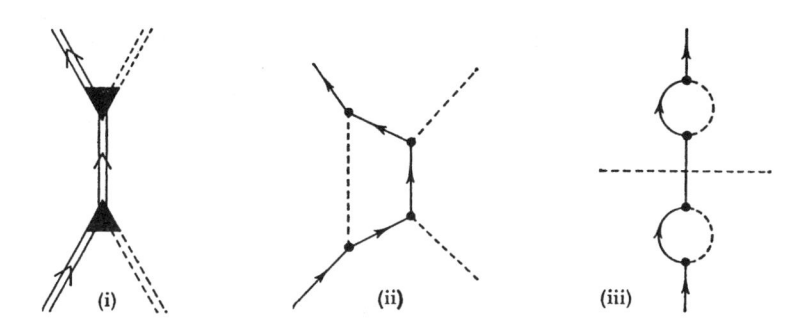

しかしながら修正された伝播関数に関する知識は，問題の解決のために大いに役に立つ．トポロジーの性質を利用したいくつもの有用なトリックが使えるのである．

例えば自己エネルギーを"可約 (reducible) な"ものと"既約 (irreducible) な"ものに分類することを考えてみよう．可約なグラフとは (iii) の例のように，ただひとつの線だけを切ることでグラフを2つの部分に分離できるものである．フェルミ粒子 G の自己エネルギー部分を，次のように異なった既約グラフ全ての和として表わすことにする．

$$\Sigma = \Sigma_1 + \Sigma_2 + \ldots \tag{3.127}$$

そうすると，次の関係式が得られる．

$$G = G_0 + G_0 \Sigma G \tag{3.128}$$

この式は簡単に証明できる．G に寄与する全てのダイヤグラムを考えてみよう．

```
→─[ G ]─→  =  →─(Σᵢ)─→─(Σⱼ)─→─(Σₖ)─→ ···
          =  →─(Σᵢ)─→─[ G ]─→
```

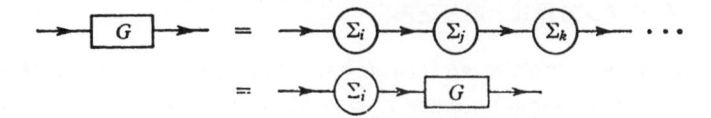

まず G_0 そのものだけが寄与する，自明のケースが考えられる．そうでなければ既約なサブダイヤグラム $\Sigma_i, \Sigma_j, \cdots$ が自由粒子伝播関数 G_0 で直列に繋がっているグラフとなるはずである．ここで一番初めの Σ_i を取り去ってみることを考える．そうすると G_0 に始まり G_0 に終るダイヤグラムが残る——これもまた G を表わすダイヤグラムと見なすことができる．したがって，あらゆる G のダイヤグラムを，既約な Σ のダイヤグラムを他の G に結合して作ることができる．このことは G の総和が，Σ のダイヤグラムの総和と G のダイヤグラムの総和との積を用いて書き直せることを示している．この関係は式 (3.128) に示したダイソン方程式 (Dyson equation) を与える[‡]．

この式が単に図式的なダイヤグラムの関係を示すだけのものではないことに注意しよう．G，G_0，および Σ は粒子の運動量-"エネルギー"変数 $(\mathbf{k}, \mathcal{E})$ を持つ具体的な関数であり，それらの積は S 行列要素の積分の中における，これらの因子同士の通常の乗算を示している．式 (3.128) を解くと，

$$G = (G_0^{-1} - \Sigma)^{-1} \tag{3.129}$$

となる．これに式 (3.114) を用いると次式が得られる．

$$G(\mathbf{k}, \mathcal{E}) = \frac{1}{\mathcal{E} - \mathcal{E}(\mathbf{k}) - \Sigma(\mathbf{k}, \mathcal{E}) + i\delta} \tag{3.130}$$

この結果は簡潔で理解しやすい．"物理的な"フェルミ粒子の伝播関数は，エネルギーが補正を受ける点を除いて，仮想的な"自由な"フェルミ粒子の伝播関数と同じ形をしている．すなわち物理的なフェルミ粒子は次のエネルギーを持つかのように振舞う．

$$\mathcal{E}'(\mathbf{k}) = \mathcal{E}(\mathbf{k}) + \Sigma(\mathbf{k}, \mathcal{E}) \tag{3.131}$$

言い替えると"物理的"粒子の伝播関数 G を，自由粒子伝播関数に倣(なら)って，

$$G(\mathbf{k}, \mathcal{E}) = \frac{1}{\mathcal{E} - \mathcal{E}'(\mathbf{k}) + i\delta} \tag{3.132}$$

[‡](訳註) Σ は通常"既約自己エネルギー [部分]"もしくは"固有 (proper) 自己エネルギー [部分]"と呼ばれる．また単に"自己エネルギー [部分]"と言った場合は Σ を任意の数だけ G_0 で直列に繋いだグラフの総和 Σ' $(G = G_0 + G_0 \Sigma' G_0$ を満たす) を指すことが多い．しかし Σ の方を"自己エネルギー [部分]"と言う場合もあるので注意が必要である．本書では G や G'' を自己エネルギーと称しているが，これは例外的である．

3.10. ダイソン方程式と繰り込み

と書くことができる．$\mathcal{E}'(\mathbf{k})$ は物理的な粒子について実際に"観測される"エネルギーである．

相対論的な計算の場合には，$\mathcal{E}(\mathbf{k})$ は状態 $\mathbf{k}$ にある粒子の質量を計る指標となる．そこで式 (3.131) と等価な次の変換式を考える．

$$m' = m + dm \tag{3.133}$$

このようにすると粒子の質量が事実上 m' であるかのような取扱いが可能となる．このような扱いを自己エネルギーの質量への"繰り込み"と称する．系の他のパラメーター，たとえば電荷についても同様な取扱い方法がある．

ここで再び $\Sigma(\mathbf{k}, \mathcal{E})$ や dm が発散してしまうという問題に戻ろう．我々は，実際の物理的対象を繰り込まれたエネルギーや質量を用いて記述することはできても，"裸の"粒子の性質に対する数式的な記述を持つことができない．

真の問題点はこのような議論を完全に自己無撞着なものにすることである．我々はS行列の全ての項，全ての次数の摂動項で，繰り込まれた質量，繰り込まれた電荷として扱える量を見いだすことが必要である．このようにして発散する項を同定し，それらを系統的に消去する具体的な方法の説明は，本書の議論の範囲を超えるものである．詳細な検討によれば，いくつかの系——代表としては量子電磁力学——においては繰り込みが可能であるが，繰り込みが不可能な系も存在する．おそらく 2.6 節に示した様々な場の相互作用の例が，この違いの理由について示唆を与えている．無限大は結局，収束しない運動量空間内の積分を実行することから生じてきており，形状因子等の場の相互作用の基本的性質に依存している．

もちろん無限大を除去できたとしても，種々の具体的な物理量，たとえばラム・シフト (Lamb shift) を評価するためには，それから先にまた骨の折れる作業が必要である．これには非常に高い次数までの評価が必要で，数値計算は容易なものではない．

トポロジー的な手法の有用性を示す最後の例として，ダイソン方程式の別の表現を与えてみる．これはグラフによって次のように表わされる．

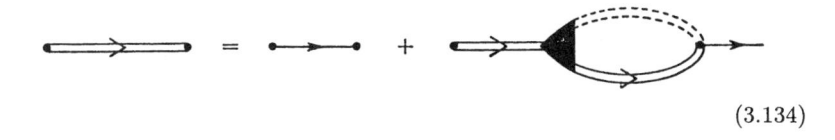

$$\tag{3.134}$$

このように実際のフェルミ粒子を表わすダイヤグラムには，実フェルミ粒子伝播関数と実ボーズ粒子伝播関数が，結節部分で組み合わされて自己エネルギー部分を形成している項が含まれる．この方程式はトポロジー的に式 (3.128) の議論と関係している．

解析的な関係式を，次のように書くことができる．

$$G(\mathbf{k}) = G_0(\mathbf{k}) + G(\mathbf{k}) \int F(\mathbf{k},\mathbf{q}) G(\mathbf{k}-\mathbf{q}) D(\mathbf{q}) \, \mathrm{d}^4 q \, G_0(\mathbf{k}) \tag{3.135}$$

(簡単のため"エネルギー"を運動量の第4成分として表示した．) これは実ボーズ粒子伝播関数 $D(\mathbf{q})$ と結節部分 $F(\mathbf{k},\mathbf{q})$ から $G(\mathbf{k})$ を得ることのできる積分方程式である．また $D(\mathbf{q})$ についても，同じようにボーズ粒子の自己エネルギーを用いたグラフに対応する積分方程式が成立する．残念ながら第3の式として期待される，結節部分をそれ自身と他の伝播関数で簡潔に表わす式はないので，結節部分の評価は順次複雑になっていくダイヤグラムを考えなければならない．しかしフェルミ粒子伝播関数の式 (3.135) と，ボーズ粒子のこれに相当する式は，結節部分 F のダイヤグラムを与えた場合に $G(\mathbf{k})$ と $D(\mathbf{q})$ を求める近似法の基礎になる．これらの関数は積分方程式を解くことにより求まる．この方法は式 (3.127) のように既約ダイヤグラムをいちいち数え上げていくよりもはるかに強力な手段となり得る．

種々のダイソン方程式とブリルアン – ウィグナー展開 (3.20) の類似性に着目すると面白い．式 (3.135) で左辺の伝播関数中にある未知のエネルギー因子は，右辺の積分の中の分母にも現われる．この対比は厳密なものではないが，ブリルアン – ウィグナー級数は通常のレイリー – シュレーディンガー摂動級数の部分和であることが理解できる．ダイヤグラムによる解析を自己無撞着な形式で行うことにより，多くの重要な結果を得ることができる．

第 4 章　グリーン関数

> ... we have our philosophical persons, to make modern and familiar things supernatural and causeless.
>
> All's Well that Ends Well

4.1　密度行列

いかなる量子力学的な系も，宇宙の他の部分に対して真に孤立して存在することは有りえず，他の系との接触を完全には無視できない．しかしそのように外界と接触している状態を正確に定義することはできない．全宇宙のすべての粒子に対する運動方程式を同時に解くことなどできないからである．考察すべき系の境界条件は，統計力学的な観点から不完全な形で与えられるに過ぎないので，すべての波動関数の情報を完全に記述するような理論構成は精緻にすぎて実際的ではない．系が"熱浴"のような他の系と接触してゆらぎを持ち，エネルギーが近似的に定数であるに過ぎない場合，どのように系を扱えばよいのだろうか？　ここで，古典統計力学と類似した集団平均の考え方を導入する必要がある．

力学変数 x で表わされるひとつの系を考え，$A(x)$ をある物理的な観測量(オブザーバブル)に対応する量子力学的演算子とする．状態 $\psi(x)$ における観測量(オブザーバブル)の期待値の平均は次式で与えられる．

$$\langle A \rangle = \int \psi^*(x) A(x) \psi(x) \, dx \tag{4.1}$$

しかしひとつの状態関数 $\psi(x)$ を系の状態とみなすことはできないかも知れない．たとえば観測量(オブザーバブル)が大きな体積を持つ気体中の，ごく一部の領域での観測量に対応している場合，分子は常にその領域を出入りするし，分子同士の衝突も起こる．このようなケースを量子論の枠内で扱うために，対象とする系を孤立系とみなせるような集団――たとえば大きな体積を占める気体全体――に拡張し，系全体の状態をひとつの状態関数に対応させなければならない．このような集団がひと揃いの力学変数(そろ) q を

付け加えることによって記述されるものとしよう．このとき系全体を表わす状態関数 $\Psi(q,x)$ は，確定した境界条件の下で明瞭に定義された波動方程式に従うものと考えられる．観測量(オブザーバブル) $A(x)$ の期待値を評価するには x と q 両方についての積分量である次式を計算しなければならない．

$$\langle A \rangle_{\text{ensemble}} = \iint \Psi^*(q,x) A(x) \Psi(q,x) \, \mathrm{d}x \, \mathrm{d}q \tag{4.2}$$

この量を"集団平均"(ensemble average)と呼ぶことにして，通常の統計力学と同様に，多数の同じ単一粒子系が相互に結合している集団を想定する．

ここで我々が選んだ小さな系の量子力学的観測量(オブザーバブル) $A(x)$ の取扱いを考えてみよう．$A(x)$ の平均化の際の重み関数は式 (4.2) に見られるように，他の変数一式 q に関する積分量によって表わされる．この重み関数を"密度行列"と名付け，次のように定義しよう．

$$\rho(x,x') \equiv \int \Psi^*(q,x') \Psi(q,x) \, \mathrm{d}q \tag{4.3}$$

(代数的な便宜のために，変数の順序を逆にしてある．)

この取り決めにより式 (4.2) は次のように書かれる．

$$\langle A \rangle_{\text{ensemble}} = \int A(x) \rho(x,x) \, \mathrm{d}x \tag{4.4}$$

$A(x)$ が通常の関数の場合にはこの式の意味は明らかであるが，A が演算子の場合には不明瞭となる．一般に観測量(オブザーバブル) A は任意に選んだ力学変数を用いて $A(x',x)$ のような行列表現をすることができる．表示に用いる力学変数は，運動量でも角運動量でも，通常の位置座標でもよい．A の期待値はこの行列表現を用いて次のように計算できる．

$$\begin{aligned}
\langle A \rangle_{\text{ensemble}} &= \iiint \Psi^*(q,x') A(x',x) \Psi(q,x) \, \mathrm{d}x \, \mathrm{d}x' \, \mathrm{d}q \\
&= \iint A(x',x) \rho(x,x') \, \mathrm{d}x \, \mathrm{d}x' \\
&= \int [A\rho]_{x'x'} \, \mathrm{d}x' \\
&= \mathrm{Tr}[A\rho]
\end{aligned} \tag{4.5}$$

行列の積は通常の有限要素の行列積と同様の演算をするものとし，"固有和(トレース)"(trace)も通常どおりに対角要素の総和を意味するものとする．

この式は変数の選び方には無関係に成立する．線形代数の定理によると行列の固有和(トレース)はユニタリー変換について不変であり，他の変数による表示に移行しても固有和(トレース)の値

は保存する．表示に用いる変数を変えると，A や ρ の行列要素は式 (4.5) を正しく保つような形で変更を受ける．密度行列は変数 x が作るヒルベルト空間内の"幾何学的な対象"であるが，その行列要素は表示方法に依存する．表示に用いる変数は問題を扱うために最も便利なものを採用することができる．例えば $\rho(x, x')$ は固有和が 1 のエルミート行列である．

$$\begin{aligned} \mathrm{Tr}[\rho] &= \int \rho(x, x)\,dx \\ &= \iint \Psi^*(q, x)\Psi(q, x)\,dq\,dx \\ &= 1 \end{aligned} \tag{4.6}$$

通常の座標変数表示では，x は 1 粒子の位置座標を表わし，

$$\rho(x, x) = \int |\Psi(q, x)|^2\,dq \tag{4.7}$$

は，集団に属する他の変数に関して平均化を施し，問題の粒子が位置 x において見いだされる確率を表わしたものになる．これは通常のボルン解釈による 1 粒子の存在確率密度である．しかしこの関数は他の観測量（オブザーバブル），例えば運動量のように，座標変数表示ではその演算子が対角化されていない物理量に関する期待値の情報を含まない．密度行列 $\rho(x, x')$ における非対角要素の存在は，状態間の相関やゆらぎがあることを意味している．また集団の構成要素について，我々は密度行列によって与えられる以上のことは知り得ない．密度行列は我々が系の状態について知り得る全てであり，また知る必要のある全てのものを含んでいる．

ディラックの表記法の下では密度行列は"密度演算子"となる．

$$\rho = \sum_{mn} |m\rangle \rho_{mn} \langle n| \tag{4.8}$$

この密度演算子 (エルミート演算子である) 自体の固有状態 $|m\rangle$ を基本状態として用いることにすると，次のように書ける．

$$\rho = \sum_m |m\rangle \rho_m \langle m| \tag{4.9}$$

密度演算子は射影演算子を一般化したものであることが，この式から判る (3.1 節参照)．

この表示を用いると，観測量（オブザーバブル）の集団平均は次のように表わされる．

$$\langle A \rangle_{\mathrm{ensemble}} = \sum_m \rho_m \langle m|A|m\rangle \tag{4.10}$$

系が状態 $|m\rangle$ をとる確率が ρ_m なので，観測量(オブザーバブル) A の期待値はそれぞれの状態からの寄与を単に平均すればよく，異なる状態間の相関を考える必要はない．したがってこの場合，密度行列の固有値が，統計的な分布関数になっている．

各々の ρ_m は確率を表わすので，その値は正でなければならない．式 (4.6) から一般的な公式を導くことができる．

$$\sum_m \rho_m^2 \leq 1 \tag{4.11}$$

これは演算子 ρ^2 の対角要素の和であり，ユニタリー変換に関して不変な量である．したがって一般の表示法の下で密度行列は次式を満足する．

$$\sum_{m=n} \rho_{mn}^2 = \text{Tr}[\rho^2] \leq 1 \tag{4.12}$$

密度行列は系の状態関数を用いて定義されているので，系の波動関数がある特別な形をしている場合にはそれに応じた特定の形をとる．集団の中のそれぞれの構成要素を分離して考えることができるならば，全体の波動関数は変数分離した形で表わすことができる．

$$\Psi(q,x) = \Phi(q)\psi(x) \tag{4.13}$$

$\psi(x)$ を ρ の表示の基本状態 $|0\rangle$ として選ぶことができる．そうすると式 (4.3) に基づいた簡単な議論から密度行列は単なる射影演算子となることが分かる．

$$\rho = |0\rangle\langle 0| \tag{4.14}$$

これは固有値のひとつが $\rho_0 = 1$ であり，他の固有値が全てゼロの対角行列である．このとき式 (4.12) は上限値を与え，ρ は冪等(べきとう)となっている．

$$\text{Tr}[\rho^2] = 1; \quad \rho^2 = \rho \tag{4.15}$$

密度行列がこれらの条件を満足する場合，系は"純粋状態"(pure state) にあると言い，初期条件に関する充分な情報が与えられれば通常の量子力学の法則によってその振舞いを記述できる．このような場合には密度行列表示を用いることによって期待値の計算が単純化され明確になる．ただし密度行列を用いる計算方法は，シュレーディンガー方程式そのものから期待値を導く作業と実質的に何ら違いはない．式 (4.5) に示した表式の利点は，波動関数の位相のような非観測量に煩わされずに，物理的な観測量(オブザーバブル)の評価ができる点にある．

4.2 密度演算子の運動方程式

任意の基本状態系を用いて定義された，式 (4.8) のような密度演算子を考えよう．各基本状態が，式 (3.27) のように時間発展演算子によって変化するものと考える．

$$|m, t\rangle = U(t) |m, 0\rangle \tag{4.16}$$

そうすると密度演算子も時間に依存し，シュレーディンガー表示で次のように表わされる．

$$\begin{aligned}\rho(t) &= \sum_{mn} |m, t\rangle \rho_{mn} \langle n, t| \\ &= \sum_{mn} U(t) |m, 0\rangle \rho_{mn} \langle n, 0| U^*(t) \\ &= U(t) \rho(0) U^*(t)\end{aligned} \tag{4.17}$$

ハイゼンベルク表示の下で，力学変数は式 (3.34) のように時間に依存する．

$$A_\mathrm{H}(t) = U^*(t) A_\mathrm{H}(0) U(t) \tag{4.18}$$

系がハミルトニアン H を用いたシュレーディンガー方程式に従う孤立系であれば，この時間依存性の式は，運動方程式 (3.36) と等価な内容を表わす．

$$i\hbar \frac{\partial A_\mathrm{H}(t)}{\partial t} = [A_\mathrm{H}(t), H] \tag{4.19}$$

式 (4.17) は式 (4.18) と時間発展演算子の順序が異なることに注意すると，同様の議論により次式が得られる．

$$i\hbar \frac{\partial \rho(t)}{\partial t} = [H, \rho(t)] \tag{4.20}$$

これが密度演算子の運動方程式である．式 (4.19) の交換子の順序が式 (4.20) と異なっていることは，ρ が力学変数ではなく一般化された状態関数であり，シュレーディンガー表示による時間依存性を持つことを示している．ハイゼンベルク表示の下では密度演算子はもちろん時間に依存しない．

上記の式は統計力学的な集団平均の理論が成立するようなほとんどの系に適用できる．しかしながら実際にハミルトニアンを集団の構成要素に分割できず，全集団の状態関数の変化だけしか扱えない状況下で，式 (4.3) から運動方程式の厳密な導出を行うことは困難であり，乱雑位相仮定(ランダムフェーズ)や集団平均に関する注意深い議論が必要である．この運動方程式は，位相空間における古典的確率密度の変化を表わすリウヴィル方程式 (Liouville's equation) に相当するものである．

$$\frac{\partial \rho}{\partial t} = -\{\rho, H\} \tag{4.21}$$

ここで { } はポワソン括弧 (Poisson bracket) を表わす．

4.3 正準集団

量子論を統計力学と熱力学に結び付けるために，古典的な正準分布関数に相当する"正準密度行列"(canonical density matrix)を導く．ここで，系が"平衡を保つ"条件，すなわち熱浴から孤立させられても同じ状態を保持するような条件を求めなければならない．この場合，密度演算子が時間変化をしてはならないことは明らかである．式 (4.20) からハミルトニアンとの交換子はゼロとなる．

$$[H, \rho] = 0 \tag{4.22}$$

言い替えると密度演算子は系のハミルトニアンの関数でなければならない．

適切な密度演算子の表式を導く方法は，古典的な統計力学に用いられている一般的な方法と同じである．例えば同じ熱浴に接して等しい温度にある，互いに独立な2つの系を考えてみよう．2つの系を合わせた複合系のハミルトニアンは各々のハミルトニアンの和で表わされるが，一方複合系の密度演算子は各々の系の密度演算子の積(行列積)になる．したがって ρ と H の関係は次のようになる．

$$\rho = \alpha e^{-\beta H} \tag{4.23}$$

α は規格化定数であり，β は熱浴と共有している性質を測る変数である．したがって β は温度 T の関数である．より一般的に複数の種類の粒子または他の構成要素から成る系において，"大正準密度行列"(grand canonical density matrix)を次のように定義できる．

$$\rho = \exp\left(-q + \beta \sum_i n_i \mu_i - \beta H\right) \tag{4.24}$$

q は規格化のための指数であり，n_i, μ_i は i 番面の種類の粒子の個数および化学ポテンシャルである．

古典統計力学との整合性を示すために，基本状態系としてエネルギー固有状態 $|m\rangle$ を用いる．

$$H|m\rangle = \mathcal{E}_m |m\rangle \tag{4.25}$$

このとき ρ は対角行列となり，次の形をとる．

$$\rho = \alpha \sum_m |m\rangle e^{-\beta \mathcal{E}_m} \langle m| \tag{4.26}$$

系がエネルギー $\mathcal{E}_m$ をとる確率 ρ_m は，よく知られたボルツマン因子になっている．

$$\begin{aligned} \rho_m &= \alpha e^{-\beta \mathcal{E}_m} \\ &= \frac{1}{Z} e^{-\mathcal{E}_m/kT} \end{aligned} \tag{4.27}$$

β が $1/kT$ であることは，熱力学的な温度の定義より明らかである．また α は分配関数 Z の逆数である．ここで熱力学的な諸量は改めて量子力学的な意味を与えられることになる．たとえば古典統計力学で，いささか恣意的に分割された各状態への分配確率 p_n で定義されているエントロピーは，次のような一般的な式に書き直される．

$$\begin{aligned} S &= -k \sum_n p_n \ln p_n \quad \text{over classical states} \\ &= -k \sum_n \rho_n \ln \rho_n \quad \text{over eigenstates of } \rho \\ &= -k \mathrm{Tr}[\rho \ln \rho] \end{aligned} \quad (4.28)$$

この表式は ρ の表示には無関係に成立する．エントロピーはこのように純粋に量子力学的な変数となるが，この抽象的な定義量が実際に使えることを確認するためには，熱平衡状態，時間平均と集団平均の等価性，乱雑位相性(ランダムフェーズ)などの諸仮定が満足されることが示されなければならない．

熱力学的な平均を実際に計算する場合，式 (4.23) と時間発展演算子 (3.33)，すなわち，

$$U = e^{-i(t/\hbar)H} \quad (4.29)$$

との類似性がしばしば利用される．

$$\beta = i\tau/\hbar \quad (4.30)$$

と置くことにより温度の逆数を虚時間のように扱うことができ，第3章で議論した摂動展開およびダイヤグラムの手法が流用できる．これは多体系の問題において非常に有用な"温度グリーン関数"の方法である (4.7節参照)．このような扱いは，伝播関数その他の式が解析的で，変数を虚軸方向へ移してもさしたる困難を生じないという事情によって可能となっている．しかしこの方法は直観的な"物理的"解釈に対応させることができず，その高度な数式的技巧は本書が扱うことのできる範囲を超えるものである．

4.4 久保公式

一般の"ボルツマン分布"を表わす密度行列の式 (4.23) および式 (4.24) は，熱平衡系を対象として，平均エネルギー，磁気モーメント，四極子場のゆらぎ等の量を求める際に便利な出発点となる．しかし我々は"外力"が系に及ぼす効果，すなわち系に生じる流れ，熱や電気の伝導，外力への応答などにも関心がある．量子力学の原理に立脚した輸送理論の完全な定式化は微妙な問題を含んでおり非常に難しい．

しかしながら適当な条件下ではオンサーガー (Onsager) の非可逆過程に関する定理を援用して，一般化された熱力学的"力"の下でこれに比例した一般化された熱力学的"流れ"が現われるものとして扱える．たとえば振動数 ω の外部電場 $\mathbf{E}$ は，各成分が次式で表わされるような電流 $\mathbf{j}$ を引き起こす．

$$j_\mu = \sum_\nu \sigma_{\mu\nu}(\omega) E_\nu \tag{4.31}$$

$\sigma_{\mu\nu}(\omega)$ は系の複素導電率テンソルである．オームの法則を一般化したこの式は任意の電界下で正しいわけではないが，電界強度が充分に弱い場合は常に成立する．

このことを示すために，ハミルトニアンが H_0 の平衡系を考えよう．外場がないときの密度演算子は次のようになっている．

$$\rho_0 = \frac{1}{Z} \exp\{-\beta(H_0 - \mu N)\} \tag{4.32}$$

ここに電界による摂動を加える．

$$H'(t) = \mathrm{e}^{\mathrm{i}\omega t}\mathbf{E}\cdot\mathbf{X} \tag{4.33}$$

ここで $\mathbf{X} = \sum_i e\mathbf{x}_{(i)}$ は，対象とする系 (たとえば荷電粒子気体) において，軸 $\mathbf{x}_{(i)}$ 方向の電気分極を表わす一般的な記号である．

密度行列は運動方程式 (4.20) にしたがって時間変化する (簡単のため $\hbar = 1$ とおく)．

$$\mathrm{i}\dot{\rho}(t) = [H_0 + H'(t), \rho(t)] \tag{4.34}$$

問題は相互作用表示における演算子の時間変化の計算 (3.3節) と基本的に同じである．ここでは $H'(t)$ の1次の項だけに関心があるので，密度行列を，

$$\rho(t) = \rho_0 + \Delta\rho(t) \tag{4.35}$$

のように書き，$[H'(t), \Delta\rho]$ のような項を無視することにする．この次数では (すなわち印加された場による1次摂動の範囲では) 運動方程式 (4.34) は次のようになる．

$$\mathrm{i}\Delta\dot{\rho} \approx [H_0, \Delta\rho(t)] + [H'(t), \rho_0] \tag{4.36}$$

第2項が $\Delta\rho(t)$ に不均一な時間変化を与える項である．解は次のように書ける．

$$\Delta\rho(t) = -\mathrm{i}\int_{-\infty}^{t} \mathrm{e}^{-\mathrm{i}H_0(t-t')}[H'(t'), \rho_0]\mathrm{e}^{\mathrm{i}H_0(t-t')}\mathrm{d}t' \tag{4.37}$$

この無限の過去からの積分を適正に収束させるために，式 (4.33) の ω が式 (3.60) と同様に微小な虚部を持つことを仮定しなければならない．我々が求めたいのは時刻 t

4.4. 久保公式

における電流密度演算子の成分 j_μ の平均値である.これは式 (4.5) を用いて次のように表わされる.

$$\langle j_\mu(t) \rangle = \mathrm{Tr}[(\rho_0 + \Delta\rho)j_\mu]$$
$$= \mathrm{Tr}[\Delta\rho(t)j_\mu] \qquad (4.38)$$

平衡状態 ρ_0 での電流成分の平均はゼロとした.

非摂動ハミルトニアン H_0 を用いて,電流密度演算子の相互作用表示を導入すると便利である.

$$j_\mu(t) = \mathrm{e}^{-\mathrm{i}H_0 t} j_\mu \mathrm{e}^{\mathrm{i}H_0 t} \qquad (4.39)$$

式の運用の過程で $\mathrm{Tr}(AB) = \mathrm{Tr}(BA)$ の関係を用い,時刻基準の選び直しを行った.最終的に,

$$\langle j_\mu(t) \rangle = -\mathrm{i}\mathrm{Tr}\int_{-\infty}^{t} \mathrm{e}^{-\mathrm{i}H_0(t-t')}[\mathbf{E}\cdot\mathbf{X}, \rho_0]\mathrm{e}^{\mathrm{i}H_0(t-t')}\mathrm{e}^{\mathrm{i}\omega t'} j_\mu \mathrm{d}t'$$
$$= -\mathrm{i}\mathrm{Tr}\int_{-\infty}^{t} [\mathbf{X}, \rho_0] j_\mu(t-t') \mathrm{e}^{\mathrm{i}\omega t'} \mathrm{d}t' \cdot \mathbf{E} \qquad (4.40)$$

となり,式 (4.31) の複素導電率テンソルとして次式が得られる.

$$\sigma_{\mu\nu}(\omega) = \mathrm{i}\mathrm{Tr}\int_{0}^{\infty} [X_\nu, \rho_0] j_\mu(t') \mathrm{e}^{-\mathrm{i}\omega t'} \mathrm{d}t' \qquad (4.41)$$

この公式は既に明瞭な形をしているが,式 (4.30) のように温度の逆数を"虚時間"として扱う方法によって,より簡潔で見通しのよい形に書き直すことができる.任意の演算子 A について,補助変数 λ の微分を行うことにより,次の恒等式が得られる.

$$\frac{\mathrm{d}}{\mathrm{d}\lambda}\left\{\mathrm{e}^{\lambda H_0}[A, \mathrm{e}^{-\lambda H_0}]\right\} = H_0 \mathrm{e}^{\lambda H_0} A \mathrm{e}^{-\lambda H_0} - \mathrm{e}^{\lambda H_0} A \mathrm{e}^{-\lambda H_0} H_0$$
$$= [H_0, A(-\mathrm{i}\lambda)]$$
$$= -\mathrm{i}\dot{A}(-\mathrm{i}\lambda) \qquad (4.42)$$

ここで $\dot{A}(z)$ は式 (3.36) や式 (4.39) のような形式で定義された相互作用表示演算子の,一般化時間 (複素時間) z に関する変化率を表わしている.ここで積分上限を β として λ に関する積分を行い,平衡状態の密度行列 ρ_0 の定義式 (4.32) を用いると,次式が得られる.

$$[A, \rho_0] = -\mathrm{i}\rho_0 \int_{0}^{\beta} \dot{A}(-\mathrm{i}\lambda) \mathrm{d}\lambda \qquad (4.43)$$

式 (4.41) で用いられている演算子 X_ν は電気分極の成分であり，その時間微分は電流密度になる．

$$\dot{X}_\nu = \sum_i e\dot{x}_{(i)\nu} = j_\nu \tag{4.44}$$

このようにして，式 (4.41) の代わりに，電流成分だけを用いた複素導電率の表式を得る．

$$\sigma_{\mu\nu}(\omega) = \mathrm{Tr} \int_0^\infty dt' e^{-i\omega t'} \int_0^\beta \rho_0 j_\nu(-i\lambda) j_\mu(t') d\lambda \tag{4.45}$$

固有和演算(トレース)は時刻基準を変更してから λ に関する積分を実行しても影響を受けない．解析的な便宜のため $t = t' + i\lambda$ とおいて，次式を得る．

$$\begin{aligned}
\sigma_{\mu\nu}(\omega) &= \mathrm{Tr} \int_0^\infty dt' \int_0^\beta d\lambda \rho_0 j_\nu(t'+i\lambda) j_\mu(0) e^{-i\omega(t'+i\lambda)} e^{-\omega\lambda} \\
&= \frac{1}{2} \mathrm{Tr} \int_{-\infty+i\lambda}^{\infty+i\lambda} \rho_0 j_\nu(t) j_\mu(0) e^{-i\omega t} dt \int_0^\beta e^{-\omega\lambda} d\lambda \\
&= \frac{(1-e^{-\beta\omega})}{2\omega} \int_{-\infty}^\infty \langle j_\nu(t) j_\mu(0) \rangle e^{-i\omega t} dt
\end{aligned} \tag{4.46}$$

電流演算子の積は平衡集団 ρ_0 で平均化されている．

　上記の典型的な"久保公式"の導出によって，密度行列が物理的関係式の理論的な構築や一般的な定理の証明の際にきわめて有用であることが分かる．我々は導電率という物理量が，非摂動系の量子力学的な記述に既に含まれていることを見て取ることができる．弱い電場の印加は単に平衡状態における電流ゆらぎの時間相関をあらわにするに過ぎない．時間反転(磁場の反転)操作をするとテンソル添字が入れ替わるので，有名な非可逆過程におけるオンサーガーの相反定理を導くことができる．久保公式は他の多くの線形応答係数，輸送係数，一般的な感受率などにも適用されている．

　しかしながら上記のような公式が実際の輸送係数の計算のための最もよい出発点ではない場合も有りうる．金属電子系において等方的な緩和よりも単純な散乱過程が支配的ならば，式 (4.46) はボルツマン方程式から導かれる準古典的な Chambers の公式になる．しかし散乱緩和過程が複雑な場合は ρ_0 から簡単に導電率を導き出せるものではなく，基本的には電流成分がほとんど対角化されるような表示を見いだして，単純な運動方程式を導くほうが役に立つ．密度行列の美点はその数式的な普遍性にあり，必ずしも実際上の計算を簡略化するものではない．

4.5　1粒子グリーン関数

密度行列は一般的なヒルベルト空間内の演算子である．たとえば N 粒子系の密度行列は $6N$ 個の変数分の空間で定義される．しかし現実的には，ごく少数の引き数を持つ関数しか扱えない．大きな系の中にあるひとつの粒子を扱うために，次のような"1粒子密度行列"を書いてみる．

$$\rho(\mathbf{r},\mathbf{r}') = \iint \ldots \Psi^*(\mathbf{r},\mathbf{r}_1,\mathbf{r}_2,\ldots)\Psi(\mathbf{r}',\mathbf{r}_1,\mathbf{r}_2,\ldots)\mathrm{d}^3 r_1 \mathrm{d}^3 r_2 \ldots \quad (4.47)$$

この関数は系の中のひとつの"識別可能な"粒子の状態を記述しているように見える．しかし実際に知りたいのは，個々の粒子が識別できない同種粒子系の平均的性質である．気体の密度を測定するときには，特定の分子の動きを追跡する必要はなく，どの分子にせよ近くに分子があるかどうかの確率だけが問題となる．

完全な対称波動関数もしくは反対称波動関数を導入して，固有和(トレース)を計算するため全粒子の座標に関して総和を取るような手間のかかる方法よりも，むしろここでは第二量子化の手法を利用する．既に示したように (1.11節，2.3節) 演算子 $\psi^*(\mathbf{r})\psi(\mathbf{r})$ は ψ-場の位置 $\mathbf{r}$ における粒子数密度 (ボーズ粒子でもフェルミ粒子でもよい) を表わす．

$$\langle\,|\psi^*(\mathbf{r})\psi(\mathbf{r})|\,\rangle = \rho(\mathbf{r}) \quad (4.48)$$

は系の任意の状態を表わす．ここで演算子を拡張し，多粒子波動関数に対する，一般化された密度演算子を考える．

$$\psi^*(\mathbf{r}')\psi(\mathbf{r}) \quad (4.49)$$

この演算子に対応して，状態 $|\,\rangle$ における"1粒子密度行列"

$$\rho(\mathbf{r},\mathbf{r}') = \langle\,|\psi^*(\mathbf{r}')\psi(\mathbf{r})|\,\rangle \quad (4.50)$$

が定義される．

式 (4.50) の密度行列が，1粒子演算子の集団平均を算出する式 (4.5) へ適用できるものであることは容易に証明できる．このとき1粒子演算子は位置 $\mathbf{r}$ において1度に1粒子だけに作用するが，系全体に含まれる膨大な数の粒子の中で，どの粒子に作用しているかは全く問わない．

原理的には多粒子系が実現している状態関数を考えてから式 (4.50) を計算しても，各状態に関する計算をしてからそれらを統計的に混合しても同じことである．有限温度で平衡状態にある系に関しては，後者のほうが簡便である．正準密度行列 (4.23) からの類推で，1粒子密度行列は次のように書ける．

$$\rho(\mathbf{r},\mathbf{r}') \propto \mathrm{Tr}\left\{\mathrm{e}^{-\beta H}\psi^*(\mathbf{r}')\psi(\mathbf{r})\right\} \quad (4.51)$$

H は系のハミルトニアンであり，固有和計算(トレース)は系が取りうる全ての状態にわたって行う．しかしながらここから先は，主として式 (4.50) に類似した表現を利用する．ここでは系が絶対零度の基底状態にあるか，もしくは有限温度における励起の集団を含んだ状態を記述する方法が別途用意されていて，状態 $|\ \rangle$ が既知のものと仮定する．

第 3 章で見たように，場の演算子が時間に依存しないシュレーディンガー表示の制約を離れることで，数式運用上の大きな利点が得られる．式 (4.50) を計算するにあたり，3.2-3.3 節のようにハイゼンベルク表示もしくは相互作用表示を採用し，演算子 $\psi(\mathbf{r}), \psi^*(\mathbf{r}')$ が時間に依存するものとする．理由はすぐに明らかになるが，空間座標 $\mathbf{r}, \mathbf{r}'$ それぞれに対して別々の時刻 t, t' をあてがうと都合がよい．そして最後に t' を t に一致させて時刻 t における密度行列 $\rho(\mathbf{r}, \mathbf{r}')$ を得る．

$$\rho(\mathbf{r}, t; \mathbf{r}', t) = \langle\ |\psi^*(\mathbf{r}', t)\psi(\mathbf{r}, t)|\ \rangle \tag{4.52}$$

この表式はすでに馴染みの深いものに見えるはずである．S 行列のダイヤグラム法による展開の際に定義した自由粒子伝播関数を思い出そう (3.6 節)．

$$\begin{aligned} G_0(x - x') &\equiv i\overline{\psi^*(x)\psi(x')} \\ &\equiv i\langle 0|T\{\psi^*(x)\psi(x')\}|0\rangle \end{aligned} \tag{4.53}$$

この表式で x は空間座標と時間座標を合わせた 4 成分座標であり，$|0\rangle$ は仮想的に想定された相互作用のない系の基底状態である．記号 T はもちろんウィックの時間順序積 (3.95) を表す．すなわち，

$$T\{\psi^*(\mathbf{r}, t)\psi(\mathbf{r}', t')\} = \begin{cases} \psi^*(\mathbf{r}, t)\psi(\mathbf{r}', t') & \text{if}\quad t > t' \\ (-1)^P \psi(\mathbf{r}', t')\psi^*(\mathbf{r}, t) & \text{if}\quad t < t' \end{cases} \tag{4.54}$$

である．P は時間順序を正す際のフェルミ粒子演算子の置換回数である．

伝播関数は明らかに位置 $\mathbf{r}'$，時刻 t' において粒子をひとつ消滅させ，これより後の時刻 t に位置 $\mathbf{r}$ で粒子をひとつ生成する作用を持つ．あるいはもし t のほうが先であれば，位置 $\mathbf{r}$，時刻 t において粒子を生成 (正孔を消滅) させ，位置 $\mathbf{r}'$，時刻 t' において粒子を消滅 (正孔を生成) させる．すなわち伝播関数は 2 種類あるうちのひとつの励起を後の時刻の別の時空点へ移す効果を持つ．符号因子はフェルミ粒子の反交換関係を反映し，演算子の交換の際に符号を変える．

式 (4.53) において，状態ベクトルを必ずしも基底状態のものとせず，任意の状態についての期待値の形へと一般化することにして "1 粒子グリーン関数" を次のように定義する．本章の残りの部分はすべてこの関数に関する議論に充てる．

$$G(\mathbf{r}, t; \mathbf{r}', t') \equiv -i\langle\ |T\{\psi_H(\mathbf{r}, t)\psi_H^*(\mathbf{r}', t')\}|\ \rangle \tag{4.55}$$

自由フェルミ粒子気体が基底状態にある場合，この関数は引き数の順序の違いを除き伝播関数 (4.53) と同じものになる．

$$G(\mathbf{r}, t; \mathbf{r}', t') \to G_0(x' - x) \tag{4.56}$$

密度行列との関係は容易に得られる．時刻 t において式 (4.50) を考えると，

$$\begin{aligned}
\rho(\mathbf{r}, \mathbf{r}') &= \langle \,|\psi^*(\mathbf{r}', t)\psi(\mathbf{r}, t)|\, \rangle \\
&= -\langle \,|T\{\psi(\mathbf{r}, t)\psi^*(\mathbf{r}', t_+)\}|\, \rangle \\
&= -\mathrm{i} G(\mathbf{r}, t; \mathbf{r}', t_+) \tag{4.57}
\end{aligned}$$

となる．ここで $t_+ = t + \delta t$ で，t から無限小時間経過した後の時刻である．1粒子グリーン関数が求まると，そこから1粒子密度行列が得られるので，1粒子観測量(オブザーバブル)の集団平均値が全て分かることになる．

上記のようにして集団平均を求める際には，G の計算に用いる一般の状態 $|\,\rangle$ (たとえば相互作用している電子系が"熱的に"大きく励起された状態) を求めることが必要となるように思われる．しかし後から示すように S 行列のダイヤグラム展開が (無限級数の形であるにせよ) グリーン関数の計算を容易にしてくれるので，系の熱力学的な性質を導くための多くの退屈な代数的手続きを回避することができる．これがグリーン関数法が多粒子系の理論や量子統計の諸問題において重要になる理由である．

4.6 エネルギー - 運動量表示

空間座標と時間座標の組を2組持つグリーン関数は数式的な取扱いが面倒であり，系の対称性を利用して関数形を簡単にすることが重要である．多くの場合，系が空間的にも時間的にも一様であるとして扱うことができる．$\mathbf{r}$ および t に関する並進対称性が保証された系においては，グリーン関数は相対座標だけに依存する形になる．

$$\begin{aligned}
G(\mathbf{r}', t'; \mathbf{r}'', t'') &= G(\mathbf{r}' - \mathbf{r}'', t' - t''; 0, 0) \\
&\equiv G(\mathbf{r}' - \mathbf{r}'', t' - t'') \tag{4.58}
\end{aligned}$$

この関数の空間と時間に関するフーリエ変換を次のように定義できる．

$$G(\mathbf{k}, \omega) = \iint G(\mathbf{r}, t) \mathrm{e}^{-\mathrm{i}\mathbf{k}\cdot\mathbf{r}} \mathrm{e}^{\mathrm{i}\omega t} \mathrm{d}^3 r\, \mathrm{d}t \tag{4.59}$$

我々は既に"裸の真空"$|0\rangle$ における自由粒子伝播関数について，このフーリエ変換を行っていることを思い出そう．式 (3.113) で示してあるように，

$$G_0(x' - x) = \frac{1}{(2\pi)^4} \iint \frac{\mathrm{e}^{-\mathrm{i}\{\mathbf{k}\cdot(\mathbf{r}' - \mathbf{r}) - \Omega(t' - t)\}}}{\Omega - \mathcal{E}_0(\mathbf{k}) + \mathrm{i}\delta} \mathrm{d}^3 k\, \mathrm{d}\Omega \tag{4.60}$$

である．δ は正の微小量であり $\mathcal{E}_0(\mathbf{k})$ はフェルミ面から測った粒子のエネルギーである．したがって自由粒子グリーン関数のエネルギー－運動量表示は次のようになる．

$$G_0(\mathbf{k},\omega) = \frac{1}{\omega - \mathcal{E}_0(\mathbf{k}) + \mathrm{i}\delta} \tag{4.61}$$

この表式は特徴的な結果を与えている．このグリーン関数はエネルギー変数 ω に関する極を，

$$\omega = \mathcal{E}_0(\mathbf{k}) - \mathrm{i}\delta \tag{4.62}$$

において持つ．これは運動量 $\mathbf{k}$ の実励起のエネルギーである．粒子が強く相互作用する複雑な系の真のグリーン関数も，式 (4.61) からの類推で次のように書けるものとしてみよう．

$$G(\mathbf{k},\omega) = \frac{1}{\omega - \varepsilon(\mathbf{k}) + \mathrm{i}\delta} \tag{4.63}$$

系は下記のエネルギー－運動量の関係を持つ"準粒子"の集団のように扱うことができる．

$$\mathcal{E}(\mathbf{k}) = \varepsilon(\mathbf{k}) \tag{4.64}$$

したがって系のグリーン関数 (4.63) を $\varepsilon(\mathbf{k})$ の関数形を明確にして表わすことができれば，系の諸性質を調べることができる．

δ が充分に小さいならば (もちろんこれは式 (4.61) において仮定されている)，式 (4.63) は次のように書ける．

$$G(\mathbf{k},\omega) = \mathcal{P}\left\{\frac{1}{\omega - \varepsilon(\mathbf{k})}\right\} - \mathrm{i}\pi\delta\{\omega - \varepsilon(\mathbf{k})\} \tag{4.65}$$

我々が $G(\mathbf{k},\omega)$ を用いる時には，必ず何らかの関数 $f(\omega)$ と掛け合わせて 0 から ∞ まで積分をとることになる．積分は実軸に沿って行われ，主値 (記号 $\mathcal{P}$ で表記) による実部への寄与の他に，虚部への寄与も生じる．後者は $\delta \to 0$ の極限では，極における $f(\omega)$ の値の $\mathrm{i}\pi$ 倍になるので，被積分関数は $f(\omega)$ にデルタ関数と $\mathrm{i}\pi$ を掛けた形で表される．このことは次のようにも書ける．

$$\mathrm{Im}G(\mathbf{k},\omega) = -\pi\mathcal{N}(\mathbf{k},\omega) \tag{4.66}$$

言い替えると，グリーン関数の虚部は"エネルギー ω，運動量 $\mathbf{k}$ の状態密度"を与える．これは一般的なレーマンのスペクトル表示 (Lehmann spectral representation) に直接関係している式で，ある種の理論のための便利な出発点となる．しかし縮退フェルミ粒子気体の中の"正孔的な"励起を扱う場合にはもう少し詳細な議論が必要となる．ある意味で式 (4.66) に示したグリーン関数の性質は自明のものである．こ

4.6. エネルギー – 運動量表示

れは式 (4.57) と式 (4.58) から導かれるように，波動関数の相関関数をフーリエ変換したものである．

$$\rho(\mathbf{r},t;0,0) = -\mathrm{i}G(\mathbf{r},t) \tag{4.67}$$

$\mathbf{r}$ および t をゼロにすると式 (4.7) の平均粒子密度になる．

式 (4.63) の分母の虚数部分が無限小でない場合，何を意味するであろうか？ 例えば計算結果が次の形になったと仮定しよう．

$$G(\mathbf{k},\omega) = \frac{A(\mathbf{k})}{\omega - \varepsilon(\mathbf{k}) + \mathrm{i}\Gamma(\mathbf{k})} \tag{4.68}$$

$\Gamma(\mathbf{k})$ は明確に定義された正値の関数であり，エネルギー (時間の逆数) の次元を持つ．グリーン関数の運動量-時刻表示は，フーリエ逆変換によって与えられる．

$$\begin{aligned}
G(\mathbf{k},t) &= \frac{1}{2\pi}\int G(\mathbf{k},\omega)\mathrm{e}^{-\mathrm{i}\omega t}\mathrm{d}\omega \\
&= \frac{1}{2\pi}\int_{-\infty}^{\infty}\frac{A(\mathbf{k})}{\omega - \varepsilon(\mathbf{k}) + \mathrm{i}\Gamma(\mathbf{k})}\mathrm{e}^{-\mathrm{i}\omega t}\mathrm{d}\omega
\end{aligned} \tag{4.69}$$

$t<0$ の場合，この積分は積分路を ω-平面の上半面で閉じて評価することができる．上半面に極は存在しないので積分値はゼロになる．このことはここで扱っているグリーン関数が"遅延グリーン関数"と呼ばれるタイプのものであることを示している (4.10節参照)．一方 $t>0$ の場合，積分路は下半面で閉じなければならず，極のところで留数を生じる．

$$G(\mathbf{k},t) = \mathrm{i}A(\mathbf{k})\mathrm{e}^{-\mathrm{i}\varepsilon(\mathbf{k})t}\mathrm{e}^{-\Gamma(\mathbf{k})t} \tag{4.70}$$

このように式 (4.68) における有限の因子 Γ は，系の素励起の寿命が有限であり，時定数 $\Gamma(\mathbf{k})^{-1}$ で減衰することを示している．また Γ は遷移過程の際のエネルギーの選択則を不明瞭にしてしまうので，励起状態の"エネルギー幅"を意味すると考えることもできる．このとき状態が"複素エネルギー" $\varepsilon(\mathbf{k}) - \mathrm{i}\Gamma(\mathbf{k})$ を持つと称することにする．もちろん虚部が大きすぎる場合には励起スペクトルに準粒子の描像をあてはめることは困難であり，急速に減衰するグリーン関数 (4.70) から波束成分を取り出すことにあまり意味はない．

グリーン関数の解析的な性質に関しては，多くの本で詳細に扱われている．たとえば因果性の条件は実部と虚部のエネルギー分散の関係式で表わすことができる．ここでは簡単のため正のフェルミ粒子状態に議論を限定したが，"正孔 (空孔)"の理論も全く同様に扱える．ボーズ粒子の場合についてもグリーン関数の理論を同様に構築することができる．ただし諸量の定義や関数の呼び方は必ずしも統一されておらず，符

号の付け方なども文献によってまちまちなので注意を要する．一般の文献を見る際には，各々の著者が採用した用法を，そのつど注意深く見ておく必要がある．

運動量表示を適用できるのは気体や液体のような一様な系だけであるが，G の表示のための適切な基本関数系が設定できれば，一様な系でなくとも同様の扱いができる．完全結晶を扱う場合はブロッホ関数もしくはワニエ関数 (Wannier function) を用い，原子や核子を扱う場合は球面調和関数を用いることになる．何れの場合においても式 (4.68) の分母に見られるような複素エネルギーが準定常な励起状態を表わすことにかわりはない．

4.7 グリーン関数の計算

グリーン関数の便利な点は，S行列を用いた摂動論によって計算できることである．1粒子密度行列を評価するための"摂動を受けた"状態 $|\Psi\rangle$ を想定し，3.5節のようにこれが非摂動の基底状態 $|\Psi_0\rangle$ に S 行列を作用させて得られるものとしよう．

$$|\Psi\rangle = S|\Psi_0\rangle \tag{4.71}$$

グリーン関数の定義 (4.55) より次式を得る[§]．

$$\begin{aligned}G(\mathbf{r},t;\mathbf{r}',t') &\equiv -i\langle\Psi|T\{\psi_{\mathrm{H}}(x)\psi_{\mathrm{H}}^{*}(x')\}|\Psi\rangle \\ &= -i\langle\Psi_0|S^*T\{\psi(x)\psi^*(x')\}S|\Psi_0\rangle \\ &= -i\langle\Psi_0|S^*|\Psi_0\rangle\langle\Psi_0|T\{\psi(x)\psi^*(x')\}S|\Psi_0\rangle \\ &= -i\frac{\langle\Psi_0|T\{\psi(x)\psi^*(x')\}S|\Psi_0\rangle}{\langle\Psi_0|S|\Psi_0\rangle}\end{aligned} \tag{4.72}$$

右辺の式変形には S 行列のユニタリー性と基底状態の性質 (非縮退性) を用いている．

式 (4.72) の最後の行の分子について，連結グラフと非連結グラフからの寄与を詳細に考察すると，次のように因数分解できることが分かる．

$$\langle\Psi_0|T\{\psi(x)\psi^*(x')\}S|\Psi_0\rangle = \langle\Psi_0|T\{\psi(x)\psi^*(x')\}S|\Psi_0\rangle_{\mathrm{C}}\langle\Psi_0|S|\Psi_0\rangle \tag{4.73}$$

記号 $\langle\ \rangle_{\mathrm{C}}$ は連結グラフの寄与だけを計算することを意味する．非連結グラフからの寄与の部分は，ちょうど分母にある S 行列の真空期待値と一致するので，グリーン関

[§](訳註) 式 (4.72) の導出に必要な正しい関係式は，本当は式 (4.71) ではなく，$|\Psi\rangle = U(0,-\infty)|\Psi_0\rangle / \langle\Psi_0|U(0,-\infty)|\Psi_0\rangle$ と，$\psi_{\mathrm{H}}(t) = U(0,t)\psi_{\mathrm{I}}(t)U(t,0)$ である．たとえば文献 [C4] 参照．

数の表式は最終的に次のように書ける[†].

$$G(\mathbf{r},t;\mathbf{r}',t') = -\mathrm{i}\langle\Psi_0|T\{\psi(x)\psi^*(x')\}S|\Psi_0\rangle_\mathrm{C} \qquad (4.74)$$

演算子の組み合わせ $T\{\psi(x)\psi^*(x')\}$ はもちろん自由粒子伝播関数 G_0 を与える．S行列はグラフにおいて，自由粒子伝播関数の線の中に，全ての可能な連結部分を導入する．

$$G = \longrightarrow + \longrightarrow\!\!\bigcirc\!\!\longrightarrow + \longrightarrow\!\!\bigcirc\!\!\longrightarrow + \cdots \qquad (4.75)$$

これは 3.10 節で示した，既約および可約な自己エネルギー部分を用いた連結グラフの展開と同じものであり，式 (3.128) で与えたダイソン方程式が再び得られることになる．

$$G = G_0 + G_0 \Sigma G \qquad (4.76)$$

言い替えると1粒子グリーン関数は，修正された伝播関数 (3.130) と同じものであり，エネルギー－運動量表示で次のようになっている．

$$G(\mathbf{k},\omega) = \frac{1}{\omega - \mathcal{E}_0(\mathbf{k}) - \Sigma(\mathbf{k},\omega) + \mathrm{i}\delta} \qquad (4.77)$$

既に議論したように，この表式は粒子の見かけのエネルギーが，補正項 $\Sigma(\mathbf{k},\omega)$ の修正を受けたものと解釈することができる．また式 (4.70) から Σ の虚部は励起の寿命もしくはエネルギー幅と解釈できる．もちろんこの結果は単なる表式であり，実際に Σ を評価するためには，全ての既約ダイヤグラムの寄与を計算しなければならない．

しかしながらこの式は多体系の理論におけるグリーン関数形式の有用性の本質を表わしている．ダイヤグラム法によって補正された修正グリーン関数は，1粒子密度行列と関係づけることができ，その系における1粒子の観測量に関する情報を与えるこ

[†](訳註) 原著では式 (4.73) に $|\Psi_\mathrm{initial}\rangle = S_\mathrm{vacuum}|\Psi_0\rangle$ を充てて"このように物理的真空を再定義すると，式 (4.74) が得られる"としてあるが，論旨が不明瞭なので，この部分の記述は文献 [C1] に基づいて修正した．本文中に示した式 (4.73) は 3.9 節の式 (3.122) と等価なものである．S行列の真空期待値 $\langle\Psi_0|S|\Psi_0\rangle$ は絶対値が1の位相因子で，真空偏極 (vacuum polarization) と呼ばれる．文献によっては $S/\langle\Psi_0|S|\Psi_0\rangle$ を改めて S と定義している場合もあるが，この場合，式 (4.74) は単に $G(\mathbf{r},t;\mathbf{r}',t) = -\mathrm{i}\langle\Psi_0|T\{\psi(x)\psi^*(x')\}S|\Psi_0\rangle$ と表記されることになる．何れにしても連結グラフの寄与だけを計算することにかわりはない．

とができる．G の計算の方法が摂動展開法であれ他の方法であれ，このことが我々の計算の目的である．

上記の議論は系の基底状態に関するものである．G と G_0 の違いは相互作用に依存するもので，粒子の"ゼロ点エネルギー"が修正される．しかし既に指摘したように，温度 $T \neq 0$ での平衡状態の密度行列は，時間発展演算子 (4.29) において虚時間 $t = i\tau$ を導入し，0 から i/kT まで値を変えるものとして導くことができる．これは"温度グリーン関数"の定義を与える．

$$G(\mathbf{r},\tau;\mathbf{r}',\tau') \equiv -i\langle\,|\,T_\tau\{\psi(\mathbf{r},\tau)\psi^*(\mathbf{r}',\tau')\}\,|\,\rangle \tag{4.78}$$

$$\psi(\mathbf{r},\tau) = e^{(H-\mu N)\tau}\psi(\mathbf{r})e^{-(H-\mu N)\tau} \tag{4.79}$$

読者は 4.3 節および 4.4 節の議論からの類推で，上記のグリーン関数が大正準密度行列 (4.24) もしくは (4.51) を導くための解析的基礎になることが理解できるであろう．

主要な点は，形式的に定義された上記の関数が，$T = 0$ の場合とほとんど同様なダイヤグラムによる計算の手続きを与えることである．3.7 節および 3.10 節の議論のように，温度グリーン関数も級数展開して，各項をトポロジー的に異なるダイヤグラムに対応させることができる．しかしここで現われる様々な"伝播関数"は解析的にさほど単純な形で表わすことができず，計算は更に複雑なものになる．ここでもこの分野に関する専門書を執筆する各々の著者が，それぞれ独自に諸量を定義していることが，初学者の理解を阻むひとつの原因となっている．

4.8　2粒子グリーン関数

我々は密度行列を求める手段としてグリーン関数を導入した．しかしもちろん 1 粒子密度行列 (4.50) は量子力学的な観測量(オブザーバブル)の集団平均の問題のうち，最も単純な部分に関する情報を与えるに過ぎない．ここで粒子間の平均相互作用エネルギーのような，2粒子に同時に関係するような性質に関心を向けることにしよう．この場合，次の"2粒子密度行列"を求める必要がある．

$$\begin{aligned}&\rho(\mathbf{r}_1,\mathbf{r}_2;\mathbf{r}_1',\mathbf{r}_2')\\&=\int\ldots\int\Psi^*(\mathbf{r}_1,\mathbf{r}_2,\mathbf{r}_3,\ldots,\mathbf{r}_n)\Psi(\mathbf{r}_1',\mathbf{r}_2',\mathbf{r}_3,\ldots,\mathbf{r}_n)\,\mathrm{d}^3r_3\,\mathrm{d}^3r_4\ldots\mathrm{d}^3r_n\end{aligned} \tag{4.80}$$

この表式は密度行列の一般式 (4.3) において，抽象座標 x に 2 つの粒子の位置ベクトル $\mathbf{r}_1$ と $\mathbf{r}_2$ の 6 成分を持たせたものである．

4.8. 2粒子グリーン関数

識別不可能な粒子の系を扱う場合，必然的に第二量子化の記述法を採用することになる．2粒子密度行列は式 (4.50) と同様に，

$$\rho(\mathbf{r}_1, \mathbf{r}_2; \mathbf{r}_1', \mathbf{r}_2') = \langle\,|\psi^*(\mathbf{r}_1')\psi^*(\mathbf{r}_2')\psi(\mathbf{r}_2)\psi(\mathbf{r}_1)|\,\rangle \tag{4.81}$$

と定義される．ここで式 (4.52) と同じように時刻変数を導入し，これと対応する"2粒子グリーン関数"を次のように定義する．

$$K(1234) \equiv \langle\,|T\{\psi_H(\mathbf{r}_1,t_1)\psi_H(\mathbf{r}_2,t_2)\psi_H^*(\mathbf{r}_3,t_3)\psi_H^*(\mathbf{r}_4,t_4)\}|\,\rangle \tag{4.82}$$

演算子積は T によって時間順序化される．この表式は1粒子グリーン関数 (4.55) を一般化したものになっている．2粒子グリーン関数は4組の時空座標変数を持つが，2粒子のそれぞれの時空点からの伝播を記述している．時空が一様な場合は相対座標のみが結果的に意味を持つ．

ある特例の場合，上記の表式は明瞭な意味を持つ．$\mathbf{r}_3 = \mathbf{r}_1$，$\mathbf{r}_4 = \mathbf{r}_2$ とし，全時刻変数を適切な順序を保ったままほとんど同時刻にすると，$\mathbf{r}_1$ と $\mathbf{r}_2$ において粒子を見いだす確率を与える．

$$\begin{aligned} K(1212) &\to \rho(\mathbf{r}_1, \mathbf{r}_2; \mathbf{r}_1, \mathbf{r}_2) \\ &= \int\cdots\int |\Psi(\mathbf{r}_1,\mathbf{r}_2,\mathbf{r}_3,\ldots,\mathbf{r}_n)|^2\,d^3r_3\ldots d^3r_n \\ &= P(\mathbf{r}_1, \mathbf{r}_2) \end{aligned} \tag{4.83}$$

これは液体や気体に関する古典統計力学で"動径分布関数"と呼ばれているものに相当する．

均一な系では $\mathbf{r} = \mathbf{r}_1 - \mathbf{r}_2$ とおき，相対時刻を用いることができる．下記の"相関関数"，

$$\bar{S}(\mathbf{r},t) = K(\mathbf{r},t;0,0;0,\delta;\mathbf{r},t+\delta) \tag{4.84}$$

は，ひとつの粒子が時刻 0 に原点にある場合に，時刻 t に位置 $\mathbf{r}$ において粒子を見いだす確率を与える．この関数は一般に観測される重要な性質を表わしており，気体，液体および固体による中性子散乱や X 線回折の特性がこの相関関数によって決まる．この関数のフーリエ変換は次のように書かれる．

$$\bar{S}(\mathbf{q},t) = \langle\,|\rho_{-\mathbf{q}}(t)\rho_{\mathbf{q}}(0)|\,\rangle \tag{4.85}$$

$\rho_{\mathbf{q}}$ は一般化された密度であり，波数 $\mathbf{q}$ における粒子密度を表わす．このように2粒子グリーン関数は密度ゆらぎの相関と時間変化に関するすべての情報を与える．更にエネルギー表示へと移行すると，$\bar{S}(\mathbf{q},\omega)$ の極は，1粒子グリーン関数の場合から類

推されるように，系の励起状態——たとえばプラズマ振動 (5.8節参照) のような，自続する密度ゆらぎ状態——を表わす．

ダイヤグラムと伝播関数の表現から2粒子グリーン関数の重要性を理解するために，まず基底状態にある相互作用のない粒子系を考えよう．式 (4.82) を，選択則と時間順序をうまく処理して計算すると，1粒子グリーン関数の積を加算した形になる．

$$K_0(1234) = -\langle 0|T\{\psi(x_1)\psi^*(x_3)\}|0\rangle \langle 0|T\{\psi(x_2)\psi^*(x_4)\}|0\rangle$$
$$+ \langle 0|T\{\psi(x_1)\psi^*(x_4)\}|0\rangle \langle 0|T\{\psi(x_2)\psi^*(x_3)\}|0\rangle$$
$$= G_0(13)G_0(24) - G_0(14)G_0(23) \tag{4.86}$$

しかし上式は，式 (4.82) を式 (4.74) のような基本関数を用いて計算する一般の場合において現われる一連のダイヤグラムに対応した級数のうち，初めの2項だけを含んでいるに過ぎない．

$$K(1234) = \text{(diagrams)} \tag{4.87}$$

言い替えると，2粒子グリーン関数は"粒子対(つい)の間の全ての相互作用のモード"を表わしている．これを，一般化された散乱の結節部分として記号化する．

$$K(1234) = \boxed{K} \tag{4.88}$$

結節部分には繰り込みを施された2つの準粒子が入り，そこから繰り込みを施された2つの準粒子が出ていく．相互に結合している全ての中間状態が結節部分の中に含まれる．式 (4.86) を参考にすると，2粒子グリーン関数の運動量表示が次の形になることが推測される．

$$K(1234) = G(13)G(24) - G(14)G(23)$$
$$+ G(1)G(2)G(3)G(4)\Gamma(1234)\delta(\mathbf{k}_1+\mathbf{k}_2-\mathbf{k}_3-\mathbf{k}_4)\delta(\omega_1+\omega_2-\omega_3-\omega_4)$$
$$\tag{4.89}$$

4.8. 2粒子グリーン関数

ここで用いる伝播関数は，もちろん式 (4.77) で与えられているような，修正された伝播関数である．

$$G(13) = G(\mathbf{k}_1 - \mathbf{k}_3, \omega_1 - \omega_3) \tag{4.90}$$

関数 $\Gamma(1234)$ は 2 つの準粒子間の実効的な散乱ポテンシャルのフーリエ変換――式 (2.43) を繰り込み効果まで考慮したもの――のように振舞う．この関数の特異点はそのまま K の特異点となるので，G の極が表わしている励起以外の系の励起状態を表わすことになる．たとえば "励起子" (exciton) すなわち 1 対の電子と正孔が束縛し合った状態や，相関関数の極によって定義される集団運動モード等の励起は Γ から生じることになる．

相互作用項を実際に計算するのは大抵の場合非常に難しい．しかし 3.10 節と同様な議論により，トポロジー的な考察からダイソン方程式に類する式を得ることができる．$J(1234)$ が $K(1234)$ の中の "既約な相互作用ダイヤグラム" の総和を表わすものとしよう．そうすると再び直列している残りの部分に式 (4.87) の級数を見いだすことになり，この部分を K そのものに置き直すことができる．

$$\tag{4.91}$$

この図は，次の積分方程式に対応する．

$$K(1234) = G(13)G(24) - G(14)G(23) + \frac{1}{2}\sum_{5,6} G(1)G(2)J(1256)K(5634) \tag{4.92}$$

(因子 $\frac{1}{2}$ は J と K の間の2本の線が等価であることから生じる).

この簡潔な公式は"ベーテ–サルピーター方程式"(Bethe-Salpeter equation) と呼ばれ，実効的な相互作用関数 Γ を既約な結節部分のダイヤグラムで表わすための情報を与える．しかし残念ながらこの方程式は，ダイソン方程式の場合ほど解析的計算や近似計算のための便利な出発点となるわけではない．2粒子グリーン関数の一般的な数式的理論は1粒子伝播関数の場合よりはるかに複雑なものになる．

4.9 グリーン関数の階層性

相互作用する多粒子系を考え，ハミルトニアンが式 (2.42) のように表わされるものとしよう．

$$H = H_{\text{ind}} + \iint \psi^*(\mathbf{r})\psi^*(\mathbf{r}')\mathcal{V}_{\text{int}}(\mathbf{r},\mathbf{r}')\psi(\mathbf{r}')\psi(\mathbf{r})\,\mathrm{d}^3r\,\mathrm{d}^3r' \tag{4.93}$$

H_{ind} は独立 (independent) な粒子系のハミルトニアンであり，外場によるポテンシャルも含む．ハイゼンベルク表示の場の演算子 $\psi(\mathbf{r},t)$ は時間に依存するシュレーディンガー方程式に似た運動方程式を満足する．

$$\frac{\hbar}{\mathrm{i}}\frac{\partial \psi}{\partial t}(\mathbf{r},t) + H_{\text{ind}}(\mathbf{r},t)\psi(\mathbf{r},t)$$
$$= -\int \mathcal{V}_{\text{int}}(\mathbf{r},\mathbf{r}'')\psi^*(\mathbf{r}'',t)\psi(\mathbf{r}'',t)\,\mathrm{d}^3r''\,\psi(\mathbf{r},t) \tag{4.94}$$

ここで1粒子グリーン関数の時間微分を，時間順序操作に伴って生じる不連続性に注意しながら計算してみよう．式 (4.55) より，

$$\frac{\hbar}{\mathrm{i}}\frac{\partial G}{\partial t}(\mathbf{r},t;\mathbf{r}',t') = \langle\,|\,\frac{\hbar}{\mathrm{i}}\frac{\partial}{\partial t}(-\mathrm{i})\{\psi(\mathbf{r},t)\psi^*(\mathbf{r}',t')\theta(t-t')$$
$$-\psi^*(\mathbf{r}',t')\psi(\mathbf{r},t)\theta(t'-t)\}\,|\,\rangle \tag{4.95}$$

となる．$\theta(t-t')$ は段差関数で，この関数の微分はデルタ関数になる[‡]．

$$\frac{\partial}{\partial t}\theta(t-t') = \delta(t-t') \tag{4.96}$$

[‡](訳註) 段差関数 $\theta(x)$ は次のように定義されている．

$$\theta(x) = \begin{cases} 1 & (x>0) \\ 0 & (x<0) \end{cases}$$

式 (4.95) の微分を実行すると，場の演算子の微分項の他に次の項が現われる．

$$-\hbar\{\psi(\mathbf{r},t)\psi^*(\mathbf{r}',t')\delta(t-t') + \psi^*(\mathbf{r}',t')\psi(\mathbf{r},t)\delta(t'-t)\}$$
$$= -\hbar\delta(\mathbf{r}-\mathbf{r}')\delta(t-t') \tag{4.97}$$

この同一時空点 $(\mathbf{r},t)$ における"非-反交換性"によって生じている特異性は，グリーン関数の基本的な性質であり，きわめて重要である．

一方，場の演算子 $\psi(\mathbf{r},t)$ などの時間微分因子の計算には，場の運動方程式 (4.94) を用いることができる．結果として次式を得る．

$$\left\{\frac{\hbar}{\mathrm{i}}\frac{\partial}{\partial t} + H_{\mathrm{ind}}(\mathbf{r},t)\right\} G(\mathbf{r},t;\mathbf{r}',t')$$
$$= -\hbar\delta(\mathbf{r}-\mathbf{r}')\delta(t-t') + \mathrm{i}\int \mathcal{V}(\mathbf{r},\mathbf{r}'')K(\mathbf{r}'',t;\mathbf{r},t;\mathbf{r}'',t;\mathbf{r}',t')\mathrm{d}^3 r''$$
$$\tag{4.98}$$

相互作用項には式 (4.82) の2粒子グリーン関数が現われている．

上記と同様な式の運用により，2粒子グリーン関数の運動方程式には3粒子グリーン関数が現われ，一般に多粒子グリーン関数の運動方程式にはひとつ上位の多粒子グリーン関数が現われることを示すことができる．つまり多粒子グリーン関数は各々の運動方程式によって順次階層的に関係を持っている．これは液体や気体の統計理論において各次数の分布関数が逐次関係を持つことによく似ている．グリーン関数の運動方程式は，最も高次のグリーン関数の形を適当に仮定して，低次のグリーン関数の近似式を得るために用いられる．たとえば式 (4.98) の K に，式 (4.89) から類推されるような適当な近似式をあてて，G に関する近似式を導くことができる．この方法の利点は，ブリルアン-ウィグナー級数 (3.19) の場合と同様に"自己無撞着"な性質が保証されることである．無限個の摂動ダイヤグラムの総和を計算しなくても，実質的にそのような無限和に相当する量が，簡潔な解析的表式の中に既に含まれているのである．

4.10　時間に依存しないグリーン関数

数理物理において，グリーン関数の概念は至るところに現われるので，グリーン関数の説明の際にどこから議論を始めるかを決めるのは難しいところである．読者の目からは少々つむじ曲がりに見えたかもしれないが，私は初めに単純なケースを取り上げることをせず，いきなり複雑な形――"二時間グリーン関数"――から議論を始めた．二時間グリーン関数は抽象的ではあるが適用範囲が広いので，これを用いて S 行

列のダイヤグラム展開をすべて抽象的に議論してしまい,統計的な観点によるグリーン関数の物理的解釈の議論を省いてしまうことも可能であったであろう.しかし私が強調したかったことは,グリーン関数は統計的な問題を扱う時にこそ,最も有用な数学的道具になるということである.私の考えでは,グリーン関数の最も深遠でかつ有用な性質は,密度行列との密接な関係にある.

しかしながら伝播関数の基礎的な概念は単純な1粒子のシュレーディンガー方程式において既に見ることができる.空間にあるひとつの自由粒子の波動関数は,次の時間依存の式を満たす.

$$\left\{\frac{\hbar}{\mathrm{i}}\frac{\partial}{\partial t}+H_0(\mathbf{r})\right\}\psi_0(\mathbf{r},t)=0 \tag{4.99}$$

$H_0(\mathbf{r})$ はたとえば運動エネルギーの演算子 $(-\hbar^2/2m)\nabla^2$ である.

この系のグリーン関数は,式 (4.53) のような自由粒子伝播関数である.相互作用がないので,運動方程式 (4.98) は単純に次の形になる.

$$\left\{\frac{\hbar}{\mathrm{i}}\frac{\partial}{\partial t}+H_0(\mathbf{r})\right\}G_0(\mathbf{r},t;\mathbf{r}',t')=-\hbar\delta(\mathbf{r}-\mathbf{r}')\delta(t-t') \tag{4.100}$$

ここで系に外場 $\mathcal{V}(\mathbf{r},t)$ ――たとえば散乱中心のポテンシャル――が加えられたものとしよう.シュレーディンガー方程式は次のようになる.

$$\left\{\frac{\hbar}{\mathrm{i}}\frac{\partial}{\partial t}+H_0(\mathbf{r})\right\}\psi(\mathbf{r},t)=-\mathcal{V}(\mathbf{r},t)\psi(\mathbf{r},t) \tag{4.101}$$

これを非斉次方程式として扱い,解を次のように書くことができる.

$$\psi(\mathbf{r},t)=\psi_0(\mathbf{r},t)+\frac{1}{\hbar}\iint G_0(\mathbf{r},t;\mathbf{r}',t')\mathcal{V}(\mathbf{r}',t')\psi(\mathbf{r}',t')\,\mathrm{d}^3r'\mathrm{d}t' \tag{4.102}$$

これが解であることは,直接代入することによって確認できる.ここでシュレーディンガーの微分方程式はグリーン関数を積分核に含んだ積分方程式に変換されたことになる.

式の意味をより明確にするために,境界条件の影響を考えてみよう.ここでは"未来"までの時間積分を避けることにする.将来の時刻 t' の値 $\psi(\mathbf{r}',t')$ が現在 t $(t<t')$ の値 $\psi(\mathbf{r},t)$ に影響するということは物理的な解釈が困難である."先進波"を除いて,式 (4.100) の解として下記の条件を満たす"遅延グリーン関数"を考える.

$$G^+(\mathbf{r},t;\mathbf{r}',t')=0 \tag{4.103}$$

この条件は 3.8 節に示したような方法で満足することができる.フーリエ変換によってエネルギー表示を導入してみる.

$$G^+(\mathbf{r},t;\mathbf{r}',t')=\int_{-\infty}^{\infty}G^+(\mathbf{r},\mathbf{r}';\mathcal{E})\mathrm{e}^{-\mathrm{i}\mathcal{E}(t-t')/\hbar}\mathrm{d}\mathcal{E} \tag{4.104}$$

$t < t'$ の場合，積分路を上半面にとることで積分が収束する．$G^+(\mathbf{r}, \mathbf{r}'; \mathcal{E})$ が $\mathcal{E}$ の上半面に極を持たないならば，留数はゼロとなり，式 (4.103) を満足する．実際には時間に依存しないシュレーディンガー方程式の固有値だけが関心の対象となるが，これらは常に実数である．式 (4.62) のように各々の固有値から小さな虚数を減じることにより，常に式 (4.100) における"遅延波解"が得られるようになる．ここでは"正孔"が関係してくる複雑な問題は議論の対象外としておく．

式 (4.104) を運動方程式 (4.100) へ代入してみよう．もし全ての t と t' について，

$$(H_0 - \mathcal{E}) G^+(\mathbf{r}, \mathbf{r}'; \mathcal{E}) = -\delta(\mathbf{r} - \mathbf{r}') \tag{4.105}$$

が成立していれば，運動方程式を満足する．H_0 は実空間における位置座標の微分演算子を含むので，これは点 $\mathbf{r}'$ に特異点の"源"を持つ非斉次の偏微分方程式である．ここから，元々グリーン (G. Green) が考えたグリーン関数の概念との関係を考察する．電荷密度の分布が $\rho(\mathbf{r})$ となっている領域の静電ポテンシャル $\Phi(\mathbf{r})$ に関するポワソン方程式 (Poisson's equation) を考える．

$$\nabla^2 \Phi(\mathbf{r}) = 4\pi \rho(\mathbf{r}) \tag{4.106}$$

よく知られているように，この方程式は次のような解を持つ．

$$\Phi(\mathbf{r}) = \int \frac{1}{|\mathbf{r} - \mathbf{r}'|} \rho(\mathbf{r}') \, d^3 r' \tag{4.107}$$

言い替えると，

$$G(\mathbf{r}, \mathbf{r}') = \frac{1}{4\pi} \frac{1}{|\mathbf{r} - \mathbf{r}'|} \tag{4.108}$$

という関数は，下記の微分方程式，

$$\nabla^2 G(\mathbf{r}, \mathbf{r}') = \delta(\mathbf{r} - \mathbf{r}') \tag{4.109}$$

を満足しており，関数 (4.108) が微分方程式 (4.106) を積分方程式に変換するときの積分核になる．この方法はグリーンがポテンシャル問題を解くために系統的に用いた方法である．

古典的な波動方程式の場合は，もう少し複雑なグリーン関数が必要となる．振動数 ν の場については，次式を満たす関数を用いる必要がある．

$$\left(\nabla^2 + \nu^2/c^2 \right) G^+(\mathbf{r}, \mathbf{r}'; \omega) = \delta(\mathbf{r} - \mathbf{r}') \tag{4.110}$$

ν の極において"遅延波"のみが生じるものとする．実際この式は自由電子の式と同じものを表わしている．式 (4.105) から次式が導かれる．

$$\left(-\frac{\hbar^2}{2m} \nabla^2 - \mathcal{E} \right) G^+(\mathbf{r}, \mathbf{r}'; \mathcal{E}) = -\delta(\mathbf{r} - \mathbf{r}') \tag{4.111}$$

この単純な伝播関数は，特定のエネルギー値の下で定義されている．式 (4.102) と同様に，

$$\psi(\mathbf{r}) = \psi_0(\mathbf{r}) + \int G^+(\mathbf{r},\mathbf{r}';\mathcal{E})\mathcal{V}(\mathbf{r}')\psi(\mathbf{r}')\mathrm{d}^3 r' \tag{4.112}$$

を満たす解 ψ は，エネルギー $\mathcal{E}$ の時間に依存しないシュレーディンガー方程式，

$$(H_0 + \mathcal{V} - \mathcal{E})\psi = 0 \tag{4.113}$$

の解だけである．

4.11 グリーン関数の行列表示

一般的に演算子 H_0 (必ずしも一様空間内の自由粒子のハミルトニアンでなくともよい) が，次のように固有値および固有関数を持つものとする．

$$H_0 \psi_m(\mathbf{r}) = \mathcal{E}_m \psi_m(\mathbf{r}) \tag{4.114}$$

この固有関数系を基本関数としてグリーン関数を次のように書き直すことができる．

$$G_0(\mathbf{r},\mathbf{r}';\mathcal{E}) = \sum_{m,n} G_{mn} \psi_m(\mathbf{r})\psi_n^*(\mathbf{r}') \tag{4.115}$$

これを式 (4.105) に代入すると次式を得る．

$$\begin{aligned}-\delta(\mathbf{r}-\mathbf{r}') &= (H_0 - \mathcal{E})G_0(\mathbf{r},\mathbf{r}';\mathcal{E}) \\ &= \sum_{mn} G_{mn}(\mathcal{E}_m - \mathcal{E})\psi_m(\mathbf{r})\psi_n^*(\mathbf{r}')\end{aligned} \tag{4.116}$$

これは簡単に解くことができる．

$$G_{mn} = \frac{\delta_{mn}}{\mathcal{E} - \mathcal{E}_m} \tag{4.117}$$

したがってグリーン関数は次のような射影演算子の表記に直すことができる．

$$\begin{aligned}G_0(\mathbf{r},\mathbf{r}';\mathcal{E}) &= \sum_m \frac{\psi_m(\mathbf{r})\psi_m^*(\mathbf{r}')}{\mathcal{E} - \mathcal{E}_m} \\ &= \sum_m |m\rangle \frac{1}{\mathcal{E} - \mathcal{E}_m} \langle m|\end{aligned} \tag{4.118}$$

これはグリーン関数の基本定理であり，ここからグリーン関数の性質がほとんど全て導き出される．まず第一に，ハミルトニアンが対角化されるような表示において

4.11. グリーン関数の行列表示

$G_0(\mathcal{E})$ も対角化され，$G_0(\mathcal{E})$ の固有値は演算子 $\mathcal{E} - H_0$ の固有値の逆数になる．したがって式 (4.105) を,

$$(\mathcal{E} - H_0)G_0(\mathcal{E}) = 1 \tag{4.119}$$

と書き直すことができる．解は,

$$G_0(\mathcal{E}) = \frac{1}{\mathcal{E} - H_0} \tag{4.120}$$

と表わされる．グリーン関数はこの意味で，ハミルトニアンと同様なヒルベルト空間内の演算子と見なすことができる.

また $\mathcal{E}$ の関数としての $G_0(\mathcal{E})$ は，4.6 節で与えた一般的な伝播関数の場合と同様に，H_0 において極を持つ．時間に依存するシュレーディンガー方程式の解を得るためには (式 (4.104) の時間に関する無限範囲の積分値を収束させるためには)，各々の $\mathcal{E}_m$ から無限小の虚数を差し引いた遅延グリーン関数を用いる必要がある.

$$G_0^+(\mathcal{E}) = \frac{1}{\mathcal{E} - H_0 + i\delta} \tag{4.121}$$

一般的な問題として，行列もしくは演算子 H の固有値問題を考えよう．次の方程式を解くことを考える.

$$(H - z)|\ \rangle = 0 \tag{4.122}$$

解は次の永年方程式を z について解くことにより求まる.

$$\|(H - z)\| = 0 \tag{4.123}$$

逆行列の行列式は，もとの行列の行列式の逆数に等しいので，求めたい解は，次の行列に関する行列式の特異点である.

$$R(z) = \frac{1}{H - z} \tag{4.124}$$

H の固有値は，複素変数 z の関数であるレゾルベント演算子 (resolvent operator) (4.124) において極を与える値である．$R(z)$ もグリーン関数のひとつの定義であり，既に議論したグリーン関数 G と基本的に同じ意味を持つ.

上記の議論はハミルトニアンが実空間座標で定義してあれば，その形に無関係に成立する．式 (4.122) の H は有限次元もしくは無限次元のエルミート演算子である．例として 1.4 節に示したような結晶格子振動を見いだす問題に戻って考えてみよう．l 番目の格子点における変位 $\mathbf{u}_l$ が，相互作用係数 $\mathbf{F}_{ll'}$ の下で，次の運動方程式を満足するものとする.

$$M_l \ddot{\mathbf{u}}_l = -\sum_{l'} \mathbf{F}_{ll'} \cdot \mathbf{u}_{l'} \tag{4.125}$$

決まった周波数 ν の下では次式が成立する．

$$\sum_{l'}\left\{\mathbf{F}_{ll'}-M_l\nu^2\delta_{ll'}\right\}\cdot\mathbf{u}_{l'}=0 \tag{4.126}$$

この一連の方程式はレゾルベント行列，

$$R(\nu^2)=\left[\mathbf{F}_{ll'}-M_l\nu^2\delta_{ll'}\right]^{-1} \tag{4.127}$$

を持ち，この行列の極の分布が振動数スペクトルを与える．完全結晶格子を扱う場合には，通常フーリエ変換によって逆格子空間における表示へ移ることになるが，上記の議論は完全結晶の場合だけに限定されるものではない．不完全結晶，不純物を含んだ結晶，乱れのある結晶の振動特性を計算する際にも，$R(\nu^2)$ を求めることが"グリーン関数法"を適用するための基礎となる．読者は1.5節の内容に倣い，式 (4.127) の議論において連続体の極限を考えた場合，式 (4.110) と対応することを確認してみられるとよい．

4.12　時間に依存しないグリーン関数の空間座標表示

時間に依存しないグリーン関数の基本定理 (4.118) の適用例として，自由粒子のグリーン関数を求めてみよう．固有関数は次の形を持つ．

$$|\mathbf{k},\mathbf{r}\rangle=\mathrm{e}^{i\mathbf{k}\cdot\mathbf{r}} \tag{4.128}$$

エネルギー固有値は単位系を適当に選べば $\mathcal{E}(\mathbf{k})=k^2$ である．射影演算子としてのグリーン関数は次のように書ける．

$$\begin{aligned}G^+(\mathbf{r},\mathbf{r}';\mathcal{E})&=\sum_{\mathbf{k}}|\mathbf{k},\mathbf{r}\rangle\frac{1}{\mathcal{E}-\mathcal{E}(\mathbf{k})+i\delta}\langle\mathbf{k},\mathbf{r}'|\\ &=\frac{1}{8\pi^3}\int\mathrm{e}^{i\mathbf{k}\cdot\mathbf{r}}\frac{1}{\kappa^2-k^2+i\delta}\mathrm{e}^{-i\mathbf{k}\cdot\mathbf{r}'}\mathrm{d}^3k\end{aligned} \tag{4.129}$$

ここで $\kappa^2=\mathcal{E}$ である．

系が空間的に一様であるとすると，相対座標 $\mathbf{R}=\mathbf{r}-\mathbf{r}'$ に依存する形となる．積分変数を変換し，極を定義するために微小量 $\delta'=\delta/2\kappa$ を導入すると，次式のようになる．

$$\begin{aligned}&G^+(\mathbf{R};\mathcal{E})\\&=\frac{1}{8\pi^3}\int_0^{2\pi}\mathrm{d}\phi\int_0^{\pi}\sin\theta d\theta\int_0^{\infty}k^2\mathrm{d}k\frac{\mathrm{e}^{ikR\cos\theta}}{\kappa^2-k^2+i\delta}\end{aligned}$$

$$= \frac{1}{4\pi^2}\int_0^\infty \frac{1}{ikR}\frac{e^{ikR}-e^{-ikR}}{\kappa^2-k^2+i\delta}k^2 dk$$
$$= -\frac{1}{4\pi^2 iR}\frac{1}{2}\int_{-\infty}^\infty e^{ikR}\left\{\frac{1}{k-(\kappa+i\delta')}+\frac{1}{k+(\kappa+i\delta')}\right\}dk \tag{4.130}$$

ここでは積分路を閉じる時，δ' の符号が重要となる．R は正の定数なので，半円の積分路を上半面にとることになり，第 1 項のみが含まれる．積分の結果は，

$$G^+(\mathbf{R};\mathcal{E}) = -\frac{1}{4\pi}\frac{e^{i\kappa R}}{R} \tag{4.131}$$

となり，容易に予想されるような外向きの球面波を与える．また δ' が負であれば，点 $\mathbf{R}=0$ に向かって収束する "先進波の伝播関数"

$$G^-(\mathbf{R};\mathcal{E}) = -\frac{1}{4\pi}\frac{e^{-i\kappa R}}{R} \tag{4.132}$$

が得られる．一方もし極を実軸の直上に配置するならば "定在波" の関数 (因果グリーン関数) を得る．

$$G^0(\mathbf{R};\mathcal{E}) = \frac{1}{2}\{G^+(\mathbf{R};\mathcal{E}) + G^-(\mathbf{R};\mathcal{E})\}$$
$$= -\frac{1}{4\pi}\frac{\cos\kappa R}{R} \tag{4.133}$$

上記の解析は，グリーン関数における演算子の時間順序化の手続きと，複素エネルギー平面における極の位置との関係を明確に示している．また式 (4.131)，式 (4.132)，式 (4.133) の元となった式 (4.129) は，空間的に一様という条件がない場合のグリーン関数の定義式も満足することを，式 (4.110) において $\kappa=\nu/c$ と置いて確かめることができる．

4.13　ボルン級数

量子論における典型的な 1 粒子問題として，局所ポテンシャル $\mathcal{V}(\mathbf{r})$ が自由粒子に与える影響を調べる問題がある．我々は既にシュレーディンガー方程式を用い，種々の境界条件に合わせてこの問題を解く方法を知っている．グリーン関数を用いた方法はこれに代わるもうひとつの方法であり，物理的な内容としては等価であるが，問題を解く上でしばしばより強力な方法になりうる．

たとえばそのような系のレゾルベント (4.124) は次のグリーン関数である.

$$G(\mathcal{E}) = \frac{1}{\mathcal{E} - H}$$
$$= \frac{1}{\mathcal{E} - H_0 - \mathcal{V}} \quad (4.134)$$

もし $\mathcal{V}$ が"小さい"ならば，この式は下記のような無限級数で表わされる．

$$G(\mathcal{E}) = \frac{1}{\mathcal{E} - H_0} + \frac{1}{\mathcal{E} - H_0}\mathcal{V}\frac{1}{\mathcal{E} - H_0} + \cdots$$
$$= G_0 + G_0 \mathcal{V} G_0 + \cdots \quad (4.135)$$

G_0 は自由粒子伝播関数である．この関数の特異点は，ハミルトニアン $H_0 + \mathcal{V}$ の元の定常状態に関するブリルアン–ウィグナー級数和に等しくなっている．

代数的に次の恒等式，

$$G = G_0 + G_0 \mathcal{V} G \quad (4.136)$$

が成立し，原理的にはこの式から G が求まる．実際にこの式は，単純な1粒子系におけるダイソン方程式 (3.128) となっている．摂動級数 (4.135) をグラフ表示すると次のようになる.

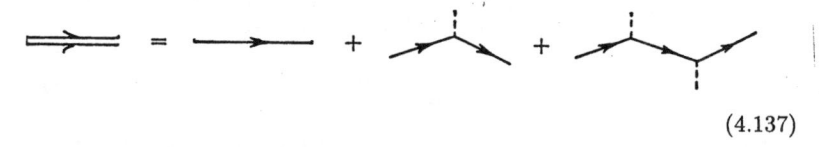

$$(4.137)$$

破線は各々の 結節点(ヴァーテックス) における摂動ポテンシャル $\mathcal{V}$ を表わす．$\mathcal{V}$ はそれ自体の反応をあらわに扱う必要のない"外場"なので，この破線は他の 結節点(ヴァーテックス) に結び付いてダイヤグラムの各部を繋(つな)ぐような働きはない．よって各項は可約であり，式 (3.127) の Σ は $\mathcal{V}$ そのものになる．

典型的な散乱の問題では，ポテンシャル $\mathcal{V}(\mathbf{r})$ は局所的である．したがってグリーン関数に自然な因果条件を課すことが重要である．すなわち粒子状態 $|\Psi^+\rangle$ は散乱中心から充分に離れた部分では自由空間における粒子状態 $|\Phi\rangle$ となり，式 (4.132) のような"収束成分"は含まない．これらの関数は次の積分方程式を満たす．

$$|\Psi^+;\mathbf{r}\rangle = |\Phi,\mathbf{r}\rangle + \int G_0^+(\mathbf{r},\mathbf{r}';\mathcal{E})\mathcal{V}(\mathbf{r}')|\Psi^+;\mathbf{r}'\rangle d^3 r' \quad (4.138)$$

これは下記のリップマン–シュウィンガー方程式 (Lippmann-Schwinger equation) の実空間表現になっている．

$$|\Psi^+\rangle = |\Phi\rangle + \frac{1}{\mathcal{E} - H_0 + i\delta}\mathcal{V}|\Psi^+\rangle \quad (4.139)$$

4.13. ボルン級数

式 (4.136) と式 (4.139) が同じ内容を持つことは容易に見て取れる．同様な式の形はブリルアン – ウィグナー級数の導出の際に，式 (3.15) においても既に現われている．

このような表現はもちろん抽象的なものである．式 (4.139) の演算子や"行列"の積は，実際には式 (4.138) に見られるような全空間にわたる積分を含む．しかしこの式は形式的な議論には便利である．たとえば式 (4.135) と同様なリップマン – シュウィンガー方程式の反復解を簡単に作ることができる．

$$|\Psi^+\rangle = |\Phi\rangle + \frac{1}{\mathcal{E} - H_0 + i\delta} \mathcal{V} |\Phi\rangle$$
$$+ \frac{1}{\mathcal{E} - H_0 + i\delta} \mathcal{V} \frac{1}{\mathcal{E} - H_0 + i\delta} \mathcal{V} |\Phi\rangle + \dots$$
$$= \{1 + G_0^+ \mathcal{V} + G_0^+ \mathcal{V} G_0^+ \mathcal{V} + \dots\} |\Phi\rangle \quad (4.140)$$

この級数は，散乱問題におけるいわゆるボルン級数 (Born Series) である．$\mathcal{V}$ に関する n 次の項は，散乱中心による仮想的な n 回の散乱過程に相当する．最終的な散乱効果は次のような寄与から成るものと記述される．

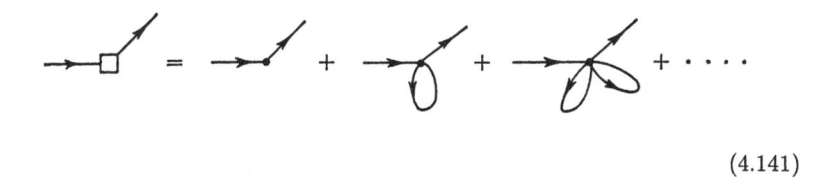

$$(4.141)$$

このグラフは式 (4.137) を，散乱過程が全て実空間内の同一点で生じていることを強調して描きなおしたものであるが，それぞれの過程に付随する運動量の変化は忠実に表現されていない．

現実的な計算例として，第 1 項を評価してみよう．運動量 $\mathbf{k}$ の平面波が局在する散乱中心に入射するものとすると，式 (4.138) は次のようになる．

$$\psi^+(\mathbf{r}) = e^{i\mathbf{k}\cdot\mathbf{r}} - \frac{1}{4\pi} \int \frac{e^{ik|\mathbf{r}-\mathbf{r}'|}}{|\mathbf{r}-\mathbf{r}'|} \mathcal{V}(\mathbf{r}') \psi^+(\mathbf{r}') \, \mathrm{d}^3 r' \quad (4.142)$$

ここでは実空間表示の伝播関数 (4.131) を，エネルギーを $\mathcal{E} = k^2$ として用いている．

この方程式の反復解は全空間の積分を連続して行う形になり，計算が面倒である (積分が収束したとしても！)．しかし 1 次のボルン近似では積分内の真の散乱波動関は単なる平面波に置き換わり，計算は簡単になる．散乱問題においては，散乱中心から遠ざかる方向に伝播する，中心から充分に距離のある点 $\mathbf{r}$ での波動関数成分に関心

がある.そこで次のような近似を用いる.

$$\frac{e^{i\mathbf{k}\cdot|\mathbf{r}-\mathbf{r}'|}}{|\mathbf{r}-\mathbf{r}'|} \to \frac{e^{ikr}}{r} e^{-i(k/r)\mathbf{r}\cdot\mathbf{r}'} \quad \text{for} \quad r \gg r' \tag{4.143}$$

そうすると散乱波動関数は次のようになる.

$$\begin{aligned}\psi^+(\mathbf{r}) &\approx e^{i\mathbf{k}\cdot\mathbf{r}} - \frac{1}{4\pi}\int \frac{e^{ik|\mathbf{r}-\mathbf{r}'|}}{|\mathbf{r}-\mathbf{r}'|} \mathcal{V}(\mathbf{r}') e^{i\mathbf{k}\cdot\mathbf{r}'} d^3r' \\ &\approx e^{i\mathbf{k}\cdot\mathbf{r}} - \frac{e^{ikr}}{r}\frac{1}{4\pi}\int \mathcal{V}(\mathbf{r}') e^{i\mathbf{K}\cdot\mathbf{r}'} d^3r'\end{aligned} \tag{4.144}$$

ここで $\mathbf{K} = \mathbf{k} - \mathbf{k}'$ であり,$\mathbf{k}'$ は $\mathbf{r}$ 方向を向いて入射波数 $\mathbf{k}$ と同じ大きさを持つ波数ベクトルである.外向きの散乱波の振幅は,時間に依存する摂動論を用いて求めた,ポテンシャル $\mathcal{V}$ による平面波状態 $|\Phi_\mathbf{k}\rangle$ から別の平面波状態 $|\Phi_{\mathbf{k}'}\rangle$ への遷移行列要素に等しくなる.

ボルン級数 (4.140) は,形式的には等比級数として加算をすることができるように見える.実際もし式 (4.139) の各記号の演算子としての性質を無視するなら,リップマン–シュウィンガー方程式は形式的に散乱波動関数について解ける.

$$|\Psi^+\rangle = |\Phi\rangle + \frac{\mathcal{V}}{\mathcal{E} - H_0 - \mathcal{V} + i\delta}|\Phi\rangle \tag{4.145}$$

しかし第2項は,式 (4.134) に示したような,摂動を受けた系のグリーン関数を含んでおり,実際には完全な解が容易に得られるわけではない.

4.14 T行列

ボルン級数の各項を順次加算する方法は,収束が特別に早い場合を除き,あまり効果的な計算方法ではない.実際には収束が保証されないような状況が多い.この方法が役に立つほとんど唯一のケースは——球対称ポテンシャルの場合に限定されるが——シュレーディンガー方程式の波動関数を球面調和関数成分に分解して,各々の角運動量 l,エネルギー $\mathcal{E}$ の成分について,動径方向の方程式を積分して位相シフト量 $\eta_l(\mathcal{E})$ を求めるという方法である.読者は通常の量子力学のテキストで扱われている Faxén-Holtsmark の式をよく知っているであろう.解 (4.142) は動径距離が大きい場合,次のように書ける.

$$\psi^+(\mathbf{r}) = e^{i\mathbf{k}\cdot\mathbf{r}} + \frac{e^{ikr}}{r}f(\theta) \tag{4.146}$$

4.14. T行列

θ は入射波数ベクトル $\mathbf{k}$ と散乱波の波数ベクトル $\mathbf{k}'$ のなす角である. 散乱振幅は複素量となる.

$$f(\theta) = \frac{1}{2ik} \sum_{l=0}^{\infty} (2l+1)(e^{2i\eta_l} - 1) P_l(\cos\theta) \tag{4.147}$$

式 (4.144) と比較すると, ボルン級数の第1項を用いた近似は, 次のような近似である.

$$4\pi f(\theta) \approx -\langle \Phi_{\mathbf{k}'} | \mathcal{V} | \Phi_{\mathbf{k}} \rangle \tag{4.148}$$

ここで, この関係を逆に捉え, 次のような問題を考えてみる. 自由粒子状態 $|\Phi_{\mathbf{k}}\rangle$ から $|\Phi_{\mathbf{k}'}\rangle$ への散乱振幅として, 式 (4.147) を正確に与えるような演算子 $\mathcal{T}$ はどのような演算子であろうか. 次式によって定義される "遷移行列" もしくは "T行列" の性質を考察してみよう.

$$\langle \Phi_{\mathbf{k}'} | \mathcal{T} | \Phi_{\mathbf{k}} \rangle = -4\pi f(\theta) \tag{4.149}$$

言い替えると $\mathcal{T}$ は, ボルン散乱の式 (4.144) が正確な遷移確率を与えていると想定した場合の $\mathcal{V}$ の形である.

定義から明らかなように, T行列が含んでいるものは, 元のボルン級数が持っている情報の範囲内のものでしかない. しかし T行列は部分波の散乱理論, グリーン関数, S行列の一般論などとの代数的関係を論じる際に便利である. 散乱過程において成立する諸量の関係式は多くの等価な表現が可能であるが, そのいくつかの例について議論する.

式 (4.149) の定義の意味を明らかにするために, リップマン–シュウィンガー方程式の形式解 (4.145) を考察する. $|\Phi_{\mathbf{k}}\rangle$ は自由粒子の波動関数であり, $|\Psi_{\mathbf{k}}^{+}\rangle$ は外向きの散乱成分を含む厳密解とする. この状態と, 散乱ポテンシャル $\mathcal{V}$ の中心から充分に離れた領域で, 自由粒子状態 $|\Phi_{\mathbf{k}'}\rangle$ のように振舞うもうひとつの状態との間の遷移確率を考える. $|\Psi_{\mathbf{k}}^{+}\rangle$ と $|\Phi_{\mathbf{k}'}\rangle$ は散乱中心の近傍では異なるシュレーディンガー方程式に従うので, 遷移確率を単純に内積 $\langle \Phi_{\mathbf{k}'} | \Psi_{\mathbf{k}}^{+}\rangle$ で評価することはできない. そこで $|\Phi_{\mathbf{k}'}\rangle$ を主要成分として持ち, "内向きの" 球面波を含む, 摂動系のもうひとつの厳密解 $|\Psi_{\mathbf{k}'}^{-}\rangle$ を考える. $|\Psi_{\mathbf{k}'}^{-}\rangle$ は $|\Phi_{\mathbf{k}'}\rangle$ を含むリップマン–シュウィンガー方程式の解であるが, 式 (4.132) のように分母のエネルギー因子の中に $-i\delta$ を含め, 通常の遅延的な解とは時間を逆転させて "先進波の解" とする. このような選択が可能であることは, この散乱過程が微視的に可逆であることに依っている. $|\Phi_{\mathbf{k}}\rangle$ から $|\Phi_{\mathbf{k}'}\rangle$ への遷移行列要素は, その逆過程の遷移行列要素と等しい.

正確な遷移確率は厳密解同士の内積を平方したものに比例するはずである. 式 (4.139) を用いた代数的操作とエルミート共役の規則により, 次式を得る.

$$\langle \Psi_{\mathbf{k}'}^-|\Psi_{\mathbf{k}}^+\rangle = \langle \Phi_{\mathbf{k}'}|\Phi_{\mathbf{k}}\rangle + \left\{\frac{1}{\mathcal{E}-\mathcal{E}'+i\delta}+\frac{1}{\mathcal{E}'-\mathcal{E}+i\delta}\right\}\langle \Phi_{\mathbf{k}'}|\mathcal{V}|\Psi_{\mathbf{k}}^+\rangle$$
$$= \delta_{\mathbf{k}\mathbf{k}'} - 2\pi i\delta(\mathcal{E}-\mathcal{E}')\langle \Phi_{\mathbf{k}'}|\mathcal{V}|\Psi_{\mathbf{k}}^+\rangle \tag{4.150}$$

ここでは式 (4.65) と同様に，解析的表現としてのデルタ関数が現われている．

この式は，エネルギーが保存しないような遷移頻度(レート)はゼロであることを示している（より正確には，エネルギーは不確かさ δ の範囲内で保存する．$1/\delta$ は遷移が完了するための許容時間である）．右辺の $|\Psi_{\mathbf{k}}^+\rangle$ を $|\Phi_{\mathbf{k}}\rangle$ に置き換えると一次のボルン近似となる．式 (4.150) の正確な行列要素は，式 (4.149) で定義されている T 行列の要素を与える．

$$\langle \Phi_{\mathbf{k}'}|\mathcal{T}|\Phi_{\mathbf{k}}\rangle = \langle \Phi_{\mathbf{k}'}|\mathcal{V}|\Psi_{\mathbf{k}}^+\rangle,$$
$$\text{or} \quad \mathcal{T}|\Phi_{\mathbf{k}}\rangle = \mathcal{V}|\Psi_{\mathbf{k}}^+\rangle \tag{4.151}$$

この記号をリップマン–シュウィンガー方程式 (4.139) に導入してみよう．

$$\mathcal{T}|\Phi_{\mathbf{k}}\rangle = \left\{\mathcal{V}+\mathcal{V}\frac{1}{\mathcal{E}-H_0+i\delta}\mathcal{T}\right\}|\Phi_{\mathbf{k}}\rangle \tag{4.152}$$

この式は任意の状態 $|\Phi_{\mathbf{k}}\rangle$ に対して成立するように見える．そこで，ボルン級数 (4.140) とよく似た演算子の方程式を書いてみることができる．

$$\mathcal{T} = \mathcal{V}+\mathcal{V}G_0^+\mathcal{T}$$
$$= \mathcal{V}+\mathcal{V}G_0^+\mathcal{V}+\mathcal{V}G_0^+\mathcal{V}G_0^+\mathcal{V}+\ldots \tag{4.153}$$

式 (4.145) やダイソン方程式 (4.136) と同様に，代数的に閉じた形にすると，

$$\mathcal{T} = \mathcal{V}+\mathcal{V}G^+\mathcal{V} \tag{4.154}$$

となる．G^+ は摂動を受けた系全体の遅延グリーン関数である．

これらの関係式は有用であり，T 行列を求めるための基本式として扱われることもある．しかし式 (4.152) から $|\Phi_{\mathbf{k}}\rangle$ を省くことは，正当性を保証できる操作ではない．本節の議論は，関係する状態のエネルギーがすべて等しく $\mathcal{E}$ であることを前提としている．式 (4.150) は $\mathcal{E}(\mathbf{k}) = \mathcal{E}(\mathbf{k}')$ でなければ式 (4.149) において意味を持たない．T 行列は"等エネルギー殻の領域以外では定義されていない"のである．あるいは新たな定義式を導入して，不要な要素をゼロにしてしまうこともできる．

$$\langle \Phi_{\mathbf{k}'}|T|\Phi_{\mathbf{k}}\rangle = 2\pi i\delta(\mathcal{E}-\mathcal{E}')\langle \Phi_{\mathbf{k}'}|\mathcal{V}|\Psi_{\mathbf{k}}^+\rangle \tag{4.155}$$

ただし残念ながらこの分野では統一された記号の使い方がされているわけではない．

4.14. T行列

上記のような事情により，T行列の実空間や運動量空間における実際の解析的表示が取り上げられることはあまりない．しかし球対称の散乱ポテンシャルに限り，角運動量表示で表わすことが重要となる．そうすることでT行列は対角化される．$\mathbf{r}$ および $\mathbf{r}'$ が大きい時，次式は式 (4.146) および式 (4.148) と等価である．

$$T(\mathbf{r}, \mathbf{r}'; \mathcal{E}) = \sum_l T_l j_l(\kappa r) j_l(\kappa r') Y_{l0}(\hat{\mathbf{r}}) Y_{l0}(\hat{\mathbf{r}}') \tag{4.156}$$

j_l は球ベッセル関数であり，$Y_{l0}(\hat{\mathbf{r}})$ はベクトル $\mathbf{r}$ の方向に依存する球面調和関数である．この表示における T の対角要素は次のように与えられる．

$$T_l = -\frac{1}{2i\kappa} \left(e^{2i\eta_l(\mathcal{E})} - 1 \right) \tag{4.157}$$

位相シフト $\eta_l(\mathcal{E})$ は常に実数 ($\mathcal{E} > 0$ において) なのでT行列の固有値は複素数である．したがって "T行列はエルミートではない"．この結論を全く異なる方法で導くこともできる．3.5節の議論を用いると $|\Phi\rangle$ にS行列を作用させて $|\Psi^+\rangle$ を得ることができる．

$$|\Psi^+\rangle = S|\Phi\rangle \tag{4.158}$$

式 (3.62) で与えたT行列の定義は，式 (4.155) と等価である．リップマン－シュウィンガー方程式から得た式 (4.150) により，次のように書くことができる．

$$S = 1 - 2\pi i \delta(\mathcal{E} - H_0) T \tag{4.159}$$

S行列はユニタリー行列なので，次式が成立する．

$$1 = S^* S = \left\{ 1 + 2\pi i T^* \delta(\mathcal{E} - H_0) \right\} \left\{ 1 - 2\pi i \delta(\mathcal{E} - H_0) T \right\} \tag{4.160}$$

したがって

$$T^* - T = 2\pi i T^* \delta(\mathcal{E} - H_0) T \neq 0 \tag{4.161}$$

となり，T行列がエルミートでないことが判る．おそらくこのS行列との関係が，T行列の最も基本的な定義の方法である．

T行列と似たもうひとつの数学的な道具として，エルミート行列である "K行列" を定義すると便利な場合もある．式 (4.159) を修正して，

$$\frac{1-S}{1+S} = \pi i \delta(\mathcal{E} - H_0) K \tag{4.162}$$

とする．K がエルミート演算子であることは角運動量表示 (式 (4.157) 参照) の下で簡単に示すことができる．K行列は，次の実数固有値を持つ．

$$K_l = -\frac{1}{\kappa} \tan \eta_l(\mathcal{E}) \tag{4.163}$$

K行列の重要な性質は，式 (4.153) において G^+ の代わりに因果グリーン関数 (4.133) を用いた式を満足することである.

$$K = \mathcal{V} + \mathcal{V}\frac{P}{\mathcal{E} - H_0}K \qquad (4.164)$$

ここでは $\mathcal{E}$ の積分で主値だけを残す．これはブリルアン – ウィグナー展開の際の式 (3.15) と等価である.

K行列は物理的には，定在波を考える際の散乱ポテンシャルの効果を全て表わしている．伝播関数 (4.133) のように，内向きの球面波と外向きの球面波を含んでいる．K行列は位相シフト量 $\eta_l(\mathcal{E})$ が $\pi/2$ のところに特異点を持ち，このとき球面定在波はポテンシャル $\mathcal{V}(\mathbf{r})$ と同調し，散乱ポテンシャルの外で急速に減衰する．これは系の準定常状態，もしくは"共鳴"を意味している．

T行列や，これに類する行列に関する上記の議論はいささか抽象的であるが，要点は，これらの行列によって散乱問題の普遍的な記述が可能になることである．たとえば核子が原子核に散乱される場合のように，弾性・非弾性散乱両方が起り，散乱過程における反応によって異なる粒子が生じるような複雑な散乱を扱う際にも，上記の行列による議論が可能である．散乱の方程式の正確な解が得られない場合でも——散乱現象が単純に"ポテンシャル"による効果として記述できない場合でも——これらの行列の要素の解析的性質を，ある手法から推測して利用することができる (5.6節参照)．

4.15 例：金属中の不純物準位

時間に依存しないグリーン関数の多くの基本的な性質の実例を，以下に示すようなクログストン (A.M.Clogston) の単純化されたモデル計算において見ることができる (Phys. Rev. **125**, 439, 1962)．結晶金属のように電子状態 (ブロッホ関数) が，波数 $\mathbf{k}$，エネルギー $\mathcal{E}(\mathbf{k})$ の平面波に近似できるような一様な系を考える．但し許容されるエネルギーはバンドを構成し，$\mathcal{E}_m < \mathcal{E} < \mathcal{E}_M$ 以外のエネルギーでは状態密度 $\mathcal{N}(\mathcal{E})$ がゼロになるものとする．単一の不純物原子によるポテンシャルのような，デルタ関数で近似される局所ポテンシャルによって何が生じるであろうか．

$$\mathcal{V}(\mathbf{r}) = \mathcal{V}_0 \delta(\mathbf{r} - \mathbf{r}_0) \qquad (4.165)$$

$\mathcal{V}_0$ はポテンシャルの強度であり，$\mathbf{r}_0$ は不純物原子の位置である．

最も抽象的な"ダイソン方程式"(4.136) を適用してみよう．式 (4.165) のポテンシャルを用いると，実空間表示の摂動系のグリーン関数と非摂動系のグリーン関数は

次の積分方程式で関係づけられる．

$$G(\mathbf{r}, \mathbf{r}') = G_0(\mathbf{r}, \mathbf{r}') + \int G_0(\mathbf{r}, \mathbf{r}'') \mathcal{V}(\mathbf{r}'') G(\mathbf{r}'', \mathbf{r}') \, \mathrm{d}^3 r'$$
$$= G_0(\mathbf{r}, \mathbf{r}') + G_0(\mathbf{r}, \mathbf{r}_0) \mathcal{V}_0 G(\mathbf{r}_0, \mathbf{r}') \tag{4.166}$$

これは式 (4.136) の形式解 $(1 - G_0 \mathcal{V})^{-1}$ が空間表示で対角化される特別な例となっている．式 (4.166) において $\mathbf{r} = \mathbf{r}_0$ とすると次式が得られる．

$$G(\mathbf{r}_0, \mathbf{r}') = G_0(\mathbf{r}_0, \mathbf{r}') + G_0(\mathbf{r}_0, \mathbf{r}_0) \mathcal{V}_0 G(\mathbf{r}_0, \mathbf{r}')$$
$$= \frac{1}{1 - G_0(\mathbf{r}_0, \mathbf{r}_0) \mathcal{V}_0} G_0(\mathbf{r}_0, \mathbf{r}') \tag{4.167}$$

これを式 (4.166) 自体に代入すると，問題の解を得ることができる．

$$G(\mathbf{r}, \mathbf{r}') = G_0(\mathbf{r}, \mathbf{r}') + G_0(\mathbf{r}, \mathbf{r}_0) \frac{\mathcal{V}_0}{1 - G_0(\mathbf{r}_0, \mathbf{r}_0) \mathcal{V}_0} G_0(\mathbf{r}_0, \mathbf{r}') \tag{4.168}$$

この解を用いるためには，非摂動系のグリーン関数の表式を知らなければならない．これは式 (4.118) のスペクトル表示を用いて次のように書ける．

$$G_0^+(\mathbf{r}, \mathbf{r}'; \mathcal{E}) = \sum_{\mathbf{k}} \frac{e^{i\mathbf{k}\cdot(\mathbf{r}-\mathbf{r}')}}{\mathcal{E} - \mathcal{E}(\mathbf{k}) + i\delta} \tag{4.169}$$

$\mathbf{r} \neq \mathbf{r}'$ の場合，この和は 4.12 節に示した方法で，状態密度 $\mathcal{N}(\mathcal{E})$ を含むエネルギー積分に変換して評価することができる．式 (4.131) の代わりに次式を得る．

$$G_0^+(\mathbf{R}; \mathcal{E}) = -\pi \mathcal{N}(\mathcal{E}) \frac{e^{ikR}}{kR} \tag{4.170}$$

k は $\mathcal{E}(\mathbf{k}) = \mathcal{E}$ の関係を満たす波数である．一方 $\mathbf{r} = \mathbf{r}' = \mathbf{r}_0$ の場合，波動関数の因子が非収束因子となるので，式 (4.65) のように評価されることになる．

$$G_0(\mathbf{r}_0, \mathbf{r}_0) = G_0^+(0; \mathcal{E}) = \int \frac{\mathcal{N}(\mathcal{E}') \, \mathrm{d}\mathcal{E}'}{\mathcal{E} - \mathcal{E}' + i\delta}$$
$$= I(\mathcal{E}) - i\pi \mathcal{N}(\mathcal{E}) \tag{4.171}$$

$I(\mathcal{E})$ は積分の主値である．

式 (4.170) と式 (4.171) を式 (4.168) に代入すると目的のグリーン関数が求まる．摂動系のグリーン関数は "不純物原子" の位置 $\mathbf{r}_0$ に特異点を持つので，式 (4.170) に比べて少し複雑である．G は常に次の因子，

$$\frac{1}{1 - G_0^+(0; \mathcal{E}) \mathcal{V}_0} = \frac{1}{\{1 - I(\mathcal{E}) \mathcal{V}_0\} + i\pi \mathcal{N}(\mathcal{E}) \mathcal{V}_0} \tag{4.172}$$

を含み，条件によって無限大になる可能性がある．レゾルベント (4.124) の理論によれば，系の固有状態を求めるためには G の $\mathcal{E}$ に関する特異点を見つければよい．式 (4.172) より，そのような特異点は次の条件が同時に満たされる際に生じる．

$$1 - I(\mathcal{E})\mathcal{V}_0 = 0 \tag{4.173}$$

$$\mathcal{N}(\mathcal{E}) = 0 \tag{4.174}$$

これは"不純物"がエネルギー $\mathcal{E}$ の束縛状態を持つ条件である．

第一の条件は摂動の強度 $\mathcal{V}_0$ を適正に選ぶことによって満足することができる．一方，式 (4.174) が満たされるためには，エネルギーがバンドの外，すなわち $\mathcal{E} < \mathcal{E}_m$ もしくは $\mathcal{E}_M < \mathcal{E}$ になっていなければならない．しかしここで真のレゾルベントの定義式に現われる遅延グリーン関数の代わりに，式 (4.133) のような"定在波伝播関数" G_0^0 を用いることを考えてみよう．そうすると式 (4.172) の虚部はなくなり，式 (4.174) は必要条件ではなくなるように見える．式 (4.173) を満足するブロッホ状態のバンドの中の状態は何を意味するであろうか．

ポテンシャル $\mathcal{V}(\mathbf{r})$ が波動関数に与える影響を計算してみよう．点 $\mathbf{r}_0$ の周りの球対称性から，角運動量表示を用いる必要がある．また摂動ポテンシャルをデルタ関数的に局在するものとしているので，s波のみが影響を受ける．したがってリップマン–シュウィンガー方程式における"自由粒子状態"として次の状態を用いる．

$$|\Phi\rangle = \frac{\sin k|\mathbf{r} - \mathbf{r}_0|}{k|\mathbf{r} - \mathbf{r}_0|} \tag{4.175}$$

式 (4.145) を満たす"散乱された"波動関数は，式 (4.167)，式 (4.170)，式 (4.172) から次のように計算される．

$$\begin{aligned}
|\Psi^+(\mathbf{r})\rangle &= |\Phi(\mathbf{r})\rangle + \int G(\mathbf{r}, \mathbf{r}'')\mathcal{V}(\mathbf{r}'')|\Phi(\mathbf{r}'')\rangle \mathrm{d}^3 r'' \\
&= |\Phi(\mathbf{r})\rangle + G(\mathbf{r}, \mathbf{r}_0)\mathcal{V}_0|\Phi(\mathbf{r}_0)\rangle \\
&= \frac{\sin k|\mathbf{r} - \mathbf{r}_0|}{k|\mathbf{r} - \mathbf{r}_0|} - \frac{\mathcal{V}_0}{1 - G_0^+(0; \mathcal{E})\mathcal{V}_0} \pi \mathcal{N}(\mathcal{E}) \frac{e^{ik|\mathbf{r} - \mathbf{r}_0|}}{k|\mathbf{r} - \mathbf{r}_0|} \\
&= e^{i\eta(\mathcal{E})} \frac{\sin\{k|\mathbf{r} - \mathbf{r}_0| + \eta(\mathcal{E})\}}{k|\mathbf{r} - \mathbf{r}_0|}
\end{aligned} \tag{4.176}$$

位相シフトは次式のようになる．

$$\eta(\mathcal{E}) = \tan^{-1}\left\{\frac{\pi \mathcal{N}(\mathcal{E})\mathcal{V}_0^2}{I(\mathcal{E})\mathcal{V}_0 - 1}\right\} \tag{4.177}$$

与えられた $\mathcal{V}_0$ に対し，式 (4.177) の分母が $\mathcal{E} = \mathcal{E}_\mathrm{R}$ でゼロになると考えてみよう．このエネルギーの近傍では次式が成り立つ．

$$\tan \eta(\mathcal{E}) = \frac{W}{\mathcal{E} - \mathcal{E}_\mathrm{R}} \tag{4.178}$$

4.15. 例：金属中の不純物準位

これはエネルギー $\mathcal{E}_R$ の"共鳴"もしくは"仮想状態"の近傍における位相シフトの式としてよく知られている．共鳴の"幅" W は $\mathcal{N}(\mathcal{E}_R)$ に比例する．もし摂動の強さ $\mathcal{V}_0$ が，バンド中にエネルギー $\mathcal{E}_R$ を生じるような値であれば，共鳴ピークは広くなる．$\mathcal{E}_R$ がバンド端のどちらかに近づくと共鳴は鋭くなる．$\mathcal{E}_R$ がバンドの外になると $\mathcal{N}(\mathcal{E}_R)$ はゼロになり，式 (4.173) と式 (4.174) で表わされるような真の束縛状態，すなわち局在準位となる．

ここでは金属中の不純物準位に対するこの単純なモデルの妥当性や，モデルの性質と現実の物理現象との対応関係などを詳しく論じることはしない．要点はグリーン関数法が系の一般的な性質を表わすことができることであり，上記の例でも式 (4.177) と式 (4.171) において最終的に状態密度だけが現われている．グリーン関数法は計算を簡単にするとは限らず，時には式を解ける形にするために不自然な仮定をせざるを得ない場合もある．しかし本章で示したグリーン関数の諸性質を用いることにより，多くの量子力学的な問題を一定の解析的視点から見ることが可能となり，物理系における多様な現象や性質——散乱，集団平均，束縛状態，励起スペクトルなど——を統一的に扱えるようになる．多くの理論物理学者がグリーン関数法の持つ数学的厳密さ，一般性，簡潔さのために，この方法を好んで用いている．しかしグリーン関数法にも欠点はある．基本的に 2 つのベクトル変数の関数であるグリーン関数は，不可避的に 1 粒子波動関数よりも複雑になっており，実空間における電磁場や音波の場のような単純な描像をあてはめることができない．ダイヤグラム法の適用以外の，あらゆる量子力学的な計算にまで見境なくグリーン関数を用いると，直接的な"物理的解釈"を見失う恐れが生じる．我々は盲目的にグリーン関数を用いた計算に頼るのではなく，単純な描像から直接回答を導くことの可能性についても常に注意して考えておかなければならない．

第 5 章　多体問題

'*Many mickles make a muckle.*'

5.1　巨視的な系の量子力学的な性質

　量子論の法則のうち多くのものは，単一の粒子の振舞い(散乱，光学遷移，電場・磁場中の運動など)を観測することによって見いだされてきた．しかし我々は量子論の法則を巨視的な物質の性質の計算にも適用しなければならない．そのような数学的手法を確立して，量子効果が巨視的な系に及ぼす様々な影響を明確化する研究が，理論物理の主要な一分野を形成してきた．

　あらゆる巨視的な物体はもちろん多体系である．しかし多体系を，1粒子近似の可能な構成要素の準古典的な集合体として扱えることもしばしばある．我々は通常，物質中の原子内の閉殻電子を他の電子から独立なものとして扱うし，各原子はいくつかの隣接原子と古典的な相互作用を及ぼしあっているものと考える．本質的に微妙な問題は"量子液体"——個々の粒子が空間的に局在しておらず，たがいに強く影響を及ぼしあっている同種粒子系——において現れる．金属中の遍歴電子，核物質中の核子，液体ヘリウム中のヘリウム原子について，個々の粒子の役割を区別して考えることは難しい．

　"量子液体"において見られる様々な物理現象——超伝導，励起の集団運動，超流動など——はそれぞれ興味深いものではあるが，これらすべてに対して完全な説明を与えることは本書の趣旨を超える．読者は必要とあれば，各自で専門的な文献に当たり，詳しい説明を見いだしてもらいたい．ここではそのような説明を理解するための基礎となる数学的手法の主要部分だけを記述する．第二量子化，ファインマンダイヤグラムおよびグリーン関数の方法は元々素粒子論のために開発された手法であったが，近年の多体系の理論の急速な発展に伴って，これらの手法が多体理論に取り入れられるようになった．しかし多体問題は本来，それ自身独自の重要性を持った分野であり，素粒子論とは異なる多体問題固有の方法論がある．本章では多体系の諸問題を，前章

までで述べた数学的手法の適用例として説明するのではなく，多体問題それ自身の言葉で説明してみたいと思う．我々はまず，基礎的でかつ直観的なトーマス‐フェルミ (Thomas-Fermi) の方法と，ハートリー (Hartree) の方法を取り上げる．これらの方法は摂動の一般論から形式的に導くよりも"物理的近似"として説明する方が理解しやすい．

5.2 トーマス‐フェルミ近似

多体問題では莫大な数の粒子を含む系を扱うので，必然的に統計的な取扱いが必要となり，個々の粒子の座標に注意を払うことはない．4.1節の議論から，最も単純なパラメーターは空間座標表示をした1粒子密度関数の対角成分——粒子密度 $n(\mathbf{r})$ である．

古典統計力学ではまず系の状態を求める方程式，たとえば化学ポテンシャルの温度や密度との関係を見いだすことになる．しかしフェルミ粒子系では，パウリの排他律から生じるゼロ点エネルギーと比べて充分に熱分配エネルギーが小さいような低温領域において，興味深い量子力学的な現象が見られる．そのような温度領域では，密度分布のような系全体の性質はほとんど温度依存性を持たなくなり，気体や液体全体にわたって温度を近似的にゼロとして扱うことができる．

低温のフェルミ粒子系では，粒子の運動エネルギーが系の自由エネルギーの主要な部分になる．たとえば相互作用のない電子気体の単位体積あたりの電子密度を n とすると，フェルミエネルギーは原子単位系 ($m_e \to 1$, $|e| \to 1$, $\hbar \to 1$) で，

$$\mathcal{E}_\mathrm{F} = \frac{1}{2}(3\pi^2)^{\frac{2}{3}} n^{\frac{2}{3}} \tag{5.1}$$

と表される (2.7節参照)．これは静電ポテンシャルをゼロとおいて基底エネルギーから測った化学ポテンシャルである．

フェルミ粒子同士の相互作用——電子間のクーロン相互作用や核子間の"核力"——を考慮したとき，どのような効果が現れるのであろうか？エネルギー，自由エネルギー，その他の熱力学変数を粒子密度で表した一般的な式を書くことができるであろうか？この多体問題の最終目標は常に達成されるわけではないが，限られた場合に関する結果から，多くの一般原理を推察することができる (5.11節参照)．

電子間の長距離に及ぶクーロン相互作用は，系の状態に少なからず影響を及ぼす．電子密度が一様でなく，$n(\mathbf{r})$ で表される分布を持つものと考えよう．この分布によって電場が生じることになり，電場の効果は次のポワソン方程式を満足するポテンシャ

ルエネルギー $\Phi(\mathbf{r})$ によって与えられる.

$$\nabla^2 \Phi(\mathbf{r}) = 4\pi n(\mathbf{r}) \tag{5.2}$$

(ここで $|e|=1$ とおいた.)

化学ポテンシャル μ にはフェルミエネルギー (5.1) 以外にこの静電ポテンシャルも加わることになる. μ は位置に依らないので,次の関係式が得られる.

$$\mu = \frac{1}{2}(3\pi^2)^{\frac{2}{3}}\{n(\mathbf{r})\}^{\frac{2}{3}} + \Phi(\mathbf{r}) \tag{5.3}$$

式 (5.3) と式 (5.2) を用いて,トーマスとフェルミによって導かれた自己無撞着なポテンシャルの微分方程式を得ることができる.

$$\nabla^2 \Phi(\mathbf{r}) = \frac{8\sqrt{2}}{3\pi}\{\mu - \Phi(\mathbf{r})\}^{\frac{3}{2}} \tag{5.4}$$

この方程式は非線形であるが,適当な境界条件を与えて積分することができる単純なケースもいくつかある. たとえば原子核が原点にあり,核の電荷 Z が球対称ポテンシャルを生じているものとしよう. このとき解の境界条件は次のようになる.

$$\Phi(\mathbf{r}) \left\{ \begin{array}{ll} \to -\dfrac{Z}{r} & \text{as} \quad r \to 0 \\ \to 0 & \text{as} \quad r \to \infty \end{array} \right\} \tag{5.5}$$

上記のトーマス-フェルミの方法 (Thomas-Fermi method) は,電荷密度の一様な状態からのずれを調べるのに適しているが,相互作用する電子系の全エネルギーの計算には適さない. しかしこの方法によって与えられる原子系,分子系,および固体における電子密度分布の一般的描像は充分に理に適ったものであり,大抵の場合これらの系の電子がトーマス-フェルミの描像から大きく異なったものになることはない. ただしこの近似が成立しなくなる状況が 2 通り考えられる. まず"局所的に"密度の値が決まるという仮定は,電場の空間的変化が急激な場合には適用できない. また電子密度が著しく低い場合には,必然的に電荷量の離散性が現れてくる. 式 (5.4) と式 (5.5) の解は原子核の近傍や,閉殻電子の領域から遠く離れた場所では正確ではない.

電子気体におけるもう少し微妙な効果を考慮するために,トーマス-フェルミの方法を改善する試みもなされている. たとえば純粋なクーロンエネルギー以外に"交換エネルギー"

$$\mathcal{E}_{\text{ex}} = -\alpha n^{\frac{4}{3}} \tag{5.6}$$

を付加する場合がある. α は定数である. これを化学ポテンシャルの式 (5.3) に加えることで,より複雑な $n(\mathbf{r})$ と $\Phi(\mathbf{r})$ の方程式が得られる. この方法はトーマス-フェルミ-ディラックの方法 (Thomas-Fermi-Dirac method) と呼ばれているが,トー

マス‐フェルミ近似と比べて格段の改善がなされるわけでもない．一般に電子気体の密度とエネルギーの関係——式 (5.2) を積分したものと似ているが，非局所的効果を含んだ関係式，

$$\Phi(\mathbf{r}) = \int \frac{n(\mathbf{r}')}{|\mathbf{r}-\mathbf{r}'|} d^3 r' \tag{5.7}$$

は，化学ポテンシャルの表式を与え，$n(\mathbf{r})$ に関する自己無撞着な微分方程式もしくは積分方程式を導く．このような手法は全て，トーマス‐フェルミ近似と同じ欠点を持つ．すなわちこの方法は電子間の位相関係を考慮していないので，電荷分布領域全域にわたる相関効果や交換効果を反映したものにはならない．

5.3 ハートリーの自己無撞着な場

多体問題を扱うための次のステップとしては，ハートリー (Hartree) の近似法がある．電子の分布によって生じる電位分布 $\Phi(\mathbf{r})$ が各々の電子の状態を決めるシュレーディンガー方程式のポテンシャルの一部となるものとする．i 番目の電子の波動関数 $\psi_i(\mathbf{r})$ は次の式を満足しなければならない．

$$-\frac{\hbar^2}{2m}\nabla^2 \psi_i(\mathbf{r}) + \mathcal{V}_{\text{S.C.}}(\mathbf{r})\psi_i(\mathbf{r}) = \mathcal{E}_i \psi_i(\mathbf{r}) \tag{5.8}$$

局所的な電子密度は次式で与えられる．

$$n(\mathbf{r}) = \sum_{i=1}^{N} |\psi_i(\mathbf{r})|^2 \tag{5.9}$$

この電子密度分布が，ポワソン方程式 (5.2) に従って静電ポテンシャル $\Phi(\mathbf{r})$ を生じることになる．電子に働く"自己無撞着な場"は，

$$\mathcal{V}_{\text{S.C.}}(\mathbf{r}) = \mathcal{V}_{\text{ext}}(\mathbf{r}) + \Phi(\mathbf{r}) \tag{5.10}$$

である．$\mathcal{V}_{\text{ext}}(\mathbf{r})$ は原子核のような"外部の"電荷によるポテンシャルである．

電子の波動関数は式 (5.8) を満たすことになるので，これらの方程式は大抵の場合一意的な解を持ち，逐次代入によって解を求めることができる．まず初めに適当な任意のポテンシャルの形を決め，式 (5.8) から波動関数を求める．これを式 (5.9) に代入すると電子密度分布が得られ，ポワソン方程式 (5.2) からポテンシャル $\Phi(\mathbf{r})$ が求まる．これを式 (5.10) に代入して得られる新たな全ポテンシャルを再び波動方程式 (5.8) のポテンシャルとして用いる．これらの作業を繰り返すことで自己無撞着な場と波動関数を求めることができる．

5.4. ハートリー-フォックの方法

ハートリー法のよい適用例は1原子中の多電子系である．主要なポテンシャルは原子核の電荷によって与えられるが，外側の殻を満たす電子に到達する核のポテンシャルは，内側の殻を満たす電子による遮蔽の効果を加味したものとなる．この系の性質を少し考えると，議論を一部修正しなければならないことに気付く．各電子の波動関数の和から電子密度 $n(\mathbf{r})$ を求め，電子系によるポテンシャル $\Phi(\mathbf{r})$ を計算する際に，今波動関数を求めようとしている電子からのポテンシャルへの寄与だけは省かなければならない．電子は自分自身の電荷による場から力を受けることはないからである．したがって解くべき方程式は次のようになる．．

$$\left.\begin{aligned}-\frac{\hbar^2}{2m}\nabla^2\psi_i(\mathbf{r}) + \left\{\mathcal{V}_{\text{ext}}(\mathbf{r}) + \Phi^{(i)}(\mathbf{r})\right\}\psi_i(\mathbf{r}) = \mathcal{E}_i\psi_i(\mathbf{r}) \\ \nabla^2\Phi^{(i)}(\mathbf{r}) = 4\pi\sum_{j=1,j\neq i}^{N}|\psi_j(\mathbf{r})|^2\end{aligned}\right\} \quad (5.11)$$

すなわち各電子はそれぞれ異なった平均場に従うことになる．

ハートリーの方法は一般性を持った方法であり，"一電子のエネルギー"が全電子密度の汎関数として表されるならば，自己無撞着な場を求める方法として適用できる．たとえば原子中の波動関数の交換相互作用の効果を"スレーターの交換正孔近似" (Slater exchange hole approximation) で扱う場合にもこの方法が適用できる．この場合には，式 (5.6) のように各々の電子に対して $\{n(\mathbf{r})\}^{\frac{1}{3}}$ に比例する局所ポテンシャルの存在を仮定し，シュレーディンガー方程式 (5.8) もしくは (5.11) のポテンシャルにこの項を含めて方程式を解くことになる．

上記の自己無撞着場の方法は，原子や分子の中の電子系のような不均一な電荷分布を含む問題において，大抵の場合ほぼ正確な結果を与えるので，数値計算の方法としてよく利用される．しかし一様なフェルミ粒子気体にこの方法を適用すると，残念ながらしばしばナンセンスな結果を与えてしまう．一様な気体や液体に対する理論はそれ自身重要であるし，不均一な系の本当に正確なエネルギーを導くためにも不可欠となるので，この問題は掘り下げて考える必要がある．

残念ながら本節で与えた議論は"直観的"であり，真の結果と数学的にどの程度のくい違いを生じ得るか，判断が難しい．そこで次に，式 (5.11) が近似として現れてくるような，より一般的な自己無撞着場の方程式を見てみることにする．

5.4 ハートリー-フォックの方法

フェルミ粒子系が外場 $\mathcal{V}_{\text{ext}}(\mathbf{r})$ の下で，ポテンシャル $v(\mathbf{r}-\mathbf{r}')$ で相互作用している (たとえばクーロン相互作用がある) 場合を考えてみよう．相互作用がなければ，1

粒子ハミルトニアンは,

$$\mathcal{H}_0(\mathbf{r}) = -\frac{\hbar^2}{2m}\nabla^2 + \mathcal{V}_{\text{ext}}(\mathbf{r}) \tag{5.12}$$

となり，このハミルトニアンの固有関数が，式 (2.2) の行列式のような多体波動関数をつくる基本関数となる.

相互作用がある系の真の基底状態を $|\Psi\rangle$ と書くことにしよう. 系の基底エネルギーは，この基底状態による全ハミルトニアンの期待値でなければならない. 式 (4.5) と式 (4.81) によって，この期待値を次のように書くことができる.

$$\begin{aligned}\langle\Psi|\mathcal{H}|\Psi\rangle &= \text{Tr}\big[\rho\big\{\mathcal{H}_0 + v(\mathbf{r}-\mathbf{r}')\big\}\big] \\ &= \int \mathcal{H}_0 \rho(\mathbf{r},\mathbf{r})\mathrm{d}^3 r + \frac{1}{2}\iint \rho^{(2)}(\mathbf{r},\mathbf{r}';\mathbf{r},\mathbf{r}')v(\mathbf{r}-\mathbf{r}')\mathrm{d}^3 r\mathrm{d}^3 r' \end{aligned} \tag{5.13}$$

真の 2 粒子密度行列 $\rho^{(2)}$ を計算するためには，この多体問題の解が既に得られていなければならない. しかしここでは式 (4.86) に示した，相互作用がない系の 2 粒子グリーン関数について成立する関係式,

$$K_0(1234) = G_0(13)G_0(24) - G_0(14)G_0(23) \tag{5.14}$$

を思い出そう.

この単純なケースでは，2 粒子密度行列は 1 粒子密度行列を用いて表すことができる. この関係が相互作用のある系でも近似的に成立するものと仮定してみよう.

$$\rho^{(2)}(\mathbf{r},\mathbf{r}';\mathbf{r},\mathbf{r}') \approx \rho(\mathbf{r},\mathbf{r})\rho(\mathbf{r}',\mathbf{r}') - \rho(\mathbf{r},\mathbf{r}')\rho(\mathbf{r},\mathbf{r}') \tag{5.15}$$

1 粒子密度行列 $\rho(\mathbf{r},\mathbf{r}')$ は必ずしも相互作用のない粒子系のものと一致しない. これは基底状態の期待値を最小にするように決めるべきものである.

$$\begin{aligned}\langle\mathcal{H}\rangle &\approx \int \mathcal{H}_0(\mathbf{r})\rho(\mathbf{r},\mathbf{r})\mathrm{d}^3 r \\ &\quad + \frac{1}{2}\iint\big\{\rho(\mathbf{r},\mathbf{r})\rho(\mathbf{r}',\mathbf{r}') - \rho(\mathbf{r},\mathbf{r}')\rho(\mathbf{r},\mathbf{r}')\big\}v(\mathbf{r}-\mathbf{r}')\mathrm{d}^3 r\mathrm{d}^3 r'\end{aligned} \tag{5.16}$$

ここで "実効的な 1 粒子密度行列" を，有限個の "占有された 1 粒子波動関数" を用いて表してみよう. N 個の電子 (もしくは他のフェルミ粒子) が N 個のほぼ独立な軌道 $u_j(\mathbf{r})$ を占有していると考え，次のように書く.

$$\rho(\mathbf{r},\mathbf{r}') = \sum_{j=1}^{N} u_j^*(\mathbf{r}')u_j(\mathbf{r}) \tag{5.17}$$

5.4. ハートリー–フォックの方法

これを式 (5.16) に代入すると次式が得られる.

$$\langle \mathcal{H} \rangle \approx \sum_j \int u_j^*(\mathbf{r}) \left\{ \mathcal{H}_0(\mathbf{r}) + \frac{1}{2}\Phi_H(\mathbf{r}) \right\} u_j(\mathbf{r}) \, \mathrm{d}^3 r$$
$$+ \frac{1}{2} \sum_j \iint u_j^*(\mathbf{r}) \Phi_{\mathrm{exch}}(\mathbf{r},\mathbf{r}') u_j(\mathbf{r}') \, \mathrm{d}^3 r \, \mathrm{d}^3 r' \qquad (5.18)$$

相互作用としてクーロン力を仮定する場合,

$$\Phi_H(\mathbf{r}) \equiv \int v(\mathbf{r}-\mathbf{r}') \rho(\mathbf{r}',\mathbf{r}') \, \mathrm{d}^3 r' \qquad (5.19)$$

は式 (5.7) および式 (5.9) で定義されているハートリーの自己無撞着なポテンシャルである. 一方"交換場"は非局所的な演算子として次のように定義される.

$$\Phi_{\mathrm{exch}}(\mathbf{r},\mathbf{r}') = -v(\mathbf{r}-\mathbf{r}') \rho(\mathbf{r},\mathbf{r}') \qquad (5.20)$$

式 (5.18) は各々の波動関数 $u_j(\mathbf{r})$ に依存する汎関数であり, これを最小にするように各 $u_j(\mathbf{r})$ を決めなければならない. 但しここでは Φ_H と Φ_{exch} も $u_j(\mathbf{r})$ の汎関数である. 各"軌道"$u_j(\mathbf{r})$ の規格化条件を保つためにラグランジュの未定係数 ε_j を導入することにより, 次のようなハートリー–フォックの連立方程式 (Hartree-Fock equations) を得る.

$$\left\{ -\frac{\hbar^2}{2m}\nabla^2 + \mathcal{V}_{\mathrm{ext}}(\mathbf{r}) + \Phi_H(\mathbf{r}) \right\} u_j(\mathbf{r})$$
$$+ \int \Phi_{\mathrm{exch}}(\mathbf{r},\mathbf{r}') u_j(\mathbf{r}') \, \mathrm{d}^3 r' = \varepsilon_j u_j(\mathbf{r}) \qquad (5.21)$$

この方程式は明らかにハートリーの方程式 (5.11) と似ている. 各電子の固有関数 $u_j(\mathbf{r})$ を求めるシュレーディンガー方程式は, ポテンシャル項として外場ポテンシャル $\mathcal{V}_{\mathrm{ext}}(\mathbf{r})$ の他に, ハートリーの平均ポテンシャル $\Phi_H(\mathbf{r})$ と, 非局所的な交換ポテンシャル Φ_{exch} を含む. ポテンシャルにも, 式 (5.17), 式 (5.19), 式 (5.20) を通じて求めるべき関数 $u_j(\mathbf{r})$ が含まれるので, 方程式は非線形であり, 反復法によって自己無撞着な解を求めなければならない.

もう少し初等的な仮定からハートリー–フォック方程式を導くこともできる. 多粒子波動関数が, 未知の1粒子波動関数一式を用いた"単一の"行列式で表されるものと仮定する.

$$|\Psi\rangle = \begin{vmatrix} u_1(\mathbf{r}_1) & u_1(\mathbf{r}_2) & \cdots & u_1(\mathbf{r}_N) \\ u_2(\mathbf{r}_1) & u_2(\mathbf{r}_2) & \cdots & u_2(\mathbf{r}_N) \\ \cdots & \cdots & \cdots & \cdots \\ u_N(\mathbf{r}_1) & u_N(\mathbf{r}_2) & \cdots & u_N(\mathbf{r}_N) \end{vmatrix} \qquad (5.22)$$

そうするとエネルギー期待値として式 (5.18) を導くことができる．密度行列を用いたハートリー–フォック方程式の導出はより簡潔であり，式 (5.15) によって仮定した近似の性質もよく分かるようになっている．

交換項は何を意味するのであろうか？ この問題にはいろいろな回答の仕方がある．代数的にはこの交換項は，フェルミ粒子演算子の反交換関係から生じており，多粒子波動関数が粒子座標の交換に関して反対称であることを反映したものである．行列式の形で表された波動関数 (5.22) は，各波動関数の間に一定の位相関係を課すことになる．位相相関の効果は密度行列の非対角要素として現れ，2個以上の粒子が同一の1粒子状態を占有しないことを保証する．たとえば式 (5.15) の2粒子密度行列は $\mathbf{r} = \mathbf{r}'$ のときにはゼロとなるが，これは2個の粒子が空間内の同じ位置を占めることができないことを示している．各々の電子の近傍には "交換正孔" があり，他の電子が見いだされることはない．しかしこの議論は同じスピンを持った電子間にのみあてはまる．反対方向のスピンを持つ電子同士は基本的に "識別可能な" フェルミ粒子と考えることができ，互いに近づくことが可能である．

交換場の計算は面倒なので，通常は非局所関数を，局所関数で近似する．そうすると方程式はハートリー型になる．しかしこのような場合，着目している j 番目の軌道からのハートリー場 (5.19) および交換場 (5.20) への寄与は，"シュレーディンガー方程式" (5.21) の中で打ち消し合う．したがって粒子密度と密度行列を評価して波動関数の計算に用いる際に，全占有状態にわたる計算 (5.17) のうち，着目している j 番目の軌道に関する項を省くことができる．ハートリー方程式 (5.11) において着目している電子自身からの静電ポテンシャルへの寄与を省くことは，交換場の効果として理解することができる．

系全体のエネルギーは個々の1粒子状態の "固有値" ε_j の単純な和ではない．ε_j は非線形な汎関数 (5.18) のための未定係数であり，u_j の変化が全体の場に与える影響を表しているので，ε_j の総和をとると，同じ j 番目と k 番目の電子間の平均的相互作用を2回勘定することになる．全エネルギーの期待値は，式 (5.18) に現れるハートリー場と交換場の期待値を用いて次のように表される．

$$E = \langle \mathcal{H} \rangle = \sum_j \varepsilon_j - \frac{1}{2} \langle \Phi_\mathrm{H} + \Phi_\mathrm{exch} \rangle \tag{5.23}$$

5.5　ハートリー–フォック理論のダイヤグラムによる解釈

ここでハートリー–フォックの方法の原子系，分子系，および固体への多くの適用例を議論する余裕はない．一般にハートリー–フォックの方法は，直観的なハートリー

5.5. ハートリー–フォック理論のダイヤグラムによる解釈

の方法に比べ，交換の効果を取り入れてあるためより正確であり，スピンの向きに依存する2つのフェルミ粒子間の"交換相互作用"を考慮することができる．

一様なフェルミ粒子気体の基底状態を評価する際には，何らかの方法で相関効果を考慮しなければならない．交換相互作用によって，反発し合う粒子同士は互いに遭遇しないような状態を形成する傾向を持つことになる．既に見たように，交換正孔は同じスピンを持つ2つのフェルミ粒子間に自動的にこの条件を課する．一方反対向きのスピンを持つ粒子間にこのような制約は生じない．式 (5.23) を評価するのは簡単であるが，一様なフェルミ粒子気体の真の基底エネルギーは"相関エネルギー"と称されるエネルギーの分だけ更に低くなる．クーロン型の長距離相互作用を持つ電子系では，相関エネルギーの問題は比較的よく知られている．これは金属の凝集エネルギーの計算において詳細に論じられており，基礎的な物理過程の議論によって電子系の交換エネルギーを考慮することは難しくない．しかし核物質中の核子のような，短距離で非常に強い相互作用を示すケースでは相関効果が極めて強くなり，ハートリー–フォックの方法による結合エネルギーの計算は全く不正確なものになる．

また，電子気体の場合でも，基底状態からの励起スペクトルを，ハートリー–フォックの基底状態に対する摂動として粒子間相互作用によって計算する方法は意味のある結果を与えない．この方法によると，フェルミ準位における状態密度の"交換効果による補正"が発散してしまうことはよく知られている通りである．

このような計算上の誤りを避けるための技術を理解するために，ハートリー–フォック理論をダイヤグラム法の観点から解釈することが有益となる．ダイヤグラム法によって，我々は計算から除くべき部分を認識することができるようになる．

この分野の理論では，議論に用いる方法に選択の余地がある．一定の相互作用を持つ静的な系の基底状態と，そこからの励起を考えるために，レゾルベント (4.124) の級数展開に基礎をおく時間に依存しないグラフ形式を用いることもできる．他方，相互作用 $v(\mathbf{r}-\mathbf{r}')$ を断熱的スイッチ操作によって導入し，第3章の時間に依存する理論に従い，3.8節で指摘したようなファインマン型のグラフを用いても同じ結果を得ることができる．

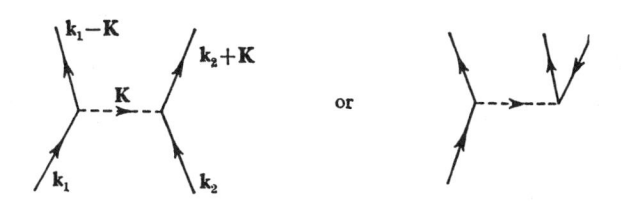

ここではフェルミ粒子–フェルミ粒子相互作用を，上の図に示すような"水平な"

線で表し(すなわち相互作用は瞬時に伝わる),線に付した表示 $\mathbf{K}$ がこの衝突による一方の粒子からもう一方の粒子への運動量の遷移を表すものとする.そのような相互作用線は,ダイヤグラム全体を表す行列要素に対して,$\mathbf{K}$ を引数とする因子 $v(\mathbf{K})$ を与える.

これらのダイヤグラムはトポロジー的にはフェルミ粒子間の仮想フォノンの交換を記述するダイヤグラムと同じである.ただしダイヤグラムを数式に変換する時に,仮想フォノンの交換の場合には式 (3.115) のような少し複雑な伝播関数になる点が異なる.式 (3.77) に示したように,ボーズ粒子の交換はフェルミ粒子間の遠隔相互作用 $v(\mathbf{r} - \mathbf{r}')$ を生じる.実ボーズ粒子を励起するほどの高いエネルギーを考慮しなくてよい場合,フェルミ粒子間の遠隔相互作用とボーズ粒子の交換による相互作用の描像を区別する必要はない (6.11節参照).低温における金属電子系は,2種類の相互作用——遠隔相互作用近似が成立するクーロン力と,式 (3.77) で表されるようなフォノン交換による相互作用——を持つ.

3.9節と同様な,ファインマンダイヤグラムを用いたトポロジー的議論によって"物理的真空"を定義し,連結したグラフだけが系の物理的な性質の計算に必要であることを示すことができる.レゾルベントのダイヤグラム展開において,このことは"連結クラスターの定理"と呼ばれるが,全く同様の方法で証明することができる.

系の基底エネルギーは自己エネルギーダイヤグラムの総和——すべての"外線"を持たない連結グラフ——で与えられる.初めの2項は次の図のようになっており,これらの代数的な和は,

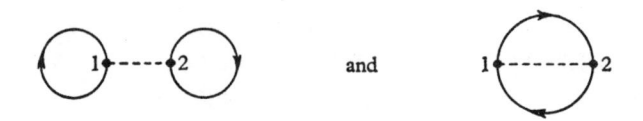

$$G_0(11)v(12)G_0(22) - G_0(12)v(12)G_0(12) = v(12)K_0(1212) \tag{5.24}$$

と表される.変数を表す数字が重複している項は,その変数に関する総和 (積分) がとられているものと解釈する.この表式は2粒子グリーン関数 (2粒子密度行列) が,式 (4.86),式 (5.14) のような自由粒子系と同じ関係を持つものとした場合の相互作用ポテンシャル平均と等価である.

しかしハートリー–フォックの理論はこれよりも優れている.式 (5.16) により,次式を評価する必要がある.

$$\langle \Phi_\mathrm{H} + \Phi_\mathrm{exch} \rangle = G(11)v(12)G(22) - G(12)v(12)G(21) \tag{5.25}$$

5.5. ハートリー–フォック理論のダイヤグラムによる解釈

G は修正された伝播関数であり，エネルギー補正量と無撞着に決まる．

$$G = \frac{1}{\mathcal{E} - \mathcal{E}_0(\mathbf{k}) - \langle \Phi_{\rm H} + \Phi_{\rm exch} \rangle} \tag{5.26}$$

これらの2つの方程式は，式 (5.17)-(5.21) を自己無撞着に解くための基礎的な積分方程式を与える．

G の表式 (5.26) は実際に次のダイソンの級数の和をとったものと等価である．

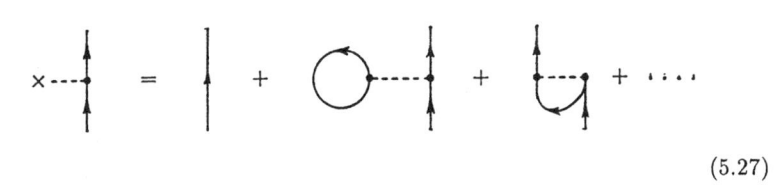

$$\tag{5.27}$$

左辺の G に対するグラフ表現では，ハートリー場と交換場が外場のように表されている．右辺の各ダイヤグラムは，自由電子の伝播関数 G_0 に対して，仮想的な真空の励起を含む全ての可能なサブダイヤグラム (相互作用なし，直接相互作用，交換相互作用) を導入したもの——式 (5.24) の閉じた2つのフェルミ粒子線の一方を開いたダイヤグラム——となっている．言い替えると式 (5.24) を式 (5.25) に置き換えることによって，たとえば次の図のような無数に存在する自己エネルギーダイヤグラムを，その下に示したような2つの単純な"一次の"グラフに置き換えていることになる．

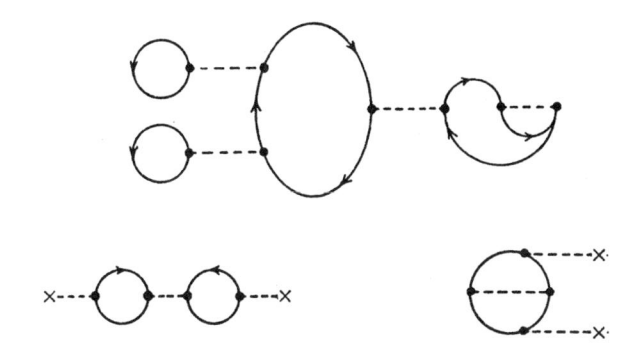

実際ハートリー–フォック近似は，これら2つの基本ダイヤグラムを，より単純な式 (5.23) の $-\frac{1}{2} \langle \Phi_{\rm H} + \Phi_{\rm exch} \rangle$ に相当するグラフで修正した次の図で表される．

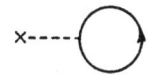

5.6 ブルックナーの方法

既に見てきたように,ハートリー－フォック法は粒子間の相関について正しい結果を与えない.実際に一様な気体において,式 (5.22) の行列式に用いることのできる状態関数は平面波のみであり (運動量がよい量子数となるためである),修正された伝播関数 G は G_0 とエネルギーのゼロ点だけしか違わない.したがって2粒子グリーン関数 $K(1234)$ も式 (5.14) の自由粒子系のグリーン関数 $K_0(1234)$ と同じ形になる.唯一の修正は同じスピンの粒子に対する"交換正孔"の寄与だけである.

正確な2粒子グリーン関数 (4.89) は,実際には式 (5.15) で仮定したような単純な1粒子グリーン関数の積の一次結合だけで表すことはできず,$\Gamma(1234)$ のような結節部分を含む.この核は,単純に級数 (5.27) に含まれるようなダイヤグラムに還元できないような全てのフェルミ粒子対の相互作用を表すダイヤグラムの総和をとることによって評価できるものである.

たとえばハートリー－フォックの伝播関数には,2本のフェルミ粒子線を2本以上の相互作用線で結合するようなグラフ,すなわち次の図のような"梯子型グラフ"が含まれない.

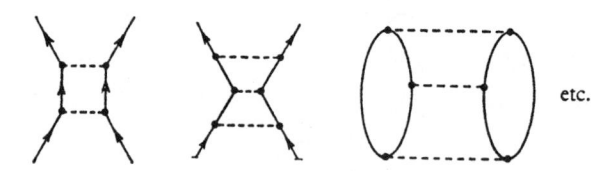

これらのグラフでは粒子同士が離れる前に複数回の相互作用が繰り返される.このようなグラフはごく低次の自己エネルギーのサブダイヤグラムにも現れるもので,無視するのは危険である.実際このようなダイヤグラムは,2粒子間の散乱の行列要素を相互作用ポテンシャル $v(\mathbf{r}-\mathbf{r}')$ に関して摂動展開する場合に直接現れてくる.これはボルン級数 (4.140) であり,ポテンシャルが弱くない場合は低エネルギーでも収束しない.したがって金属中の長距離相互作用を及ぼし合う電子系においても,短距離において強い斥力を持つ核物質系においても,ハートリー－フォック理論の各次数に"補正"を施す方法がよい結果を与えないことは驚くにはあたらない.

しかし我々は自由粒子間のポテンシャル散乱の問題が,ボルン展開に頼らなくとも直接解ける場合があることを知っている.たとえば"完全に侵入不可能な芯"(剛体球) による散乱問題は"摂動"として扱おうとすると特異で扱い難いケースになってしまうが,直接に位相シフトを求め,T積 (4.157) を求めるのは容易な演習問題である."ブルックナーの方法"(Brueckner method) の本質は,梯子型ダイヤグラムの

総和を，他の収束性のよい方法で求めた 2 粒子散乱問題の解に置き換えることにある．

実際にこの方法で用いられるテクニックはかなり複雑であり，一定の型通りにやればよいという性質のものではない．たとえば T 行列はエルミートではないので，相互作用ポテンシャル v を単純に T 行列に置き換えることはできず，"ハートリー‒フォックエネルギー" の平均値 (5.25) を T 行列から求めることはできない．ここではエルミートである "K 行列" (4.162) がその真価を発揮する．

主たる困難は，下の図のように閉じたクラスター中のサブダイヤグラムに現れる "梯子型グラフ" が，実際のフェルミ粒子間の衝突よりも更に一般的な "散乱過程" に対応することである．

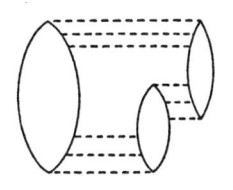

もし散乱過程が "仮想的" であれば，その初期状態もしくは終状態は "中間状態" であり，エネルギーがこの部分で保存する必要はない．しかし T 行列も K 行列も "エネルギー殻" の外で正確に定義されていないので，一般に v を置き換える際に，積分方程式 (4.164) に基づいて，ある程度任意に関数形を与えてやらなければならない．しかしながらこのブルックナーの方法は高密度で強い相互作用を持つフェルミ粒子系の束縛エネルギーを求めることに役立っている．

5.7　誘電応答関数

ハートリーの方法は別の視点から見ると "遮蔽効果" の評価方法と捉えることもできる．既に式 (5.10) において，電子による自己無撞着場は "外部から" 与えられる場と異なることを見た．フェルミ粒子気体は再分布して，各々の粒子にかかる力を変える．言い替えると外場は，多体系それ自身の自己無撞着な応答によって，強度と空間分布に変更を受ける．たとえば電子気体中に配した静的な正電荷——銅の中の不純物亜鉛原子など——は周囲の電子を近くに引き寄せるので，ごく短距離の範囲内ではとんど静電場が打ち消されてしまう．

このような単純な問題でも，ハートリー方程式の正確な解を得るためには大変な数値計算が必要である．また方程式は非線形なので，2 つの外場によって生じる自己無撞着場は，それぞれの外場による自己無撞着場の単純な重ね合せにはならない．ハートリー‒フォック理論は "非線形な近似" である．

しかしここで外場が非常に弱い場合を考え，"外部"からもたらされる場 $\mathcal{V}_{\text{ext}}(\mathbf{r},t)$ と，場の総和 $\mathcal{V}_{\text{tot}}(\mathbf{r},t)$ の関係において，線形項の部分だけの正確な理論を検討することにしよう．次式を満たすような一般的な"応答関数" $R(\mathbf{r},t;\mathbf{r}',t')$ の存在を仮定して，その解析的な性質を調べてみる．

$$\mathcal{V}_{\text{tot}}(\mathbf{r},t) = \iint R(\mathbf{r},t;\mathbf{r}',t')\mathcal{V}_{\text{ext}}(\mathbf{r}',t')\,\mathrm{d}^3r'\mathrm{d}t' \tag{5.28}$$

一様な系の場合，時間と空間に関するフーリエ変換を行い，次の関係を得ることができる．

$$\mathcal{V}_{\text{tot}}(\mathbf{q},\omega) = \frac{1}{\varepsilon(\mathbf{q},\omega)}\mathcal{V}_{\text{ext}}(\mathbf{q},\omega) \tag{5.29}$$

初等的な静電気学 (上記の誘電応答の特例と見なせる) から，式 (5.28) の R の逆数に相当する，一般化された"誘電関数" $\varepsilon(\mathbf{q},\omega)$ を定義することができる．ここから多体における"一般化分極率" $\alpha(\mathbf{q},\omega)$ も次のように導入できる．

$$\varepsilon(\mathbf{q},\omega) = 1 + \alpha(\mathbf{q},\omega) \tag{5.30}$$

これらの式から，分極によって誘起された場 $\mathcal{V}_{\text{ind}}$ は，場の総和 $\mathcal{V}_{\text{tot}}$ に対して反対向きになっていることが分かる．

$$\begin{aligned}\mathcal{V}_{\text{ind}}(\mathbf{q},\omega) &= \mathcal{V}_{\text{tot}}(\mathbf{q},\omega) - \mathcal{V}_{\text{ext}}(\mathbf{q},\omega)\\ &= -\alpha(\mathbf{q},\omega)\mathcal{V}_{\text{tot}}(\mathbf{q},\omega)\end{aligned} \tag{5.31}$$

一般に $\varepsilon(\mathbf{q},\omega)$ は ω の複素関数であり，因果条件により次の分散関係を満足する．

$$\operatorname{Re}\left\{\frac{1}{\varepsilon(\mathbf{q},\omega)}\right\} = 1 + \frac{2}{\pi}\mathcal{P}\int_0^\infty \frac{\omega'}{\omega'^2-\omega^2}\operatorname{Im}\left\{\frac{1}{\varepsilon(\mathbf{q},\omega')}\right\}\mathrm{d}\omega' \tag{5.32}$$

虚部は系のエネルギー散逸を反映しており，4.4節で議論した非可逆過程に関する久保の理論に関係している．しかしここで"横方向"と"縦方向"の誘電関数を区別することが重要である．導電率の式 (4.46) は光の吸収のような現象にも適用できるが，これは横方向の分極を生じる電磁場への応答を表している．本節で取り上げているのは縦方向の"静電的な"場の成分の効果であり，全く異なった関係式に従い，全く異なった物理的効果を示す．

ところで誘電関数は多体系の理論一般の中で，具体的な誘電現象との関連以外の面でも重要視されているが，それは何故であろうか？ 実は $1/\varepsilon(\mathbf{q},\omega)$ は系の2粒子グリーン関数と密接な関係があり，系の励起状態に対応した特異点を持つ．また"遮蔽された"粒子間相互作用，

$$v_{\text{scr}}(\mathbf{q},\omega) = \frac{v(\mathbf{q})}{\varepsilon(\mathbf{q},\omega)} \tag{5.33}$$

を用いる方法は，フェルミ粒子気体における粒子間の様々な相関効果を評価する際に威力を発揮する．この方法は，摂動展開において無限級数の総和をとることと等価なものとなっている．

5.8 誘電関数のスペクトル表示

基本的な誘電関数の性質を見てみるために，フェルミ粒子気体に対する，次に示すような時間に依存するハミルトニアンの効果を計算してみよう．

$$\mathcal{H}'_{\text{ext}} = \sum_{\mathbf{q},\omega} \mathcal{V}_{\text{ext}}(\mathbf{q},\omega) \sum_{j=1}^{N} \exp\{i(\mathbf{q}\cdot\mathbf{r}_j - \omega t)\} \tag{5.34}$$

$\varepsilon(\mathbf{q},\omega)$ は"線形応答関数"として定義されているので，各々のフーリエ成分の効果を独立に扱うことができる．無限の過去からの断熱的なスイッチ・オンの取扱いをするために，ω は微小な虚部 $i\delta$ を持つものとする．また $\mathcal{H}'_{\text{ext}}$ は充分に小さく，2次以上の摂動項は無視できるものと仮定する．

簡単のために，相互作用するフェルミ粒子気体の初期状態が正確な (時間に依存するシュレーディンガー方程式の) エネルギー固有値 E_n の固有状態 $|\Psi_n\rangle$ ではなく，非摂動系の基底状態 $|\Psi_0\rangle$ である場合を考える．摂動は状態 $|\Psi_0\rangle$ に，各々の励起状態 $|\Psi_n\rangle$ を $a_n(t)$ の割合で混合させていく効果を持つ．基本的な時間に依存する摂動論により，

$$a_n(t) = \mathcal{V}_{\text{ext}}(\mathbf{q},\omega)\frac{\langle\Psi_n|\rho_{\mathbf{q}}|\Psi_0\rangle}{E_n - \omega - i\delta} e^{-i\omega t} \tag{5.35}$$

である．ここで式 (4.85) と同様に"粒子密度演算子"のフーリエ成分を導入した．

$$\rho_{\mathbf{q}} \equiv \sum_{j=1}^{N} \exp(i\mathbf{q}\cdot\mathbf{r}_j) \tag{5.36}$$

状態が混合していくと，粒子密度の分布が変化する．密度分布をフーリエ変換したスペクトル (波数 $\mathbf{q}$ 成分の期待値) は次のように時間に依存する．

$$\begin{aligned}\langle\rho_{\mathbf{q}}(t)\rangle &= \sum_n\{\langle\Psi_0| + a_n^*(t)\langle\Psi_n|\}\rho_{\mathbf{q}}\sum_m\{|\Psi_0\rangle + a_m(t)|\Psi_m\rangle\} \\ &= \mathcal{V}_{\text{ext}}(\mathbf{q},\omega)\sum_n|\langle\Psi_n|\rho_{\mathbf{q}}|\Psi_0\rangle|^2\left\{\frac{1}{E_n - \omega - i\delta} + \frac{1}{E_n + \omega + i\delta}\right\} \\ &\quad + O(\mathcal{V}_{\text{ext}}^2)\end{aligned} \tag{5.37}$$

上式の導出では系の並進対称性を仮定し，各励起状態 $|\Psi_n\rangle$ の波数ベクトルがそれぞれ一意的に決まるものとした．更に行列要素 $\langle\Psi_n|\rho_{\mathbf{q}'}|\Psi_0\rangle$ の中で $\mathbf{q}'$ が初期状態の波数ベクトル $\mathbf{q}$ と一致しないものはゼロとなるので省き，因子 $\langle\Psi_0|\rho_{\mathbf{q}}|\Psi_n\rangle$ に関する項の寄与だけを考慮している．式全体の完全な導出を望むのであれば，正と負の ω の項を互いに複素共役とし，全体としてエルミートにするようなある巧妙な式の処理を施さなければならないことを付け加えておく．

粒子密度の変化は場の変化を引き起こす．相互作用ポテンシャル $v(\mathbf{r}-\mathbf{r}')$ は気体中の粒子間に働くだけでなく，仮想的に導入した粒子にも作用する．誘導された場は次のフーリエ成分を持つ．

$$\mathcal{V}_{\text{ind}}(\mathbf{q},\omega) = \langle\rho_{\mathbf{q}}(\omega)\rangle v(\mathbf{q}) \tag{5.38}$$

一方，式 (5.29) と式 (5.31) の定義から次式が成立する．

$$\mathcal{V}_{\text{ind}}(\mathbf{q},\omega) = \left\{\frac{1}{\varepsilon(\mathbf{q},\omega)}-1\right\}\mathcal{V}_{\text{ext}}(\mathbf{q},\omega) \tag{5.39}$$

したがって，式 (5.37)-(5.39) から次の一般式を導くことができる．

$$\frac{1}{\varepsilon(\mathbf{q},\omega)} = 1 + v(\mathbf{q})\sum_n|\langle\Psi_n|\rho_{\mathbf{q}}|\Psi_0\rangle|^2\left\{\frac{1}{E_n-\omega-i\delta}+\frac{1}{E_n+\omega+i\delta}\right\} \tag{5.40}$$

ここでは誘電関数が相互作用するフェルミ粒子系の正確な固有値・固有状態を用いて表されているので，誘電関数の概念が多体理論において本質的に重要なものであることが理解できるであろう．上記の式の導出方法は"自己無撞着性"の議論を必要としない非常に簡潔なものである．摂動項は"場の総和" $\mathcal{V}_{\text{tot}}$ ではなく，真の"外場" $\mathcal{V}_{\text{ext}}$ であるが，各々の励起状態 $|\Psi_n\rangle$ は自動的に，系自身の分極による場の効果を含む．

$1/\varepsilon(\mathbf{q},\omega)$ は，波数ベクトルが $\mathbf{q}$ であるような系の励起状態の振動数 ω において極を持つ．誘電関数の逆数の特異点を調べることによって，"準粒子の励起"と，プラズマ振動のような集団励起の双方を含む，系の素励起のスペクトルが分かる．

また上記のような極の留数は，系の2粒子グリーン関数と直接関係している．式 (5.40) の虚部は，δ が小さい極限では次のようになる．

$$\text{Im}\left\{\frac{1}{\varepsilon(\mathbf{q},\omega)}\right\} = \pi v(\mathbf{q})\sum_n|\langle\Psi_n|\rho_{\mathbf{q}}|\Psi_0\rangle|^2\{\delta(E_n+\omega)-\delta(E_n-\omega)\} \tag{5.41}$$

式 (4.85) において式 (5.36) の密度演算子を適用し，ファン・ホーヴの相関関数 (van Hove correlation function) を定義することができる．基底状態におけるこの関数の

5.8. 誘電関数のスペクトル表示

エネルギー－運動量表示を考える.

$$\bar{S}(\mathbf{q},\omega) = \int \langle \Psi_0 | \rho_{-\mathbf{q}}(t)\rho_{\mathbf{q}}(0) | \Psi_0 \rangle \mathrm{e}^{-i\omega t} dt \tag{5.42}$$

単位演算子 $\sum_n |\Psi_n\rangle\langle\Psi_n|$ を挿入し，これらの (シュレーディンガー表示の) 状態ベクトルの時間依存因子を明示して計算を施すと，式 (5.41) によく似た級数になる．その結果を用いて次の関係式を得ることができる.

$$\mathrm{Im}\left\{\frac{1}{\varepsilon(\mathbf{q},\omega)}\right\} = \pi v(\mathbf{q})\{\bar{S}(\mathbf{q},-\omega) - \bar{S}(\mathbf{q},\omega)\} \tag{5.43}$$

この式は物理的に解釈できる．フェルミ粒子系の中に配した粒子と周囲のフェルミ粒子との相互作用は，遮蔽されたポテンシャル $v(\mathbf{q})/\varepsilon(\mathbf{q},\omega)$ で与えられる．このポテンシャルの虚部は非可逆なエネルギー吸収過程の頻度(レート)に比例する．

$$\mathrm{Im}\{v(\mathbf{q})/\varepsilon(\mathbf{q},\omega)\} = \pi\{v(\mathbf{q})\}^2\{\bar{S}(\mathbf{q},-\omega) - \bar{S}(\mathbf{q},\omega)\} \tag{5.44}$$

粒子気体との衝突過程で吸収されるエネルギーは，相互作用の行列要素を平方したものに，特定のエネルギー－波数ベクトルの粒子対(つい)相関関数を掛けたものになる．このような理論式は，たとえば液体や気体による中性子散乱や，高速電子が金属薄膜を通過する際の，プラズマ振動の励起などを記述する.

式 (5.43) からしばしば導かれる結果がもうひとつある．粒子対(つい)相関関数の空間座標に関するフーリエ変換は，ω に関する積分式で表される.

$$\bar{S}(\mathbf{q}) = \frac{1}{N}\sum_{i\neq j}\langle \mathrm{e}^{i\mathbf{q}\cdot(\mathbf{r}_i-\mathbf{r}_j)}\rangle$$

$$= -\frac{1}{\pi v(\mathbf{q})N}\int_0^\infty \mathrm{Im}\left\{\frac{1}{\varepsilon(\mathbf{q},\omega)}\right\}d\omega - 1 \tag{5.45}$$

ここで，相互作用をしている粒子の"平均エネルギー"を考える.

$$\langle \mathcal{V} \rangle = \left\langle \frac{1}{2}\sum_{i\neq j}v(\mathbf{r}_i-\mathbf{r}_j)\right\rangle$$

$$= \frac{1}{2}N\sum_{\mathbf{q}}v(\mathbf{q})\bar{S}(\mathbf{q})$$

$$= -\frac{1}{2\pi}\sum_{\mathbf{q}}\int_0^\infty \mathrm{Im}\left\{\frac{1}{\varepsilon(\mathbf{q},\omega)}\right\}d\omega - \frac{1}{2}N\sum_{\mathbf{q}}v(\mathbf{q}) \tag{5.46}$$

この式は相互作用に起因する粒子の"運動エネルギー"の変更分を含まないので，系の全エネルギーがここから直ちに求まるわけではない．しかし次のような一般的な

定理 (初めにパウリによって使われたと言われている) がある．粒子間相互作用の強さが λv (λ は 0 と 1 の間の値をとるパラメーター) である系の基底状態を $|\Psi_0(\lambda)\rangle$ とすると，実際の $\lambda = 1$ の相互作用系の基底エネルギーは次式で与えられる．

$$E = E_0 + \int_0^1 \frac{d\lambda}{\lambda} \langle \Psi_0(\lambda)|\lambda\mathcal{V}|\Psi_0(\lambda)\rangle \tag{5.47}$$

E_0 は相互作用がない場合の系のエネルギーであり，フェルミ粒子系ならば $-\frac{3}{5}N\mathcal{E}_F$ である．ハミルトニアンの期待値に微分を施すことにより，この結果が得られる．

ここで相互作用の強さが λv である系の誘電関数を $\varepsilon^\lambda(\mathbf{q},\omega)$ と書くことにする．式 (5.46) と式 (5.47) から基底状態のエネルギーとして次式を得る．

$$E = E_0 - \sum_{\mathbf{q}} \int_0^1 \frac{d\lambda}{\lambda} \left[\frac{1}{2\pi} \int_0^\infty \mathrm{Im}\left\{ \frac{1}{\varepsilon^\lambda(\mathbf{q},\omega)} \right\} d\omega + \frac{1}{2} N\lambda v(\mathbf{q}) \right] \tag{5.48}$$

もちろん系のエネルギーや粒子対相関関数などの観測量を単に誘電応答関数で表しても，その多体問題を解いたことにはならない．しかし粒子の相関をよく考慮した合理的な $\varepsilon^\lambda(\mathbf{q},\omega)$ の近似式を式 (5.48) に用いると，ハートリー－フォックの方法よりも正確な結果が得られる．

式 (5.40) は簡単に系が有限温度の場合へ拡張できる．状態 $|\Psi_n\rangle$ は正確な系全体の固有状態であり，それぞれがボルツマン因子に比例した確率 (4.27) で統計集団の中に現れる．このような分布状態に対して摂動を加えると，次式が得られる．

$$\frac{1}{\varepsilon(\mathbf{q},\omega)} = 1 + \frac{v(\mathbf{q})}{Z} \sum_{mn} \mathrm{e}^{-\beta E_m} |\langle \Psi_n|\rho_{\mathbf{q}}|\Psi_m\rangle|^2$$
$$\times \left\{ \frac{1}{E_{nm} - \omega - \mathrm{i}\delta} + \frac{1}{E_{nm} + \omega + \mathrm{i}\delta} \right\} \tag{5.49}$$

$E_{nm} = E_n - E_m$ は初期状態 $|\Psi_m\rangle$ から仮想励起状態 $|\Psi_n\rangle$ への遷移の際のエネルギー変化である．

この式も式 (5.43) と同様な粒子対相関関数による表現が可能である．また m と n を入れ替えることは，ω の符号を変えて係数因子を $\exp(\beta\omega)$ にすることと等価である．時間反転不変性より，

$$\bar{S}(\mathbf{q},\omega) = \mathrm{e}^{\beta\omega} \bar{S}(\mathbf{q},-\omega) \tag{5.50}$$

であり，式 (5.43) より次式が得られる．

$$\mathrm{Im}\left\{ \frac{1}{\varepsilon(\mathbf{q},\omega)} \right\} = -\pi v(\mathbf{q})\left\{ 1 - \mathrm{e}^{-\beta\omega} \right\} \bar{S}(\mathbf{q},\omega) \tag{5.51}$$

これは"揺動散逸定理"と呼ばれるもので，非可逆過程に関する久保公式 (4.4節) と関係している．式 (5.51) と式 (4.46) を比較すると，散逸過程の係数はいずれも，系のゆらぎの性質を記述する粒子対の時間相関関数のフーリエ変換を用いて表されることが判る．

5.9 誘電遮蔽のダイヤグラムによる解釈

誘電関数は数学的には相互作用を持つ一様な粒子系において明確に定義されるが，その具体的な評価は近似計算に頼るしかない．このような計算はファインマンダイヤグラムの見方では何を意味するのであろうか．

相互作用表示では，式 (5.34) のような弱い外場の効果は一般に，$\mathcal{V}_{\text{ext}}\psi^*\psi$ という形の演算子で表される．これを次の図のように"外部"の孤立した点とフェルミ粒子散乱の結節点(ヴァーテックス)を結ぶ，表記を他と区別した(たとえばジグザグの)水平な線で表すことにする．

$\mathcal{V}_{\text{ext}}$ は無限小なので，フェルミ粒子気体のエネルギーなどの物理量に対する摂動を求める際に，このような外線を3本以上含むようなダイヤグラムは無視する．

たとえば基底状態のエネルギーを計算するときには，この相互作用の外線以外は閉じた線で構成される図4のようなダイヤグラム全ての和をとらなければならない．もし5.5節で議論した類の粒子間相互作用がないとすると，$\mathcal{V}_{\text{ext}}$ による通常のレイリー－シュレーディンガー摂動を表す初めのダイヤグラム，図4(a) だけが必要となる[§]．ここでは $\mathcal{V}_{\text{ext}}(\mathbf{q},\omega)$ を $\varepsilon(\mathbf{q},\omega)$ で割ることによって，媒質中の粒子密度ゆらぎなどに関係した仮想的な過程のダイヤグラムの効果がすべて含まれるものと仮定する．

3.10節，4.8節，5.5節で行ったように，図4に示したグラフのトポロジー的な解析に取りかかろう．この場合，"気泡型"(bubble) の部分——初めと終りのフェルミ粒子－反フェルミ粒子結節点(ヴァーテックス)を除いて閉じているサブダイヤグラム——に着目する．気泡は内部の線を1本切って分離することができるかどうかにより，可約なものと既

[§] のような"自己エネルギー"のダイヤグラムは，ハートリー－フォック法の場合のように，エネルギーのゼロ点を適当に選ぶことによって，除くことができる．

(a) (b) (c) etc.

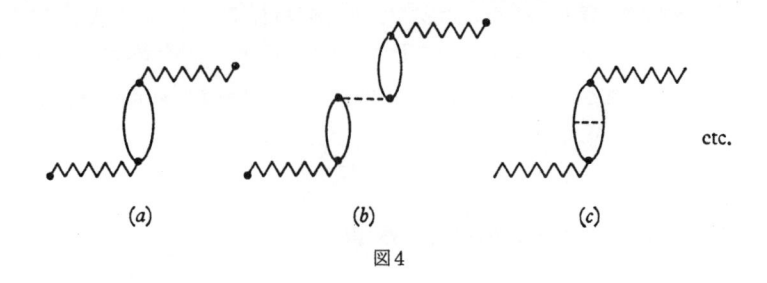

図4

(a) (b) (c) (d) (e) + ...

図5

約なものに分類される．図5に示すように"既約な気泡部分"の総和を"黒い"気泡で記述することにする．ダイヤグラムに黒い気泡を導入することは，代数的にはその部分のS行列の要素に，ダイヤグラムの初めと終りの結節点(ヴァーテックス)でやりとりされる運動量とエネルギーの関数 $\pi(\mathbf{q}, \omega)$ を掛けることに相当する．

図4の各ダイヤグラムは，(a)や(c)のように2つの外部ポテンシャルがひとつの既約な気泡によって結ばれる図6(a)のタイプか，もしくは(b)のような既約な気泡を数珠つなぎにしたタイプに分類される．そのような全ての既約気泡の数珠つなぎに

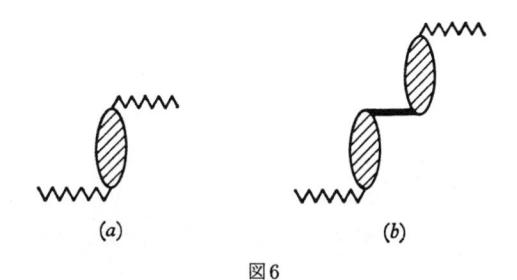

(a) (b)

図6

5.9. 誘電遮蔽のダイヤグラムによる解釈

対して，新しい記号——"実効的な相互作用の線"を導入する．

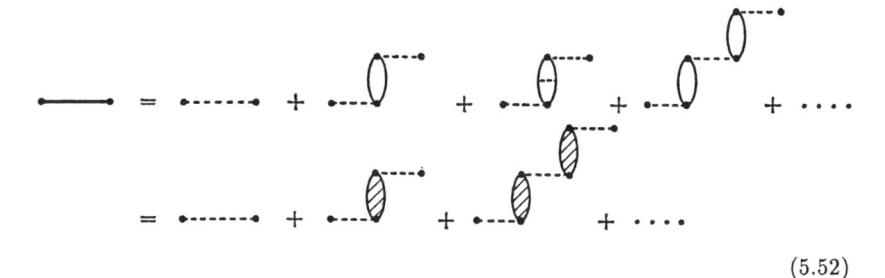

(5.52)

この"黒い"線は2つのフェルミ粒子の結節点(ヴァーテックス)を内部線で結ぶ全ての方法を表しており，修正された相互作用 $v'(\mathbf{q})$ として振舞う．$\mathbf{q}$ は遷移運動量である．図6(b) のように2つの黒い気泡の間にこの黒い線を挿入することによって，図4で描いたような基底状態のダイヤグラムすべてを表現することができる．

級数 (5.52) は既に馴染みのあるタイプの級数であり，次のようなトポロジー的な関係式にまとめ直すことができる．

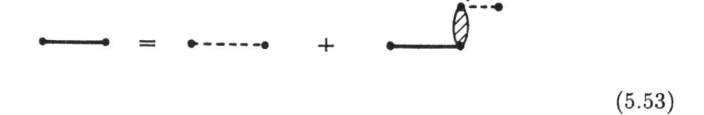

(5.53)

これは運動量 - エネルギー表示を用いて，次のような簡潔な関係式で表される．

$$v'(\mathbf{k}) = v(\mathbf{k}) + v'(\mathbf{k})\pi(\mathbf{k},\omega)v(\mathbf{k}) \tag{5.54}$$

修正された相互作用はこのように既約な気泡部分と関係づけられる．同様にして，修正された外部ポテンシャル $\mathcal{V}_{\text{tot}}(\mathbf{k},\omega)$ をすべての可能な気泡のグラフを挿入して，次のように定義することができる．

(5.55)

最後の式を代数式で表すと，式 (5.54) と似た次のような式になる．

$$\mathcal{V}_{\text{tot}}(\mathbf{k},\omega) = \mathcal{V}_{\text{ext}}(\mathbf{k},\omega) + \mathcal{V}_{\text{tot}}(\mathbf{k},\omega)\pi(\mathbf{k},\omega)v(\mathbf{k}) \tag{5.56}$$

これらの式は式 (5.29) と関係づけることができる．式 (5.56) は次のようになる．

$$\mathcal{V}_{\text{tot}}(\mathbf{k},\omega) = \frac{1}{1-v(\mathbf{k})\pi(\mathbf{k},\omega)}\mathcal{V}_{\text{ext}}(\mathbf{k},\omega) \tag{5.57}$$

すなわち，

$$\varepsilon(\mathbf{k},\omega) = 1 - v(\mathbf{k})\pi(\mathbf{k},\omega) \tag{5.58}$$

である．言い替えると，すべての既約な気泡部分の和は媒質の分極率を与える．式 (5.30) において，

$$\alpha(\mathbf{k},\omega) = -v(\mathbf{k})\pi(\mathbf{k},\omega) \tag{5.59}$$

である．

式 (5.57) の意味は明確である．媒質の分極や粒子間の相関効果を考慮した，修正された粒子間相互作用は"遮蔽された相互作用"と呼ばれる．

$$v'(\mathbf{k}) = \frac{1}{\varepsilon(\mathbf{k},\omega)}v(\mathbf{k}) \tag{5.60}$$

静電気力に対してこのような簡単な処置を施すことにより，金属電子系の長距離相互作用 (クーロン力) による発散を除くことができ，摂動級数の無限和と等価な結果を得ることができる．

式 (5.54) や式 (5.56) を導く代わりに，式 (5.52) の第 3 項以降を省き，次の近似を考えることもできる．

$$\tag{5.61}$$

これは代数式では，

$$v'(\mathbf{k}) \approx v(\mathbf{k}) + v(\mathbf{k})\pi(\mathbf{k},\omega)v(\mathbf{k}) \tag{5.62}$$

となり，式 (5.58) を，

$$\varepsilon(\mathbf{k},\omega) \approx \frac{1}{1+v(\mathbf{k})\pi(\mathbf{k},\omega)} \tag{5.63}$$

のように近似したことに相当する．相互作用が弱い場合には，この違いがさほど重要とならない場合もあるが，式 (5.40) のように $1/\varepsilon(\mathbf{k},\omega)$ の特異点の位置によって媒質の励起スペクトルを調べる際には，式 (5.58) を式 (5.63) のように近似すると，全

く誤った結果を与える．これは，無限級数で定義された関数の性質を，有限の項の解析から見いだすことは必ずしもできないという一般原理を示す典型的な実例となっている．

多体系の誘電関数のダイヤグラムによる解釈を得たが，誘電関数の正確な式を書き下すには至っていない．図5に示した $\pi(\mathbf{k},\omega)$ を評価するための既約な気泡部分は，順次複雑さを増していく．しかし初めの項に順次特定の方法で補正をかけ，ある種のダイヤグラム群の無限和を系統的に求める方法を推測できる．たとえば，式 (5.26) のようにハートリー–フォックの方法でこの単純な気泡型グラフの各々のフェルミ粒子伝播関数を修正し，式 (5.27) のように全ての独立な真空の仮想励起 (偏極) を含む既約な気泡を考慮して，図5(c) のようなグラフを数え上げることができる．あるいは5.6節のブルックナーの方法のように，相互作用ポテンシャル $v(\mathbf{k})$ を K 行列の要素に置き換えて，図5(d) や図5(e) のような，気泡に対する多重散乱の"梯子"の寄与を考慮することもできる．

5.10 乱雑位相近似 (RPA)

ここですべての問題に対して全く異なったアプローチの方法を考えてみよう．運動量表示のフェルミ粒子演算子を用いた通常の第二量子化の表記法で，粒子間相互作用を持つ系のハミルトニアンは次のように書ける．

$$H = \sum_{\mathbf{p}} (p^2/2m) b_{\mathbf{p}}^* b_{\mathbf{p}} + \frac{1}{2} \sum_{\mathbf{k}} v(\mathbf{k}) \{ \rho_{\mathbf{k}}^* \rho_{\mathbf{k}} - N \} \tag{5.64}$$

この表式において，各々の波数の密度ゆらぎを強調する形式を採用した．すなわち式 (5.36) と同様に，

$$\rho_{\mathbf{k}}^* = \sum_{\mathbf{k}'} b_{\mathbf{k}+\mathbf{k}'}^* b_{\mathbf{k}'} \tag{5.65}$$

は正味の運動量 $\mathbf{k}$ を持つすべての"電子–正孔対励起"の組み合わせをつくる．

ここで外場の効果には特に関心を払わず，式 (5.65) の中の典型的な対励起演算子——たとえば $b_{\mathbf{p}+\mathbf{q}}^* b_{\mathbf{p}}$ ——の運動方程式を考える．

この演算子とハミルトニアン (5.64) の交換子を，$b_{\mathbf{k}}^*$ 等の反交換関係を利用して計算してみよう．結果は次のようになる．

$$[H, b_{\mathbf{p}+\mathbf{q}}^* b_{\mathbf{p}}] = \{ \mathcal{E}_0(\mathbf{p}+\mathbf{q}) - \mathcal{E}_0(\mathbf{p}) \} b_{\mathbf{p}+\mathbf{q}}^* b_{\mathbf{p}} \tag{5.66}$$
$$- \sum_{\mathbf{k}} v(\mathbf{k}) \{ (b_{\mathbf{p}+\mathbf{q}}^* b_{\mathbf{p}+\mathbf{k}} - b_{\mathbf{p}+\mathbf{q}-\mathbf{k}}^* b_{\mathbf{p}}) \rho_{\mathbf{k}}^* + \rho_{\mathbf{k}}^* (b_{\mathbf{p}+\mathbf{q}}^* b_{\mathbf{p}+\mathbf{k}} - b_{\mathbf{p}+\mathbf{q}-\mathbf{k}}^* b_{\mathbf{p}}) \}$$

このようなタイプの運動方程式はそのまま解くことができない．単一の対励起の振舞いは，4つの場の演算子積——"2組の対"の励起——に依存してしまうからである．我々は4.9節で示したような方程式の階層の一番下のレベルを見ているに過ぎない．その上，波数 q の励起は他のあらゆる波のゆらぎの振舞いに依存しており，方程式を波数成分で分離することができない．

これらの困難は"乱雑位相近似"(random phase approximation：RPA)によって避けることができる．ここではひとつの固有状態 $|\rangle$ の近傍，もしくは準密度行列で定義された温度 T の混合状態における系の性質を調べるものとする．そうすると $\rho_{\mathbf{k}}^*$ のような演算子の様々な積は，その期待値もしくは集団平均値に置き換えることができ，下記のような無数の因子の組み合わせ(互いの位相関係を無視した非対角要素に対応する)が現れる．

$$\left(b_{\mathbf{p}+\mathbf{q}}^* b_{\mathbf{p}+\mathbf{k}} - b_{\mathbf{p}+\mathbf{q}-\mathbf{k}}^* b_{\mathbf{p}}\right) \approx \langle\,|\,b_{\mathbf{p}+\mathbf{q}}^* b_{\mathbf{p}+\mathbf{k}} - b_{\mathbf{p}+\mathbf{q}-\mathbf{k}}^* b_{\mathbf{p}}\,|\,\rangle$$
$$= (\bar{n}_{\mathbf{p}+\mathbf{q}} - \bar{n}_{\mathbf{p}})\,\delta_{\mathbf{q},\mathbf{k}} \quad (5.67)$$

$\bar{n}_{\mathbf{p}}$ は対象として扱う状態における，波数 p の1粒子モードの平均占有数である．これを式 (5.66) に代入することにより"RPA法"の近似として次式が得られる．

$$[H, b_{\mathbf{p}+\mathbf{q}}^* b_{\mathbf{p}}] \approx \{\mathcal{E}_0(\mathbf{p}+\mathbf{q}) - \mathcal{E}_0(\mathbf{p})\}b_{\mathbf{p}+\mathbf{q}}^* b_{\mathbf{p}} - v(\mathbf{q})(\bar{n}_{\mathbf{p}+\mathbf{q}} - \bar{n}_{\mathbf{p}})\rho_{\mathbf{q}}^* \quad (5.68)$$

上の近似において，着目している励起の波数ベクトル q 以外の運動量の遷移をすべて無視した．式 (5.67) において $\mathbf{k}=\mathbf{q}$ の項を実効的に他の波数ベクトルを持つ励起から分離して残すことができるものとして扱うので，式 (5.68) を用いた運動方程式の解は単純なものになる．また，粒子の占有数の平均値 $\bar{n}_{\mathbf{p}}$ からのゆらぎも無視した．式 (5.68) の第2項は，選択した対の状態に関わるすべての粒子からの $v(\mathbf{q})\rho_{\mathbf{q}}^*$ の平均場を表すものと解釈できる．実際 RPA 法はハートリーの方程式 (5.8)-(5.10) を時間依存するようにした，一般化した自己無撞着場の方法とみなすことができる．RPA 法では静的な平均場の効果に加え，相関を持った粒子の運動による平均的な場の振動効果も考慮しているのである．

この近似法の下で，運動方程式の解法は次のようになる．波数ベクトル q を持つ粒子 – 正孔対の成分すべてを含む，一般的な系の励起を表す演算子 $\xi_{\mathbf{q}}^*$ を考えてみよう．

$$\xi_{\mathbf{p}}^* = \sum_{\mathbf{p}} A(\mathbf{p}, \mathbf{q}, \omega_{\mathbf{q}}) b_{\mathbf{p}+\mathbf{q}}^* b_{\mathbf{q}} \quad (5.69)$$

未知の関数 $A(\mathbf{p}, \mathbf{q}, \omega_{\mathbf{q}})$ は，$\xi_{\mathbf{q}}^*$ が振動数 $\omega_{\mathbf{q}}$ の調和振動の運動方程式を満たすように決められる．

$$[H, \xi_{\mathbf{q}}^*] = \omega_{\mathbf{q}}\xi_{\mathbf{q}}^* \quad (5.70)$$

5.10. 乱雑位相近似 (RPA)

ここで式 (5.68) と式 (5.69) を用いることにより，次式が得られる．

$$\sum_{\mathbf{p}} A(\mathbf{p}, \mathbf{q}, \omega_{\mathbf{q}})\{\omega_{\mathbf{q}} - \mathcal{E}_0(\mathbf{p}+\mathbf{q}) + \mathcal{E}_0(\mathbf{p})\} b^*_{\mathbf{p}+\mathbf{q}} b_{\mathbf{p}}$$
$$= \sum_{\mathbf{p}} A(\mathbf{p}, \mathbf{q}, \omega_{\mathbf{q}})\{\bar{n}_{\mathbf{q}} - \bar{n}_{\mathbf{p}+\mathbf{q}}\} v(\mathbf{q}) \rho^*_{\mathbf{q}} \quad (5.71)$$

しかし次のようにおくと左辺も $\rho^*_{\mathbf{q}}$ で表せる．

$$A(\mathbf{p}, \mathbf{q}, \omega_{\mathbf{q}}) = \frac{1}{\omega_{\mathbf{q}} - \mathcal{E}_0(\mathbf{p}+\mathbf{q}) + \mathcal{E}_0(\mathbf{p})} \quad (5.72)$$

これら 2 つの式は次式が満たされる場合にのみ成立する．

$$1 - v(\mathbf{q}) \sum_{\mathbf{p}} \frac{\bar{n}_{\mathbf{q}} - \bar{n}_{\mathbf{p}+\mathbf{q}}}{\omega_{\mathbf{q}} - \{\mathcal{E}_0(\mathbf{p}+\mathbf{q}) - \mathcal{E}_0(\mathbf{p})\}} = 0 \quad (5.73)$$

これは振動数 $\omega_{\mathbf{q}}$，運動量 $\mathbf{q}$ の準独立な励起モードの自己無撞着な分散式となっている．

同じ結果は誘電関数の理論からも簡単に得られる．5.9節で定義した，既約な気泡型グラフに対応する分極 $\pi(\mathbf{q}, \omega)$ を評価してみよう．最も単純な近似として，ひとつの気泡 [図5(a)] による近似を考える．3.8節のファインマンダイヤグラムの評価方法を $T \neq 0$ に拡張し，1粒子モード $\mathbf{p}$ および $\mathbf{p}+\mathbf{q}$（一方が電子，もう一方が正孔）の平均占有数に依存した，式 (2.36) のような因子を考慮する．

$$\pi(\mathbf{q}, \omega) \approx \sum_{\mathbf{p}} \frac{\bar{n}_{\mathbf{p}}(1 - \bar{n}_{\mathbf{p}+\mathbf{q}}) - \bar{n}_{\mathbf{p}+\mathbf{q}}(1 - \bar{n}_{\mathbf{p}})}{\omega - \{\mathcal{E}_0(\mathbf{p}+\mathbf{q}) - \mathcal{E}_0(\mathbf{p})\}}$$
$$= \sum_{\mathbf{p}} \frac{\bar{n}_{\mathbf{p}} - \bar{n}_{\mathbf{p}+\mathbf{q}}}{\omega - \{\mathcal{E}_0(\mathbf{p}+\mathbf{q}) - \mathcal{E}_0(\mathbf{p})\}} \quad (5.74)$$

したがって式 (5.58) から，次の誘電関数の式が得られる．

$$\varepsilon(\mathbf{q}, \omega) = 1 - v(\mathbf{q}) \sum_{\mathbf{p}} \frac{\bar{n}_{\mathbf{p}} - \bar{n}_{\mathbf{p}+\mathbf{q}}}{\omega - \{\mathcal{E}_0(\mathbf{p}+\mathbf{q}) - \mathcal{E}_0(\mathbf{p})\}} \quad (5.75)$$

RPA の分散式 (5.73) は，この誘電関数の近似式で極を与える条件と一致している．これは式 (5.40) で示した，$1/\varepsilon$ の特異点の分布が系の素励起のスペクトルを表すという一般の定理に合致する結果である．

この文脈において，式 (5.49) の真の励起エネルギー E_n の代わりに，相互作用のない電子気体の1粒子エネルギー $\mathcal{E}_0(\mathbf{p})$ を用いて誘電関数を評価した結果に言及することは教育的であろう．結果は "1次摂動" の式 (5.63) において $\pi(\mathbf{q}, \omega)$ に式 (5.74)

を用いたものとなる．この式はもちろん $1/\varepsilon$ に対して，初めに導入した以外の特異点を生じないので，誘電関数の近似として使えないことはないにしても，系の集団励起に関する情報を何も与えない．おそらく線形応答関数の理論で混乱の元となる点は，一方で式 (5.75) は誘電関数そのものに対する最良の"近似"であり，もう一方で式 (5.40) や式 (5.44) は誘電関数の"逆数"に対する"正確な"式となっていることであろう．

RPA 法が，分極を最も単純な気泡型グラフだけで表した誘電関数の近似に相当することを示したので，次に，得られた近似式の種々の応用を学ぶ必要がある．これは具体的に次のクーロン相互作用を持つ金属電子気体を議論することを意味する．

$$v(\mathbf{q}) = \frac{4\pi e^2}{\mathbf{q}^2} \tag{5.76}$$

ここから金属電子の基礎的な誘電遮蔽特性を求め，さらには"プラズマ振動"もしくは"プラズモン"(plasmon) の性質を論じることもできる．また式 (5.75) を式 (5.48) に代入することで，系の正確な基底状態の評価が可能となる．しかしこれらの実際の物理に即した議論は，簡単な原理の説明のレベルを超えてしまうので，ここで詳細に立ち入ることはしない．

5.11 フェルミ液体のランダウ理論

式 (5.75) を用いた RPA 法による計算では，最終的な結果は各々の"自由粒子モード"の平均占有数に依存する．この式を改良するための次のステップは，気泡型ダイヤグラムのなかの 1 粒子伝播関数を繰り込まれたものにすることであろう．すなわち粒子のエネルギーを非摂動の場合の $\mathcal{E}_0(\mathbf{k}) = k^2/2m$ から，たとえば式 (3.131) のダイソンの和で表されるような準粒子エネルギー $\mathcal{E}(\mathbf{k})$ に置き換えることである．しかし厳密にはこの準粒子のエネルギー自体，系の状態——たとえば他の粒子モードの占有状態——に依存するものである．多体の理論は素粒子論と異なり，同時に多くの準粒子が存在する励起状態をしばしば扱う．単にフェルミ準位以下に受動的な"ディラックの海"があり，少数の正孔励起を許容するというだけの仕掛け (2.7 節) では，任意の金属電子系の室温状態を扱うことはできない．

このような系を系統的に扱う発見論的な方法として，ランダウ (Landau) は単純なフェルミ粒子気体において粒子間の相互作用を現象論的に導入するモデルを提案した．このモデルはフェルミ粒子系の集団励起その他の諸性質の考察において極めて有用であることが明らかとなり，その後このモデルの正当性は，第一原理からグリーン関数の摂動展開を用いて確認された．この方法は表面的には極めて単純で，場の量子

5.11. フェルミ液体のランダウ理論

論に特有の数学的な複雑さをほとんどすべて避けて通ることができるが，多くの微妙な問題や危険な推論の落し穴を覆い隠してしまっている面もある．以下の説明では，議論の大筋を示すにとどめ，詳細にまで深くは立ち入らないことにする．

独立なフェルミ粒子系において，各粒子の状態が運動量ベクトル $\mathbf{k}$ で表されるものとしよう (実際には，もちろんスピン変数も添字の形で付くが，ここでは話を簡単にするため省略する)．基底状態ではフェルミ粒子は波数空間において，半径 k_F のフェルミ球の内側を占有する．各々の粒子に対してフェルミエネルギーを基準としたエネルギー値をあてがうことができる．$(k - k_\mathrm{F})$ が小さい範囲では，次の近似が成り立つ．

$$\xi(\mathbf{k}) = \mathcal{E}(\mathbf{k}) - \mathcal{E}(k_\mathrm{F})$$
$$\approx (k - k_\mathrm{F}) v_\mathrm{F} \tag{5.77}$$

v_F は速度の次元を持つ定数である．$k < k_\mathrm{F}$ のとき $\xi(\mathbf{k})$ は負となることに注意しよう．ランダウ理論では 2.7 節に示したような"反粒子"の取扱いをしないほうが都合がよい．

これらの独立な準粒子のうち少数が励起され，$\mathbf{k}$ 状態の準位の占有数が $\delta n(\mathbf{k})$ だけ変化するものとする．フェルミ粒子の数は保存するので，次式が成立する．

$$\sum_\mathbf{k} \delta n(\mathbf{k}) = 0 \tag{5.78}$$

しかし系全体のエネルギーは次のように変更を受ける．

$$E \approx \sum_\mathbf{k} \delta n(\mathbf{k}) \xi(\mathbf{k}) \tag{5.79}$$

フェルミ粒子気体の励起スペクトルは，各状態の占有数の変化 $\delta n(\mathbf{k})$ の汎関数として表される．

ランダウの基本的な仮定は，一様なフェルミ粒子の集合体——粒子間相互作用が強い場合にはフェルミ液体と称する——のエネルギースペクトルにおいて上記のような近似が成立するというものである．しかし式 (5.79) は δn に関するテイラー級数の初めの項でしかない．より複雑な現象を扱うために 2 次の項まで考慮して，次式を考える．

$$E = \sum_\mathbf{k} \delta n(\mathbf{k}) \xi(\mathbf{k}) + \frac{1}{2} \sum_{\mathbf{k},\mathbf{k}'} f(\mathbf{k}, \mathbf{k}') \delta n(\mathbf{k}) \delta n(\mathbf{k}') \tag{5.80}$$

$f(\mathbf{k}, \mathbf{k}')$ は，元々は独立であると仮定した準粒子の間に，相互作用を導入したことによるエネルギー補正のように見える．しかしここでは $f(\mathbf{k}, \mathbf{k}')$ を具体的なフェルミ

粒子間の相互作用 (たとえば金属電子のクーロン相互作用) に対応させて考えることをせず，一般にフェルミ液体のエネルギースペクトル関数を δn で展開した際に，式 (5.80) の形で現れてくる係数として扱う．

上記のようにランダウ理論は式 (5.80) の正当性にその基礎をおいている．式 (5.80) は直観的には明らかに正しいように思えるが，本質的に無撞着であることを証明するためには，温度グリーン関数のダイヤグラムを用いた，込み入った解析が必要となる．$f(\mathbf{k},\mathbf{k}')$ は 4.8 節のベーテ–サルピーター方程式に現れる，散乱の結節部分 $\Gamma(1234)$ に相当し，平均場や相関や遮蔽効果を含んだ正確な準粒子間の相互作用を表す．しかし式 (5.77) は"正常な"フェルミ流体にしか適用できないので注意を要する．たとえば超伝導状態にある金属電子系はフェルミ面のところで励起スペクトルにエネルギーギャップを生じるので，上記の議論は適用できない．

この理論の主要な価値は，系の集団としての性質を記述する単純な正準形式を与える点にある．たとえば"$\mathbf{k}'$ 準位にひとつ励起された粒子を付け加える"ときに必要なエネルギーは，単純に式 (5.77) のようにはならず，次式のようになる．

$$\mathcal{E} = \xi(\mathbf{k}) + \int f(\mathbf{k},\mathbf{k}')\delta n(\mathbf{k}')\,d^3k' \tag{5.81}$$

言い替えると，各々の 1 粒子モードの実効的なエネルギーは他のモードの占有状態にあらわに依存する．依存のしかたはハートリー–フォックの方法の帰結として見いだされるものと同じ形であるが，ここでは原理としての扱いをする．ランダウの形式によって，液体における様々な集団運動——"第一音波"，"ゼロ音波"，プラズモン，スピン波など——を記述し，それらの現象の温度などの巨視変数に対する依存性を議論することが可能となる．このとき必要なのは，式 (5.77) における"フェルミ速度" v_F と準粒子の相互作用関数 $f(\mathbf{k},\mathbf{k}')$ だけである．それゆえ，この形式は多体理論において極めて単純な枠組みを与えることになり，種々の現象に対する詳細な解析を互いに関係づけることを可能とする．

様々な個々の現象に対する説明を行うことは本書の趣旨ではない．しかしランダウ理論の有用性と限界を見てもらうために，フェルミ流体の流れの計算に現れる最も逆説的な式を，初等的な方法から導いてみることにする．

液体を構成する粒子が質量 m を持ち，粒子の流束を質量の流れによって測るものとする．すなわち流れの演算子を，全運動量を粒子質量 m で割ったものとして定義することにする．

$$\mathbf{J} = \frac{1}{m}\sum_i \mathbf{p}_i \tag{5.82}$$

同様の議論はもちろん荷電粒子が担う電流にも適用できる．

5.11. フェルミ液体のランダウ理論

系の任意の定常状態における $\mathbf{J}$ の期待値は，ハミルトニアンが並進対称性を持っていれば (相互作用が粒子間の相対座標だけに依存するような場合)，一般的な形で導かれる．観測者が系に対して (非相対論的に) 小さな速度 $\hbar\delta\mathbf{q}/m$ で移動するものと考えよう．この動いている観測者にとって，系のエネルギー $E(\delta\mathbf{q})$ は $\delta\mathbf{q}$ に依存する．ハミルトニアンを変換して各々の粒子の運動エネルギー項の中の速度を $\delta\mathbf{q}\cdot\mathbf{p}_i/m$ だけ変更すると，$\delta\mathbf{q}\to 0$ で成立する次の一般的な定理が得られる．

$$\langle\,|\mathbf{J}|\,\rangle = -\frac{\partial E(\delta\mathbf{q})}{\hbar\partial(\delta\mathbf{q})} \tag{5.83}$$

この定理を $\mathbf{k}$ 状態に準粒子がひとつある系に適用し，この励起の電流に対する寄与を計算してみよう．これは次の形となる．

$$\mathbf{j_k} = -\frac{\partial\mathcal{E}(\mathbf{k};\delta\mathbf{q})}{\hbar\partial(\delta\mathbf{q})} \tag{5.84}$$

$\mathcal{E}(\mathbf{k};\delta\mathbf{q})$ は，仮想的な移動観測者から見た準粒子のエネルギーである．

式 (5.81) は任意の座標系において正しいが，準粒子モードを運動量変数 $\mathbf{k}$ で認識しているとすると，見かけの占有状態は変更をうける．実空間において速度を持つことは，$\mathbf{k}$ 空間において原点を $-\delta\mathbf{q}$ だけずらすことに相当する．このずれを式 (5.81) の各項に適用することにより，電流に対する 2 つの寄与を得る．第 1 項は式 (5.77) に見られるような通常の群速度であり，$\mathbf{k}$ モードに関して，

$$-\frac{\partial\xi(\mathbf{k};\delta\mathbf{q})}{\hbar\partial(\delta\mathbf{q})} = \frac{\partial\xi(\mathbf{k})}{\partial\mathbf{k}}$$
$$= \mathbf{v_k} \tag{5.85}$$

となる．第 2 項を評価するには，$\mathbf{k}$ 空間で生じるずれによって，フェルミ面近傍に占有数の変更をうけた薄い殻が生じるという取扱いをするのが最も簡単である．すなわち "急峻な" フェルミ分布関数 ($T=0$) に対して，占有数の変化は，

$$\delta n(\mathbf{k}) = \delta\mathbf{q}\cdot\mathbf{v_k}\{\mathcal{E}(\mathbf{k}) - \mathcal{E}_\mathrm{F}\} \tag{5.86}$$

となる．ここでも式 (5.77) と式 (5.85) を用いた．式 (5.85) と式 (5.86) を，式 (5.81) と式 (5.84) に代入して，次の定理を得ることができる．

$$\mathbf{j_k} = \mathbf{v_k} + \int f(\mathbf{k},\mathbf{k}')v_{\mathbf{k}'}\delta\{\mathcal{E}(\mathbf{k}') - \mathcal{E}_\mathrm{F}\}d^3k' \tag{5.87}$$

すなわち準粒子の励起に伴う電流は，初等的な群速度の理論とは異なり，単純な 1 次エネルギーの運動量微分ではない．

これは量子液体における準粒子励起が，単純な単一粒子の波動関数にはあてはまらないことを意味する．単独の準粒子に対して局在した波束の描像をあてることはできない．粒子間相互作用によって準粒子は他の粒子から"引きずられ"，複雑な流れのパターンが形成されることになる．この流体は無限遠まで広がっているものと考えているので，このような流れは境界条件の影響を受けずに流束に対する有限の寄与を生じている．

他方，正味の流束が境界で変化しないという条件下で，ひとつの準粒子が系の中を速度 $\mathbf{v_k}$ で移動する状態も想定できる．この状態は，周囲の流体に背景となる $\mathbf{v_k} - \mathbf{j_k}$ の流れを持たせて全体で流束をバランスさせることによって実現できる．これらの2つの状況の概念的な違いは微妙なものなので，注意深く議論を進めないと全く誤った結果が出てしまう．

式 (5.87) は，式 (5.83) から導かれる一般的な定理，すなわちある固有状態における流れは，エネルギー固有値の運動量微分に等しいという関係——これは正確に成立する——と一見矛盾するように思える．注意すべき点は，準粒子の励起状態が正確な多体系ハミルトニアンの固有状態と対応していないことである．準粒子エネルギーには虚部が伴い (4.6節)，準粒子は有限の寿命をもつ．ランダウの理論は他の多体理論と同様に，RPA的な計算の簡素化を含んでいる．式 (5.81) のような計算では，厳密には保証されるべき位相の精緻な関係を失っている．流体全体の真の固有状態は，よく定義された $\mathbf{k}$ ベクトルを持つが，1粒子状態の運動量表示は複雑な変更を受けざるを得ないので，そのまま計算に役立てることはできない．準粒子励起による表示は，エネルギースペクトルを正確に与えるが，電流のような他の量を評価する場合には注意して取り扱わなければならない．

5.12 希薄なボース気体

フェルミ粒子の気体や液体は物理学でよく扱われるが，粒子数が保存するボース粒子の系は稀である．液体ヘリウム ^{4}He はそのような特別なボース粒子系であり，その独自の性質を説明するために多くの理論的考察がなされてきた．残念ながら現実の液体ヘリウムはその量子的な性質もさることながら，凝集した古典的液体に伴うあらゆる理論的な複雑さも持ち合わせているが，その一方で超流動や相転移現象の理論的導出は，単純化された理想モデルや，発見論的な議論に基づいて与えられているに過ぎない．この分野の難しさは，単なる数学的技法上の難しさ以上のものがある．

しかしながら弱い相互作用を持つ希薄なボース粒子気体の励起スペクトルを与える"ボゴリューボフの方法"(Bogoliubov's method) は興味深いものである．次の単純

5.12. 希薄なボーズ気体

なハミルトニアンで与えられる N 個のボーズ粒子の系を考えてみよう.

$$H = \sum_{\mathbf{k}} (k^2/2m) a_{\mathbf{k}}^* a_{\mathbf{k}} + \frac{1}{2}\lambda \sum_{\mathbf{k}+\mathbf{k}'=\mathbf{k}''+\mathbf{k}'''} a_{\mathbf{k}'''}^* a_{\mathbf{k}''}^* a_{\mathbf{k}'} a_{\mathbf{k}} \tag{5.88}$$

消滅演算子と生成演算子は式 (1.50) のような交換関係を満たす. 散乱過程は主に s 波の散乱であると考え, 相互作用を表すパラメーター λ は, 相互作用をする粒子間の相対運動量には依存しないものとする (1.10 節参照).

系が極低温にある場合, 粒子は $\mathbf{k}=0$ の状態へボーズ–アインシュタイン凝縮 (Bose-Einstein condensation) を起こす. 言い替えると $\mathbf{k}=0$ モードの占有数 N_0 が全粒子数 N と同程度の大きさの数になる. 基底状態付近のエネルギースペクトルについては, "励起された"粒子数 $(N-N_0)$ は N_0 よりはるかに小さいと考え, 励起された粒子同士の相互作用を無視し, ゼロモードにある凝縮粒子との相互作用だけを考慮することにする. この議論では相互作用系の励起された粒子が, 自由ボーズ粒子気体のように振舞うことを仮定しているが, この仮定の正当性は, 結果が得られた時にもう一度確認しなければならない.

式 (5.88) において, 第 2 項を次のように近似する.

$$H_{\text{int}} \approx \frac{1}{2}\lambda \Bigg[a_0^* a_0^* a_0 a_0 + \sum_{\mathbf{k}\neq 0} \{2a_{\mathbf{k}}^* a_0^* a_{\mathbf{k}} a_0 + 2a_{-\mathbf{k}}^* a_0^* a_{-\mathbf{k}} a_0 \\ + a_{\mathbf{k}}^* a_{-\mathbf{k}}^* a_0 a_0 + a_0^* a_0^* a_{\mathbf{k}} a_{-\mathbf{k}} \} \Bigg] \tag{5.89}$$

全ての演算子積が a_0^* と a_0 を含んでいるが, 次の近似としてこれらを c-数の $\sqrt{N_0}$ に置き換える. これは N_0 が巨大な数であり, 演算子の交換子 ($=1$) が相対的に無限小の効果しか持たないために, 対応原理に基づいて古典論的に振舞うことを意味する. 式 (5.89) は次のようになる.

$$H_{\text{int}} \approx \frac{1}{2}\lambda \Bigg[N_0^2 + 2N_0 \sum_{\mathbf{k}\neq 0}(a_{\mathbf{k}}^* a_{\mathbf{k}} + a_{-\mathbf{k}}^* a_{-\mathbf{k}}) + N_0 \sum_{\mathbf{k}\neq 0}(a_{\mathbf{k}}^* a_{-\mathbf{k}}^* + a_{\mathbf{k}} a_{-\mathbf{k}}) \Bigg] \tag{5.90}$$

この段階で我々は N_0 の値を知らない. ボーズ粒子同士が相互作用を持つ場合, 基底状態においてさえすべての粒子が第ゼロモードに入るわけではないからである. かわりに次の個数演算子 (式 (1.19) 参照) で表される気体中の実粒子の総数が保存する.

$$N = N_0 + \frac{1}{2}\sum_{\mathbf{k}\neq 0}(a_{\mathbf{k}}^* a_{\mathbf{k}} + a_{-\mathbf{k}}^* a_{-\mathbf{k}}) \tag{5.91}$$

この式を用いて式 (5.90) から N_0 を消去し,高次の項を省くと,系の低エネルギー励起に関する次の近似ハミルトニアンが得られる.

$$H \approx \frac{1}{2}\lambda N^2 + \frac{1}{2}\sum_{\mathbf{k}\neq 0}(k^2/2m + \lambda N)(a_{\mathbf{k}}^* a_{\mathbf{k}} + a_{-\mathbf{k}}^* a_{-\mathbf{k}})$$
$$+ \frac{1}{2}\sum_{\mathbf{k}\neq 0}\lambda N(a_{\mathbf{k}}^* a_{-\mathbf{k}}^* + a_{\mathbf{k}} a_{-\mathbf{k}}) \tag{5.92}$$

1行目は既に波数モードの数表示で既に対角化されているが,対角化されていない2行目の項も同じ λ の1次項なので無視することはできない.しかし相互作用は明らかに丁度反対向きの $\mathbf{k}$ と $-\mathbf{k}$ の対(つい)の間に起こるだけなので,適当な正準変換によって非対角項が現れない演算子 $\alpha_{\mathbf{k}}$ と $\alpha_{\mathbf{k}}^*$ に移ることができる.次のような変換式を考えてみよう.

$$a_{\mathbf{k}} = \frac{1}{\sqrt{1-B_{\mathbf{k}}^2}}(\alpha_{\mathbf{k}} + B_{\mathbf{k}}\alpha_{-\mathbf{k}}^*); \quad a_{\mathbf{k}}^* = \frac{1}{\sqrt{1-B_{\mathbf{k}}^2}}(\alpha_{\mathbf{k}}^* + B_{\mathbf{k}}\alpha_{-\mathbf{k}}) \tag{5.93}$$

関数 $B_{\mathbf{k}}$ の形には依らずに $\alpha_{\mathbf{k}}$ と $\alpha_{\mathbf{k}}^*$ について通常の交換関係 $[\alpha_{\mathbf{k}}, \alpha_{\mathbf{k}'}^*] = \delta_{\mathbf{k}\mathbf{k}'}$ が成立する.これらを式 (5.92) に代入すると次式が得られる.

$$H = \frac{1}{2}\lambda N^2 + \sum_{\mathbf{k}\neq 0}\frac{1}{1-B_{\mathbf{k}}^2}\left\{\left(\frac{k^2}{2m}+\lambda N\right)B_{\mathbf{k}}^2 + \lambda N B_{\mathbf{k}}\right\}$$
$$+ \frac{1}{2}\sum_{\mathbf{k}\neq 0}\frac{1}{1-B_{\mathbf{k}}^2}\left\{\left(\frac{k^2}{2m}+\lambda N\right)(1+B_{\mathbf{k}}^2) + 2\lambda N B_{\mathbf{k}}\right\}$$
$$\times (\alpha_{\mathbf{k}}^*\alpha_{\mathbf{k}} + \alpha_{-\mathbf{k}}^*\alpha_{-\mathbf{k}})$$
$$+ \frac{1}{2}\sum_{\mathbf{k}\neq 0}\frac{1}{1-B_{\mathbf{k}}^2}\left\{\left(\frac{k^2}{2m}+\lambda N\right)2B_{\mathbf{k}}^2 + \lambda N(1+B_{\mathbf{k}}^2)\right\}$$
$$\times (\alpha_{\mathbf{k}}^*\alpha_{-\mathbf{k}}^* + \alpha_{\mathbf{k}}\alpha_{-\mathbf{k}}). \tag{5.94}$$

ここで $B_{\mathbf{k}}$ を次式を満たすように選ぶことができる.

$$\left(\frac{k^2}{2m}+\lambda N\right)2B_{\mathbf{k}} + \lambda N(1+B_{\mathbf{k}}^2) = 0 \tag{5.95}$$

これによって,式 (5.94) の最後の行の扱い難い項を除くことができ,ハミルトニアンは単純な調和振動子項の和の形になる.

式 (5.95) を解いて $B_{\mathbf{k}}$ を得ることにより,最終的なハミルトニアンの形が得られる.

$$H = \frac{1}{2}\lambda N^2 - \frac{1}{2}\sum_{\mathbf{k}\neq 0}\left[\left(\frac{k^2}{2m}+\lambda N\right) - \sqrt{\left(\frac{k^2}{2m}+\lambda N\right)^2 - (\lambda N)^2}\right]$$

$$+\frac{1}{2}\sum_{\mathbf{k}\neq 0}\sqrt{\left(\frac{k^2}{2m}+\lambda N\right)^2 - (\lambda N)^2}\left(\alpha_{\mathbf{k}}^*\alpha_{\mathbf{k}}+\alpha_{-\mathbf{k}}^*\alpha_{-\mathbf{k}}\right) \tag{5.96}$$

この式の第1項は，全ての粒子が第ゼロモードに入っていると仮定した場合の相互作用エネルギーである．しかし相互作用系の基底状態はこれより複雑な状態となっている．他の1粒子モードの平均占有数は N_0 に比べて小さい数値となるが，完全にゼロにはならない．このような状態では密度ゆらぎと粒子間の相関によって，式 (5.96) の第2項のようにエネルギーが下がる．粒子の運動に伴う系のエネルギーの低下は，単純なポテンシャルエネルギーの低下を上回る．

基底状態の近くのエネルギースペクトルは，式 (5.96) の第3項によって現れる．励起は次のエネルギーを持つ独立なボーズ粒子の生成に相当する形となる．

$$\mathcal{E}(\mathbf{k}) = \sqrt{\left(\frac{k^2}{2m}+\lambda N\right)^2 - (\lambda N)^2} \tag{5.97}$$

k が大きい場合には，これは相互作用のないボーズ粒子の運動エネルギー $k^2/2m$ に一致する．しかし k が小さい場合，

$$\mathcal{E}(\mathbf{k}) \to k\sqrt{\frac{\lambda N}{m}} \tag{5.98}$$

となり，気体における通常の長波長の音響モードの分散式と一致する．実際に，λN^2 を圧縮率と考え，相互作用するボーズ粒子系における巨視的な波の伝播を想定することができる．

この理論は，励起の運動量が大きくなるに従って長波長フォノンが通常の1粒子励起に移行する様子をエレガントに表しており，液体ヘリウム ^{4}He におけるフォノン--ロトンスペクトルのモデルに対して示唆を与える．しかし既に述べたように，超流動に対する正規の理論はここに示したものよりはるかに複雑なものである．

実はハミルトニアンを式 (5.92) のように単純化し，式 (5.93) のような変換を施す手法は，この液体ヘリウムへの応用に用いられる前からあったものである．たとえば，やはり基底状態付近においてゼロモードの運動が重要な役割を演じる反強磁性体のスピン波スペクトルを求める際にも，これと同じ方法が用いられている．

5.13 超伝導状態

多体系が示す最も不思議な振舞いは超伝導転移であろう．誰もが知っているように，多くの金属が低温で超伝導状態になり，マイスナー効果，磁束の量子化，ジョセフソ

ン効果などの特異な性質を示すようになる．これらすべてを議論して理論的な解釈を与えるとなると，それだけで1冊の本になってしまう．現代量子論に用いられる技法の多くの応用例を超伝導の議論において見ることができるが，本節の目的はそれらの技法の中心的な部分だけを紹介し，読者が今後，その応用を修得しやすいようにすることにある．

この分野の理論は，本質的に極めて予見し難い性格を持っている．ここでは理論全体の導出の概要——バーディーン，クーパー，およびシュリーファー (Bardeen, Cooper, Schrieffer：BCS) によって与えられた説明——を見てみることにする．超伝導状態では，引力相互作用を持つフェルミ粒子系の基底エネルギーと最低の励起準位が，有限のエネルギーギャップによって分離されている．このことは単に多くの超伝導に随伴する現象を説明するだけでなく，5.9節および5.10節で述べた注意点，すなわち多体系の真の状態は，摂動計算では到達できない場合が有り得るという事情を示す重要な実例となっている．"BCS理論"における超伝導状態は全く新しいタイプの量子状態であり，特別な数式的取扱いを必要とする．

超伝導の議論の出発点となるのは，電子間に働く引力相互作用の起源を理解することである．遮蔽効果による補正を受けるにしても，電子間のクーロン相互作用は常に反発力である．しかし正電荷を持った結晶中のイオンが電子間引力の源となり，別の相互作用を媒介する．3.7節で示したように，電子間のフォノン交換は実効的な電子間相互作用を生じる．相互作用は複雑な形をとるが，電子のエネルギー変化が小さい場合には負に——すなわち引力に——なる．議論を簡単にするために，相互作用の前後での電子エネルギーの変化が，ある小さなエネルギー値 w 以内の場合，相互作用 $v(\mathbf{q})$ は小さな負の定数 $\mathcal{V}$ となり，それよりエネルギー変化が大きい場合はゼロになるものと仮定する．基底状態に近い縮退フェルミ気体を扱うので，ハミルトニアンを次のように書くことができる．

$$H = \sum_{\mathbf{k}} \xi(\mathbf{k}) b_{\mathbf{k}}^* b_{\mathbf{k}} + \sum_{\mathbf{k},\mathbf{k}',\mathbf{q}} v(\mathbf{q}) b_{\mathbf{k}+\mathbf{q}}^* b_{\mathbf{k}'-\mathbf{q}}^* b_{\mathbf{k}'} b_{\mathbf{k}} \tag{5.99}$$

ここでは式 (5.77) と同様に電子のエネルギーをフェルミ準位を基準にして測っている．簡単のためスピンは省略する．

次のステップとして，正確に反対向きの運動量 $\mathbf{k}$ と $-\mathbf{k}$ をもつ電子対の相互作用を摂動として扱うと，結果が発散してしまうことを示さなければならない．この発散は電子間引力 $\mathcal{V}$ が如何に小さい場合でも，系の電子はある種の束縛状態——いわゆるクーパー対 (Cooper pair) 状態——を生じていることを示唆する．ダイヤグラムの手法から2粒子グリーン関数 (4.89) の結節部分はこの相対運動量において特異点を必要とすることが分かる．この結果はベーテ‒サルピーター方程式 (4.92) を，核が

5.13. 超伝導状態

求まるようにある仮定をおいて単純化することによって得られる．この節部分は非常に簡単なダイヤグラムを考えても，積分の分母の振舞いによって特異点を生じる．共にフェルミ面付近にある，正味の運動量がゼロの電子対(つい)は，相互散乱による遷移の可能な状態の数が非常に大きくなるので，束縛状態(位相の相対的コヒーレンス)が生じる．

しかしクーパー対(つい)の形成は超伝導をすべて説明するわけではない．単にそれは常伝導状態が絶対零度では不安定であり，より複雑な状態へ移行しなければならないことを示しているに過ぎない．以下に示す，5.12節の方法と似たボゴリューボフによる方法は，このような新しい複雑な基底状態を導くための，いくつかの等価な数学的手法のうちの一つの例である．

第1の要点は，電子の組み合わせとしてクーパー対(つい)以外の組み合わせを考える場合——$\mathbf{k}' = -\mathbf{k}$ 以外の場合——式 (5.99) の相互作用項は，結果的に寄与を持たないことである．基底状態に近い状態では，他の全ての散乱項は基本的に乱雑位相(ランダムフェーズ)で起こるので，これらの項は相対的に省略できるものと考えられる．もちろんこの近似は，後からその正当性を確認しなければならない．

ハミルトニアンの近似式は次のようになる．

$$H \approx \sum_{\mathbf{k}} \xi(\mathbf{k}) b_{\mathbf{k}}^* b_{\mathbf{k}} + \sum_{\mathbf{k},\mathbf{q}} v(\mathbf{q}) b_{\mathbf{k}+\mathbf{q}}^* b_{-\mathbf{k}-\mathbf{q}}^* b_{-\mathbf{k}} b_{\mathbf{k}} \tag{5.100}$$

ボーズ気体のハミルトニアン (5.92) を対角化する際に用いた正準変換 (5.93) を参考にして，今度は"反交換関係"を保つような演算子の正準変換を考えてみよう．

$$\left.\begin{array}{ll} b_{\mathbf{k}} = A_{\mathbf{k}}\beta_{\mathbf{k}} + B_{\mathbf{k}}\beta_{-\mathbf{k}}^*; & b_{\mathbf{k}}^* = A_{\mathbf{k}}\beta_{\mathbf{k}}^* + B_{\mathbf{k}}\beta_{-\mathbf{k}} \\ b_{-\mathbf{k}} = A_{\mathbf{k}}\beta_{-\mathbf{k}} - B_{\mathbf{k}}\beta_{\mathbf{k}}^*; & b_{-\mathbf{k}}^* = A_{\mathbf{k}}\beta_{-\mathbf{k}}^* + B_{\mathbf{k}}\beta_{\mathbf{k}} \end{array}\right\} \tag{5.101}$$

変換で得られる新しい演算子 $\beta_{\mathbf{k}}$ は，$A_{\mathbf{k}}$ と $B_{\mathbf{k}}$ が次の関係を満足すれば，フェルミ粒子の反交換関係を保つ．

$$A_{\mathbf{k}}^2 + B_{\mathbf{k}}^2 = 1 \tag{5.102}$$

式 (5.101) の変換は，$\mathbf{k}$ と $-\mathbf{k}$ の演算子によって張られる空間内の回転操作と等価であるが，その回転角は，

$$\theta_{\mathbf{k}} = \cos^{-1}(A_{\mathbf{k}}) \tag{5.103}$$

である．これに相当するボーズ粒子の変換 (5.93) は虚数角 $i\theta_{\mathbf{k}}$ による回転となっている．

$$\cosh \theta_{\mathbf{k}} = \frac{1}{\sqrt{1 - B_{\mathbf{k}}^2}} \tag{5.104}$$

これはスピン演算子の代数 (6.5節) と関係しており，この変換式がスピン演算子の表現として用いられる場合もある．

式 (5.101) を式 (5.100) に代入し，反交換関係を利用して各項の消滅演算子を右側に置いた正規な形にすると，次のようになる．

$$H = 2\sum_{\mathbf{k}} \xi(\mathbf{k})B_{\mathbf{k}}^2 + \sum_{\mathbf{k},\mathbf{q}} v(\mathbf{q})A_{\mathbf{k}}B_{\mathbf{k}}A_{\mathbf{k+q}}B_{\mathbf{k+q}}$$
$$+ \sum_{\mathbf{k}} \left\{ \xi(\mathbf{k})(A_{\mathbf{k}}^2 - B_{\mathbf{k}}^2) - 2A_{\mathbf{k}}B_{\mathbf{k}}\sum_{\mathbf{q}} v(\mathbf{q})A_{\mathbf{k+q}}B_{\mathbf{k+q}} \right\}$$
$$\times (\beta_{\mathbf{k}}^*\beta_{\mathbf{k}} + \beta_{-\mathbf{k}}^*\beta_{-\mathbf{k}})$$
$$+ \sum_{\mathbf{k}} \left\{ 2\xi(\mathbf{k})A_{\mathbf{k}}B_{\mathbf{k}} + (A_{\mathbf{k}}^2 - B_{\mathbf{k}}^2)\sum_{\mathbf{q}} v(\mathbf{q})A_{\mathbf{k+q}}B_{\mathbf{k+q}} \right\}$$
$$\times (\beta_{\mathbf{k}}^*\beta_{-\mathbf{k}}^* + \beta_{\mathbf{k}}\beta_{-\mathbf{k}})$$
$$+ O\left(\beta_{\mathbf{k+q}}^*\beta_{-\mathbf{k-q}}^*\beta_{-\mathbf{k}}\beta_{\mathbf{k}}\right) \quad (5.105)$$

この式の形は明らかに式 (5.94) と似ている．初めの2行は演算子 $\beta_{\mathbf{k}}^*$ による独立なフェルミ粒子の励起スペクトルを与える．系の基底状態に作用させた場合，式 (5.105) の残りの部分からの寄与は，3行目の生成演算子同士の積の項だけである．式 (5.95) と同様に，この項の係数をゼロとするために $A_{\mathbf{k}}$ および $B_{\mathbf{k}}$ が次式を満たすものとする．

$$2\xi(\mathbf{k})A_{\mathbf{k}}B_{\mathbf{k}} + (A_{\mathbf{k}}^2 - B_{\mathbf{k}}^2)\sum_{\mathbf{q}} v(\mathbf{q})A_{\mathbf{k+q}}B_{\mathbf{k+q}} = 0 \quad (5.106)$$

式 (5.106) と式 (5.102) の解を式 (5.105) に代入しなおすことにより，基底状態付近の超伝導系に適用できるハミルトニアンが得られる．

式 (5.106) の相互作用係数を，上述のように切断エネルギー w を想定して単純化したものにして，次の変数 Δ_0 を定義する．

$$\Delta_0 = -\mathcal{V}\sum_{-w}^{w} A_{\mathbf{k+q}}B_{\mathbf{k+q}} \quad (5.107)$$

この Δ_0 を用いると，$A_{\mathbf{k}}$ と $B_{\mathbf{k}}$ は以下のように表せる．

$$A_{\mathbf{k}}^2 = \frac{1}{2}\left[1 + \frac{\xi(\mathbf{k})}{\sqrt{\Delta_0^2 + \xi^2(\mathbf{k})}}\right]; \quad B_{\mathbf{k}}^2 = \frac{1}{2}\left[1 - \frac{\xi(\mathbf{k})}{\sqrt{\Delta_0^2 + \xi^2(\mathbf{k})}}\right] \quad (5.108)$$

5.13. 超伝導状態

そして Δ_0 は次の式を満足するすることになる.

$$1 = -\frac{1}{2}\mathcal{V}\sum_{-w}^{w}\frac{1}{\sqrt{\Delta_0^2 + \xi^2(\mathbf{k})}} \tag{5.109}$$

式 (5.105) の初めの行は系全体のエネルギーの小さな補正を表し, 2 行目は式 (5.94) の場合と同様, 次のようなエネルギーを伴うフェルミ粒子の励起を表す.

$$\mathcal{E}(\mathbf{k}) = \xi(\mathbf{k})(A_\mathbf{k}^2 - B_\mathbf{k}^2) - 2A_\mathbf{k}B_\mathbf{k}\sum_{\mathbf{q}}v(\mathbf{q})A_{\mathbf{k}+\mathbf{q}}B_{\mathbf{k}+\mathbf{q}}$$
$$= \sqrt{\Delta_0^2 + \xi^2(\mathbf{k})} \tag{5.110}$$

これはこの計算の最も重要な結果である. 基底状態付近の系のエネルギースペクトルはフェルミ粒子的な準粒子によって表されるが, そのエネルギーはフェルミ準位 $\xi(\mathbf{k}) = 0$ のところでもゼロにならず有限値を持つ. 別の言い方をすると Δ_0 は "エネルギーギャップ" である. ボーズ粒子系では式 (5.98) で表される長波長の音響モードのような無限小エネルギーの励起が存在したが, 超伝導状態にある系はそのような無限小エネルギーの励起を持ち得ない.

式 (5.108) を式 (5.101) に代入することによって励起の性質を見ることができる. フェルミ面付近で定義される準粒子は, 波数 $\mathbf{k}$ の電子と波数 $-\mathbf{k}$ の正孔との一次結合で表される. $\mathbf{k}$ がフェルミ面から遠ざかると, 式 (5.110) の $\mathcal{E}(\mathbf{k})$ は $\xi(\mathbf{k})$ に近づき, 準粒子は相互作用のない電子系における通常の電子や正孔と同じものになる. フェルミ面の近傍ではパウリの排他律によって許容される遷移が強い制約を受けるので, 引力相互作用によって反対向きに進行する電子波の間に相関が生じ易くなる. そしてフェルミ面近傍の狭いエネルギー範囲で "凝縮" が起こる.

ここから議論は式 (5.109) のエネルギーギャップ Δ_0 を解くことに移行する. $\mathcal{V}$ が負であれば Δ_0 は解を持ち, 電子の状態密度を用いた, よく知られている指数関数的な表式が得られる[†]. 更には式 (5.105) で無視した準粒子間の相互作用項を考察することもできる. これらの項に対してハートリー – フォック法／RPA法の考え方を用いて自己無撞着な取扱いをすることにより, Δ_0 と温度 T が単純な積分方程式で関係付けられ, 超伝導状態がある有限温度以上では不安定になることが分かる. しかしここでは相転移その他の, この特異な系の興味深い諸性質には立ち入らない.

[†](訳註) フェルミ準位における電子の状態密度 (一方向スピン) を N_F とすると, $\Delta_0 = w/\sinh(1/N_\mathrm{F}\mathcal{V}) \approx 2w\exp(-1/N_\mathrm{F}\mathcal{V})$ である. 文献 [D2] 参照.

第 6 章 相対論的形式

'*The Duke didn't kiss Julietta: she kissed the Duke instead.*'

6.1 ローレンツ不変性

特殊相対論の要請を説明する方法はいろいろあり，おそらくあらゆる哲学的嗜好に合わせることができる．我々の当面の目的からは，形而上学的な側面には過度にこだわらず，ただ単純に一定の速度で運動するあらゆる観測者にとって，物理法則が共通な形で成立することを仮定する．これは数式的には物理法則を表す全ての方程式が"ローレンツ不変"(Lorentz-invariant) もしくは"ローレンツ共変"(Lorentz-covariant) と呼ばれる形式になっていることを意味する．

通常の3次元ベクトルの本質は，それが"回転不変"な性質を持つ点にある．いま私が実際に存在する電場を，3成分をもつベクトル量 **E** で表すとするならば，私が直交座標軸をどのような向きに選んでも，同じ物理的な場を表現できるようにしなければならない．つまり x 軸を東向き，y 軸を北向きにしても，あるいは x 軸を東北東，y 軸を北北西に向けても，同じ場を表現しなければならない．ベクトルの成分は座標の変換に伴って変わらなければならないが，ベクトルそのものは座標変換の前後で，その同一性が保証される必要がある．

最も典型的なベクトル量の例は，空間内の局所的な変位である．

$$\delta \mathbf{R} = (\delta R_x, \delta R_y, \delta R_z) \tag{6.1}$$

伸縮を含まない任意の座標軸の回転の前後で，2つの局所的な変位ベクトル $\delta\mathbf{R}$ と $\delta\mathbf{S}$ のスカラー積 (scalar product) は同じ値を保つ．

$$\begin{aligned}\delta\mathbf{R}\cdot\delta\mathbf{S} &= \delta R_x \delta S_x + \delta R_y \delta S_y + \delta R_z \delta S_z \\ &= \delta R'_x \delta S'_x + \delta R'_y \delta S'_y + \delta R'_z \delta S'_z\end{aligned} \tag{6.2}$$

もちろん変換後のベクトル成分 $\delta R'_x$ などは変換前と異なるが，スカラー積は保存するのである．あらゆる3次元ベクトルは変位ベクトルと同様に変換されるので，それらのスカラー積についても保存則が成立する．そのベクトル自身とのスカラー積を考えると，次のようなベクトルの絶対値の自乗も保存することになる．

$$|\delta \mathbf{R}|^2 = (\delta R_x)^2 + (\delta R_y)^2 + (\delta R_z)^2 \tag{6.3}$$

ローレンツ不変性はこの条件を一般化したものである．我々が対象とする"事象"は，測定機具が観測し得る，ある空間点，ある時刻において生じる事柄を指す．ある観測者から見て2つの事象が空間ベクトル $\delta \mathbf{R}$，時間 δt だけ隔たっているとする．他の観測者からはこの隔たりが空間ベクトル $\delta \mathbf{R}'$ および時間 $\delta t'$ と見えるものとする．これらの観測は次の量が同一であれば矛盾なく成立する．

$$\begin{aligned}-(\delta s)^2 &= (\delta R_x)^2 + (\delta R_y)^2 + (\delta R_z)^2 - c^2 (\delta t)^2 \\ &= (\delta R'_x)^2 + (\delta R'_y)^2 + (\delta R'_z)^2 - c^2 (\delta t')^2\end{aligned} \tag{6.4}$$

式 (6.4) の定数 c はもちろん光速である．2つの"事象"が2点間(マイケルソン干渉計の2つの鏡のような)の光の信号の放出および吸収である場合，"不変距離" δs はゼロである．移動する粒子の軌跡のような"時間的"な不変距離については $(\delta s)^2$ が正になる．初等的な特殊相対論のテキストには必ず時空座標が式 (6.4) の関係を満たす"ローレンツ変換"(Lorentz transformation) の導出方法が記述されている．しかしそのような式の詳細を知らなくとも以下の議論にほとんど支障はない．

式 (6.3) と式 (6.4) を比較すると，時間座標を第4の"次元"として3次元ベクトルの回転不変性の代数に付け加えることで，ローレンツ不変性の代数に拡張できることが分かる．時空における事象は次のような成分を持つ4元ベクトルで時空間内に位置付けられる．

$$x^\mu \equiv (x^1, x^2, x^3, x^4) \equiv (x, y, z, ct) \tag{6.5}$$

ローレンツ不変性の条件 (6.4) は次のように書き直すことができる．

$$(\delta s)^2 = -g_{\mu\nu} \delta x^\mu \delta x^\nu \tag{6.6}$$

ここではアインシュタインの規約に従い，繰り返し用いられた添字 $\mu = 1 \ldots 4$，$\nu = 1 \ldots 4$ を変えて和をとるものとする．3次元ベクトルの回転の場合より複雑なのは"計量テンソル" $g_{\mu\nu}$ が単純な単位行列ではなく，$g_{11} = g_{22} = g_{33} = 1$ であるが $g_{44} = -1$ となっている点である[†]．

[†] $x_0 = ct$ として，$g_{00} = 1$, $g_{11} = g_{22} = g_{33} = -1$ とする表記が用いられることもある．(訳註：こちらの方がむしろ一般的である．)

6.1. ローレンツ不変性

このようにして，相対論的な物理学はローレンツ変換に従う物理的な4元ベクトルを扱うものになる．最も重要な規則は3次元における回転不変性 (6.2) に類似したもので，あらゆる4元ベクトルの"スカラー積"すなわち，

$$g_{\mu\nu}A^{\mu}B^{\nu} \tag{6.7}$$

がローレンツ変換の下で不変な量となることである[‡]．それゆえ物理量に関する方程式にはこのような量が現れることになる．

相対論的運動学の出発点は"運動量‐エネルギー4元ベクトル"であり，その成分は次のようになっている．

$$p^{\mu} \equiv (p_x, p_y, p_z, \mathcal{E}/c) \tag{6.8}$$

つまり通常の3次元の運動量に対して，粒子のエネルギーが"時間的な成分"として付け加えられる．質量およびエネルギーの保存則は次のような原理に統合される．すなわち孤立した相互作用のない粒子の運動量‐エネルギー4元ベクトルは静止質量 m_0 と次のような関係を持つ．

$$p^{\mu} = m_0 c \frac{\mathrm{d}x^{\mu}}{\mathrm{d}s} \tag{6.9}$$

これは"共変な"形式の一例である．運動量‐エネルギー4元ベクトルは"ミンコフスキー速度"(Minkowski velocity)——時空内の粒子軌跡に沿った一定時間あたりの粒子座標の変化率——に比例する．ローレンツ変換によって時空座標の4元ベクトル成分は変わるが，運動量‐エネルギー4元ベクトルやミンコフスキー速度は，回転や反転を含まない狭義のローレンツ変換の前後では各成分とも不変である．

外力のない自由粒子の運動に対して p^{μ} を定数とおくことにより，質量とエネルギーの関係や，時間の遅れなどの，よく知られている相対論物理の諸現象を導くことができる．しかし完全な力学理論を構成するためには力と加速度を扱う必要がある．ニュートンの運動方程式は自然に次のような形に拡張できる．

$$c\frac{\mathrm{d}p^{\mu}}{\mathrm{d}s} = F^{\mu} \tag{6.10}$$

この式は低速度の極限，すなわち，

$$\mathrm{d}s \approx c\,\mathrm{d}t \tag{6.11}$$

の場合，通常の非相対論的な運動方程式に一致する．

[‡] (訳註) たとえば $B_{\mu} = g_{\mu\nu}B^{\nu}$ として，スカラー積を $A^{\mu}B_{\mu}$ のように表記することも多い．座標と同じ変換性を持つ B^{ν} は反変ベクトル，新たに定義した B_{μ} は共変ベクトルと呼ばれる．$g_{\mu\nu}$ の定義を前頁の原註のように変えると，スカラー積の符号は逆転するが，そのようにスカラー積を定義しても支障はない．本書でも後から，符号を逆転したもうひとつの"スカラー積"の定義が出てくる (式 (6.40))．

6.2 相対論的電磁気学

　更に先に進むためには，連続場の理論構成に不可避的に現れる"粒子"間の"力"に関する一般論が必要となってくる．初等的な場の古典論では，スカラー場に作用して場の勾配を表し，座標軸の回転の下で座標ベクトルと同じ変換を受ける，微分ベクトル演算子 ∇ が用いられる．

　時空間において同様の働きを持つ演算子は，明らかに第4成分として $(1/c)\partial/\partial t$ を持たなければならないが，式 (6.6) の計量が正定値でないので，少々取扱いが複雑になる．第4成分の導入の方法にはいろいろな流儀があるが，ここでは"4元勾配"の演算子を次のように定義する[§]．

$$\partial^\mu \equiv \left(\frac{\partial}{\partial x}, \frac{\partial}{\partial y}, \frac{\partial}{\partial z}, -\frac{1}{c}\frac{\partial}{\partial t}\right) \tag{6.12}$$

この演算子は式 (6.7) の4元ベクトルとして用いることができる，ローレンツ不変なベクトルを与える．∂^μ が正確にローレンツ変換に従うことを示すのは (少々手間はかかるが) 難しいことではない．座標変換 $x^\mu \to x'^\mu$ の下で $\partial/\partial x^\mu (= \partial_\mu)$ すなわち座標変化 dx^μ の逆数には，座標変換の"逆"変換係数が掛かる．∂^μ のようなベクトルは，一般のテンソル算の用語で"反変ベクトル"と呼ばれ，計量テンソル $g_{\mu\nu}$ を掛けると"共変ベクトル化"できる ($\partial_\mu = g_{\mu\nu}\partial^\nu$)[†]．これらのことから式 (6.12) において時間成分の符号が違う理由が理解できる．なお，ベクトルの第4成分 x^4 として ct の代わりに虚数時間 ict を導入して x^μ を4次元のユークリッドベクトルのように扱っても，最終的に同じ結果を得ることができる．その場合は一般相対論の表記法との関係が曖昧になるが，それはそれでひとつの方法である．

　我々に最も馴染みのある場の理論は古典電磁気学であろう．自由空間におけるマックスウェルの方程式 (Maxwell's equation) は次のよう表される．

$$\left.\begin{array}{ll} \text{(a)} \ \nabla \times \mathbf{E} = -\dfrac{1}{c}\dfrac{\partial \mathbf{H}}{\partial t}; & \text{(b)} \ \nabla \times \mathbf{H} = \dfrac{1}{c}\dfrac{\partial \mathbf{E}}{\partial t} \\ \text{(c)} \ \nabla \cdot \mathbf{E} = 0; & \text{(d)} \ \nabla \cdot \mathbf{H} = 0 \end{array}\right\} \tag{6.13}$$

我々は電場 $\mathbf{E}$ と磁場 $\mathbf{H}$ を別々なベクトル場として区別して考えることに慣れているが，このような見方は観測する系を決めた場合にのみ正当性をもつ．ローレンツの理

[§](訳註) 原著では4元勾配を "∇^μ" と表記しているが，このような表記はあまり使われていないので，訳稿では一般に用いられている "∂^μ" に改めた．計量を $g_{00} = 1, \ g_{11} = g_{22} = g_{33} = -1$ とした場合は $\partial^\mu = \left(\dfrac{1}{c}\dfrac{\partial}{\partial t}, -\dfrac{\partial}{\partial x}, -\dfrac{\partial}{\partial y}, -\dfrac{\partial}{\partial z}\right)$ となる．

[†](訳註) 4元勾配成分の変換は，共変な勾配では $\partial'_\mu = \dfrac{\partial x^\nu}{\partial x'^\mu}\partial_\nu$ すなわち $\dfrac{\partial}{\partial x'^\mu} = \dfrac{\partial x^\nu}{\partial x'^\mu}\dfrac{\partial}{\partial x^\nu}$，反変な勾配では $\partial'^\mu = \dfrac{\partial x'^\mu}{\partial x^\nu}\partial^\nu$ であり，後者の変換は座標の変換と同じである．

論の本質は，これらの2つの場がひとつの物理的実体——"電磁場"——の部分的な側面に過ぎないということである．

マックスウェルの方程式を相対論的な形式に直すために，2つの場が"ポテンシャル"によって表されることを思い出そう．

$$\mathbf{E} = -\frac{1}{c}\frac{\partial \mathbf{A}}{\partial t} - \nabla \phi; \quad \mathbf{H} = \nabla \times \mathbf{A} \tag{6.14}$$

電磁場の導出に"ベクトルポテンシャル"$\mathbf{A}$と"スカラーポテンシャル"ϕの両方が必要であることは，これらのポテンシャルが，次に示す一般的な4元ベクトルポテンシャルの中の異なる成分であることを示している．

$$A^\mu = (A_x, A_y, A_z, \phi) \tag{6.15}$$

ここではスカラーポテンシャルが時間軸方向の成分となっている．

式 (6.14) に戻って，一般化した勾配 (6.12) を用いると，6成分の電磁場を次式のように表すことができる．

$$F^{\mu\nu} = \partial^\mu A^\nu - \partial^\nu A^\mu \tag{6.16}$$

たとえば，

$$F^{12} = \frac{\partial A_y}{\partial x} - \frac{\partial A_x}{\partial y} = H_z \tag{6.17}$$

$$F^{14} = \frac{\partial \phi}{\partial x} - \left(-\frac{1}{c}\frac{\partial}{\partial t}\right)A_x = -E_x \quad \text{etc.} \tag{6.18}$$

となっている．このように電磁場の強度は4×4の行列で表される．

$$F^{\mu\nu} = \begin{pmatrix} 0 & H_z & -H_y & -E_x \\ -H_z & 0 & H_x & -E_y \\ H_y & -H_x & 0 & -E_z \\ E_x & E_y & E_z & 0 \end{pmatrix} \tag{6.19}$$

2つの4元ベクトルの外積のように変換するこのようなタイプの行列は"反変テンソル"と呼ばれる．"電磁場テンソル"は2つの添字について反対称になっている．ローレンツ変換後の新しい電場成分，たとえばE'_zは元の系における電場成分および磁場成分の一次結合で表される．

この新しい表記を用いてマックスウェルの方程式がローレンツ不変であることを示すことができる．式 (6.13)(a) および式 (6.13)(d) は，電場および磁場が式 (6.14) のようにポテンシャルで定義される場合には恒等式となっている．残りの2つの方程式は次のように一般化される．

$$g_{\mu\nu}\partial^\nu F^{\mu\delta} = 0 \tag{6.20}$$

式 (6.13)(b) は $\delta = 1, 2, 3$ に, 式 (6.13)(c) は $\delta = 4$ に対応する. 式 (6.20) は明らかに共変な形をしており, 同じ関係が任意の慣性系において成立する. 電磁場が式 (6.15)-(6.19) のように定義されていれば, それらは選択された慣性系において自動的にマックスウェルの方程式を満たす. 電磁気学の法則はどの観測者にとっても同じになっている.

次節から我々は電磁場の強度それ自身よりもポテンシャルの方に注意を向けることになる. しかしながら"古典電磁気学"——電磁場中の荷電粒子の運動の理論——が, 式 (6.10) から容易に類推される方程式に支配され, 共変であることを指摘しておくのは有益であろう.

$$c\frac{\mathrm{d}p^\mu}{\mathrm{d}s} = eg_{\nu\delta}\frac{\mathrm{d}x^\delta}{\mathrm{d}s}F^{\mu\nu} \tag{6.21}$$

e は粒子の電荷である. 通常の3次元の表記では, これは馴染みのある次のローレンツ力の式とエネルギー積分の式を合わせたものと等価な内容になっている.

$$\mathbf{F} = e\left(\mathbf{E} + \frac{1}{c}\mathbf{v} \times \mathbf{H}\right) \tag{6.22}$$

理論を完結させるためには, 電荷からどのようにして場が生じるかを示す必要がある. 通常の電流密度 $\mathbf{j}$ と電荷密度 ρ を成分とする4元ベクトル電流を次のように定義できる.

$$j^\mu \equiv (j_x, j_y, j_z, \rho) \tag{6.23}$$

読者は共変な形のマックスウェル方程式 (6.20) を, 電流と電荷が存在する場合へ拡張すると, 次式が得られることを確認されるとよい[‡].

$$g_{\mu\nu}\partial^\nu F^{\mu\delta} = -j^\delta \tag{6.24}$$

6.3 波動方程式とゲージ不変性

マックスウェルの方程式は4元ベクトルポテンシャルに対して次の条件を課する.

$$g_{\mu\nu}\partial^\nu\partial^\mu A^\delta - g_{\mu\nu}\partial^\nu\partial^\delta A^\mu = -j^\delta \tag{6.25}$$

[‡](訳註) 元々の自由場のマックスウェル方程式 (6.13) を電流と電荷が存在する場合へ拡張すると, 本書の流儀では (b) $\nabla \times \mathbf{H} = \frac{1}{c}\frac{\partial \mathbf{E}}{\partial t} + \mathbf{j}$, (c) $\nabla \cdot \mathbf{E} = \rho$ となる. 通常, 相対論的量子論のテキストでは Heaviside-Lorentz の有理化単位系に従い, $\nabla \times \mathbf{H} = \frac{1}{c}\frac{\partial \mathbf{E}}{\partial t} + \frac{1}{c}\mathbf{j}$, $\nabla \cdot \mathbf{E} = \rho$ とすることが多いようである.

マックスウェル方程式の諸量の定係数の付け方 (すなわち単位系の選択) によって j^μ, A^μ, $F^{\mu\nu}$ 等の定義式における空間的成分と時間的成分に対する係数の付け方も違ってくる. たとえば式 (6.23) の代わりに $j^\mu = (\mathbf{j}, c\rho)$ とする場合も多い.

6.3. 波動方程式とゲージ不変性

この関係式は，式 (6.16) を式 (6.24) に代入すると得られる．これは複雑な2階偏微分方程式であるが，"ゲージ変換"によって簡単にすることができる．

式 (6.16) より，次に示すように4元ポテンシャルに任意のスカラー関数の勾配を加えても，同一の物理的観測量(オブザーバブル) $\mathbf{E}$ および $\mathbf{H}$ の値を得ることができる．

$$A^\mu \to A^\mu + \partial^\mu \chi \tag{6.26}$$

ここで，新しいポテンシャルが，次の"ローレンツ条件"(Lorentz condition) を満たすように χ を選ぶことができる．

$$g_{\mu\nu} \partial^\nu A^\mu = 0 \tag{6.27}$$

そうすると，一般化したマックスウェルの方程式 (6.25) は次のようになる．

$$g_{\mu\nu} \partial^\nu \partial^\mu A^\delta = -j^\delta \tag{6.28}$$

通常のベクトル表記に直すと，これは次のような馴染みやすい式になる．

$$\left. \begin{aligned} \Box \mathbf{A} &\equiv \nabla^2 \mathbf{A} - \frac{1}{c^2} \frac{\partial^2 \mathbf{A}}{\partial t^2} = -\mathbf{j} \\ \Box \phi &\equiv \nabla^2 \phi - \frac{1}{c^2} \frac{\partial^2 \phi}{\partial t^2} = -\rho \end{aligned} \right\} \tag{6.29}$$

つまり4元ポテンシャルは4元電流密度を源とする波動方程式を満足する．ラプラシアン (Laplacian) $\Delta = \nabla^2$ を相対論的に一般化した演算子 $\Box$ はダランベルシアン (D'Alembertian) と呼ばれ，それ自身ローレンツ不変である[§]．

自由空間における波動に対し，非相対論的な場の場合と同様にフーリエ変換を施すことを考えてみよう．一般化した波数ベクトルの時間的成分として，振動数を導入する．

$$k^\mu = (k_x, k_y, k_z, \omega/c) \tag{6.30}$$

式 (1.90) と同様に，式 (6.28) の解を次のように置いてみる．

$$A^\delta(x) = A^\delta(k) \exp\left(i g_{\mu\nu} k^\mu x^\nu\right) \tag{6.31}$$

すなわち，

$$\mathbf{A}(\mathbf{r}, t) = \mathbf{A}(\mathbf{k}, \omega) \exp\left\{i(\mathbf{k}\cdot\mathbf{r} - \omega t)\right\} \tag{6.32}$$

[§](訳註) ダランベルシアンは $\Box \equiv g_{\mu\nu} \partial^\mu \partial^\nu$ と表されるので，$g_{\mu\nu}$ の定義の仕方 (p.174脚註参照) に依存して，符号の異なる2通りの定義が存在する．

とする．4元電流密度 j^δ がゼロならば，単純な分散関係が得られる．

$$g_{\mu\nu}k^\mu k^\nu = 0, \quad \text{i.e.} \quad k^2 - \omega^2/c^2 = 0 \tag{6.33}$$

したがって式 (6.28) の自由空間における解は，光速で伝播する平面波の重ね合せで表される．

しかしローレンツ条件 (6.27) は4元ポテンシャルの成分に次の関係を課す．

$$g_{\mu\nu}k^\mu A^\nu = 0 \tag{6.34}$$

あらゆる電荷から遠く隔たった自由空間では，通常静電ポテンシャルをゼロと置く．

$$\phi(\mathbf{r}, t) \equiv A^4(x) = 0 \tag{6.35}$$

そうすると式 (6.34) より，ベクトルポテンシャルは横波として伝播することが判る．

$$\mathbf{k} \cdot \mathbf{A}(\mathbf{k}, \omega) = 0 \tag{6.36}$$

ゲージ変換によって式 (6.35) を満足させることは，特定の慣性系に着目すれば常に可能だが，残念ながらそれはローレンツ変換の下で不変ではない．別の慣性系から見た4元ポテンシャルの時間的成分 A'^4 が式 (6.35) と χ 同様にゼロになるとは限らない．他の観測者はこの電磁波を純粋な横波とは認識せず，縦波成分も認めることになる．

古典論では，ローレンツ変換に伴って適切なゲージ変換を施すことにより，この困難を回避することができる．式 (6.26) の χ を選ぶことによって，ローレンツ条件 (6.27) を犯すことなく縦波成分をなくせることは簡単に証明できる．言い替えると電磁波における電場と磁場を常に横波成分だけを持つポテンシャル波に対応させることが可能である．このことは各々の波数ベクトルに，伝播方向と直交する面内の自由度に対応した2つの自由度が伴っていることを示している．

電荷が存在する場合は，初等静電気学と整合するように，電荷を源とした静電ポテンシャルの寄与が現れるので，理論はより複雑なものになる．この場合にはローレンツ条件の変わりに相対論的に不変ではない"クーロンゲージ"の条件を採用するほうが便利である．

$$\nabla \cdot \mathbf{A} = 0 \tag{6.37}$$

こうすると，スカラーポテンシャル ϕ は通常の静電ポテンシャルに一致し，電荷間にクーロン力が働く形になる．クーロンゲージを採用して波動成分をすべて $\mathbf{A}(\mathbf{k}, \omega)$ で扱っても，ローレンツ条件の下で ϕ が波動伝播成分を持つような扱い方をしても，

最終的に同じ結果が得られることを証明できるが，この証明方法は専門的な文献の中に見いだすことができる．

電磁場を量子化しようとすると取扱いが更に複雑になる．式 (6.27) のようなゲージ条件を量子力学的な演算子に対して課さねばならず，そのような条件は演算子を状態ベクトルに作用させた時に初めて意味を持つ．この問題に関して，横波だけを量子化すればよいことを示すための入念な解析 (グプタ – ブロイラー形式：Gupta-Bleuler formalism) がなされているが，これは多分に計算技術的な問題なので，ここでは説明を割愛する[†]．

6.4 相対論的な場の量子化

自由空間における電磁場の波動方程式 (6.28) はクライン – ゴルドン方程式 (1.85) の特別な例である．クライン – ゴルドン方程式は相対論的に不変であり，次のように表現し直すことができる．

$$(\Box - m^2)\phi(x) = 0 \tag{6.38}$$

スカラー関数 $\phi(x)$ は静止質量 m のボーズ粒子場を表す．粒子の相対論的なエネルギーは次のように与えられる．

$$\omega_{\mathbf{k}} = \pm\sqrt{m^2 + \mathbf{k}^2} \tag{6.39}$$

電磁場は 2 つの偏りを持つ横波のベクトル場となるので，光子の記述はこれより複雑になるが，光子の性質の多くの部分は式 (6.38) の静止質量 m がゼロであることから生じている．

簡単のため $\hbar = c = 1$ とし，次のような簡略化した相対論的表記を導入することにする[‡]．

$$kx \equiv -g_{\mu\nu}k^{\mu}x^{\nu} \equiv -\mathbf{k}\cdot\mathbf{r} + \omega t \tag{6.40}$$

[†](訳註) グプタ – ブロイラー形式の詳細については，文献 [B4] 参照．

[‡]負号を付けることによって，速度 $\leq c$ の粒子について k^2 が正となるので，通常の非相対論的な運動エネルギーの表式に整合する．同様に $(\delta s)^2 = \delta x \delta x$ も光円錐内の時間的領域で正の値をとる．(以下訳註) 式 (6.40) は $k\cdot x$ と書く場合もある．またあらわに $k^{\mu}x_{\mu}$ ($=k_{\mu}x^{\mu}$) を用いることも多い (本書の流儀では $k^{\mu}x_{\mu} = \mathbf{k}\cdot\mathbf{r} - \omega t = -kx$ であるが，p.174 の脚註のように $g_{\mu\nu}$ の定義を変えて $k^{\mu}x_{\mu} = kx$ とすることもできる)．同一の運動量 – エネルギー 4 元ベクトル同士のスカラー積は，断わりなしに k^2 のように表記することが多いが $\left(k^2 \equiv (k^4)^2 - \mathbf{k}^2 = \omega^2 - \mathbf{k}^2\right)$，この量は式 (6.39) から分かるように，$\omega = \omega_{\mathbf{k}}$ のとき粒子の静止質量の自乗に一致する．本章で後から出てくる k^2, p^2, γp, $\gamma \partial$ 等はすべて 4 元ベクトルのスカラー積として読み取らなければならない．

クライン－ゴルドン方程式 (6.38) の解は，式 (6.31) と同様，次の単純な形となる．

$$\phi(x) = \Phi_{\mathbf{k}} e^{ikx} \tag{6.41}$$

但しここでは式 (6.39) の条件が運動量4元ベクトルの成分に課せられる．すなわち，

$$k^4 = \omega_{\mathbf{k}} \tag{6.42}$$

である．

この場を量子化するために，第1章で学んだ古典的な場の変数をシュレーディンガー表示の局所的な場の演算子に変換する方法を適用しよう．式 (1.90)，式 (1.91) および式 (1.117) と同様にして，次のように書く．

$$\phi(\mathbf{r}) = \sum_{\mathbf{k}} \frac{1}{\sqrt{2\omega_{\mathbf{k}} V}} \left\{ a_{\mathbf{k}} e^{i\mathbf{k}\cdot\mathbf{r}} + a_{\mathbf{k}}^* e^{-i\mathbf{k}\cdot\mathbf{r}} \right\} \tag{6.43}$$

ここで消滅・生成演算子 $a_{\mathbf{k}}$, $a_{\mathbf{k}}^*$ は正準な交換関係に従う．

$$[a_{\mathbf{k}}, a_{\mathbf{k}'}^*] = \delta_{\mathbf{k}\mathbf{k}'}; \quad [a_{\mathbf{k}}, a_{\mathbf{k}'}] = [a_{\mathbf{k}}^*, a_{\mathbf{k}'}^*] = 0 \tag{6.44}$$

相対論的な理論を構成しようとするならば，場の演算子は明らかに時刻座標を含まなければならない．これは式 (6.4) および式 (6.42) に従って自然に導入できる．

$$\phi(x) = \sum_{k} \frac{1}{\sqrt{2Vk^4}} \left\{ a_k e^{-ikx} + a_k^* e^{ikx} \right\} \delta(k^4 - \omega_{\mathbf{k}}) \tag{6.45}$$

これはシュレーディンガー演算子 (6.43) を，3.6節のS行列の摂動展開の際に定義した相互作用表示の演算子に変換したものにほかならない．ファインマンダイヤグラムの理論はあらかじめ，ごく自然に相対論的一般化ができる形式を持っている．別々に扱われていた"運動量"と"エネルギー"はローレンツ共変な4元ベクトル形式に統合されるが，トポロジー的な定理はそのまま適用できる．主たる問題点は与えられたダイヤグラム(たとえば式 (3.117))の代数的表現が，観測系の変更に伴って正しく変換されるかどうかという点である．

この問題を式 (3.106) のボーズ粒子伝播関数を実際に評価することによって検証してみよう．ある特定の座標系において，演算子の時間順序積は式 (3.95) のように定義される．

$$T\{\phi(x)\phi(x')\} = \begin{cases} \phi(x)\phi(x') & t' < t \\ \phi(x')\phi(x) & t' > t \end{cases}$$

伝播関数はこの演算子積の真空期待値である．式 (6.45) の定義より，寄与を残す項は $a_k a_{\mathbf{k}}^*$ を含むものである．時間順序を扱うために，式 (4.95) と同様に段差関数を

6.4. 相対論的な場の量子化

導入し,グリーン関数の定義式 (4.55) にある係数因子 $-\mathrm{i}$ を付け加えると,自由ボーズ粒子のグリーン関数が得られる[§].

$$\Delta_\mathrm{F}(x,x') \equiv -\mathrm{i}\langle 0|T\{\phi(x)\phi(x')\}|0\rangle$$
$$= -\mathrm{i}\int \frac{\mathrm{d}^3 k}{(2\pi)^3}\frac{1}{2\omega_\mathbf{k}}\left\{\theta(t-t')\mathrm{e}^{\mathrm{i}\{\mathbf{k}\cdot(\mathbf{r}-\mathbf{r}')-\omega_\mathbf{k}(t-t')\}}\right.$$
$$\left.+\theta(t'-t)\mathrm{e}^{-\mathrm{i}\{\mathbf{k}\cdot(\mathbf{r}-\mathbf{r}')-\omega_\mathbf{k}(t-t')\}}\right\} \quad (6.46)$$

これを $t-t'$ の関数とみなし,積分変数として k^4 を加え,これが式 (6.42) の値をとるように実軸の近くに適切に特異点を導入することによって,必要とする性質を全て持った解析的な関数を得ることができる.この議論は式 (3.112) および式 (4.130) のところで行ったものと全く同じである.読者は演習問題として,自ら式 (6.46) が次式と等価であることを証明してみられるとよい.

$$\Delta_\mathrm{F}(x,x') = \int \frac{\mathrm{d}^4 k}{(2\pi)^4}\mathrm{e}^{-\mathrm{i}k(x-x')}\frac{1}{k^2-m^2+\mathrm{i}\delta} \quad (6.47)$$

δ は無限小の正数であり,積分は全実軸にわたって実行する.

この式は一般のボーズ粒子伝播関数 (3.115) において $\omega_\mathbf{q}$ を式 (6.39) によって与えたものになっている.言い替えると,クライン–ゴルドン方程式に従う仮想中間子の交換で生じる相互作用のダイヤグラムにおいて,各々の中間子線にはエネルギー–運動量表示で,

$$\Delta_\mathrm{F}(k) = \frac{1}{k^2-m^2+\mathrm{i}\delta} \quad (6.48)$$

という因子が与えられる.

更にここで,式 (6.47) がローレンツ不変であることにも注意を喚起しておこう.この関数は2つの時空点 x と x' の実際の相対位置だけに依存し,これらの時空点を決めるための慣性系の選択には依らない.したがって特定の慣性系に立脚してつくったグリーン関数 (6.46) は,あらゆる慣性系から見て同じ値となる.式 (6.48) の極は,式 (6.39) で与えた正および負のエネルギー解に一致しているが,このことは理論全体を相対論的に不変にするための基本的要請に合致している.他方,物理系の記述において,負のエネルギーを持つすべての"自由クライン–ゴルドン粒子"は,力学的に不安定なものとして排除しなければならない.

伝播関数の運動量表示 (6.48) は,物理的に重要なほとんどすべての情報を含んでいるが,この伝播関数の相対論的不変性をもう少し詳しく見てみることにしよう.たとえば式 (6.47) は,通常のエネルギーが決まっている3次元空間のシュレーディン

[§](訳註) Δ_F の添字 F はファインマン (Feynman) の F である.

ガー方程式のグリーン関数 (4.105) を4次元的に拡張したものとなっていることは明らかである．したがって Δ_F はクライン-ゴルドン方程式を非斉次にした方程式，

$$\{\Box_x - m^2\}\Delta_F(x, x') = \delta^4(x - x') \tag{6.49}$$

を満たす．右辺は4次元のデルタ関数である．

同じような議論から導かれるもうひとつの関数は，2つの時空点における場の演算子 (6.45) の交換子である．これは定義自体から，不変なスカラーとなっているはずである．式 (6.46) と同様の計算により，次の結果が得られる．

$$\Delta(x - x') \equiv -i[\phi(x), \phi(x')]$$
$$= \frac{1}{(2\pi)^3}\int \frac{d^3k}{\omega_\mathbf{k}} \sin\{\mathbf{k}\cdot(\mathbf{r} - \mathbf{r}') - \omega_\mathbf{k}(t - t')\} \tag{6.50}$$

2つの時空点をある観測者にとって同時刻となるように選んでみよう．非積分関数 $\sin(\mathbf{k}\cdot\mathbf{r})/\omega_\mathbf{k}$ が波数 $\mathbf{k}$ の奇関数なので，式 (6.50) の積分はゼロとなる．したがって異なる空間位置における同時刻の事象は互いに干渉がない．しかし不変デルタ関数 $\Delta(x - x')$ は不変なスカラーなので，この性質はローレンツ変換によって"同時刻"の事象に変換し得るあらゆる2時空点の組み合わせについて成立する．言い替えると交換子は，互いの光円錐の中に入らない"空間的"不変距離を持った任意の時空点間でゼロになる．

$$\Delta(x - x') = 0 \quad \text{for all} \quad (x - x')^2 < 0 \tag{6.51}$$

この性質は，因果律の自然な拡張となっている．因果律では光によって結ばれることのない事象の間に力学的な干渉は許されない．"不変デルタ関数" (6.50) におけるこのような性質の数式的な証明は，式 (6.47) の $\Delta_F(x, x')$ に対する表式と同様に，$\Delta(x - x')$ を4次元積分の形にあらわに示すことによって得られる．$\Delta(x - x')$ は $\Delta_F(x, x')$ と密接に関係している．

これらの関数を時間的な不変距離を持つ時空点間について座標表示で表すと，ベッセル関数 (Bessel function) を含む形となる．これ自体は特に関心を引くものではないが，光子の極限として $m \to 0$ とすると，重要な結果が得られる．

$$-D(x - x') = \lim_{m \to 0} \Delta(x - x')$$
$$= -\frac{1}{4\pi r}[\delta(r - t) - \delta(r + t)] \tag{6.52}$$

r および t は，2つの事象 x と x' の間の空間距離と時間間隔である．式の中の2つの項はこれらの2時空点が干渉し合う場合，x から x' への光の伝播とその逆の伝播

に対応する．しかし量子電磁力学の一般論の中では式 (6.48) に類似した運動量表示の伝播関数を用いて計算が行われる．

$$\Delta_F(q) = \frac{1}{q^2 + i\delta} \tag{6.53}$$

クライン‒ゴルドン方程式に従う実スカラー場 ϕ は "中性ボーズ粒子" を表す．1.12 節で見たように "荷電ボーズ粒子" の理論は実部，虚部ともクライン‒ゴルドン方程式を満たす複素場によって構築される．複素場の相対論的量子化も中性ボーズ粒子の場合と全く同様に行える．またベクトルボーズ粒子の場も，各成分が式 (6.48) と同じ形の伝播関数を持つようにして扱うことができる．これらの様々な場の性質は，異なる場の間の相互作用の仕方に依存するが，これについては 6.9 節で議論する．

6.5　スピノル

クライン‒ゴルドン方程式は，電子や核子の相対論的理論として満足すべきものではないことが明らかになっている．これらのフェルミ粒子に対する理論はディラックによって，ほとんど純粋な理論的思索から創造された[†]．ディラックの理論は，摂動展開に対するダイヤグラム法などよりも早い時期に見いだされているために，比較的初等的な量子力学のテキストでも紹介されている．したがって，ここで初等的なディラック理論の紹介を繰り返し，その予言の詳細を議論する必要はないであろう．

数学的に完結しているこの種の理論は，他の理論と多くの接点を持っている．よく用いられるアプローチの方法は，恣意的に導入されたディラック行列を用いてクライン‒ゴルドン方程式を再構築するというものである．しかしこのような議論からは新しい形式の基本的な相対論的不変性が明確にならないし，群論的な解析にも直接に結び付かない．ディラックの形式は，群論的な議論を用いることによって初めて，第一原理と直結した必然性が明らかになるのである．

そこで，基礎的な理論において馴染みのある，パウリのスピン演算子の性質から議論を始めることにしよう．電子の波動関数 ψ は，任意に導入された座標軸の方向に対して "上向きのスピン" および "下向きのスピン" に対応する 2 成分 (それぞれが複素数である) を持つものとする．このような波動関数を扱うために，波動関数によって張られるヒルベルト空間において 2×2 行列の演算子 σ を導入することにする．更に σ は通常の 3 次元空間においてベクトルの性質を持つものと仮定し，各座

[†](訳註) 一般的な言い方をすると，クライン‒ゴルドン場を含む任意の階数のテンソル場は，整数スピンを持つボーズ粒子系を記述し，ディラック場を含む任意の奇数階スピノル場は，半整数スピンを持つフェルミ粒子系を記述する．文献 [A4] 参照．

標軸方向の3成分の和によって表されるものとする．言い替えると，"単位ベクトル $\mathbf{R} = (X, Y, Z)$ の方向のスピン成分" が，

$$\mathbf{R} \cdot \boldsymbol{\sigma} = X\sigma_x + Y\sigma_y + Z\sigma_z \tag{6.54}$$

と書けるものとする．

上式において，デカルト座標に沿ったスピン演算子の成分 σ_x, σ_y, σ_z を導入した．z 方向のスピン変数をラベルとする2成分波動関数 ψ に作用するこれらの成分は，パウリのスピン行列 (Pauli spin matrices) によって表される．

$$\sigma_x = \begin{pmatrix} 0 & 1 \\ 1 & 0 \end{pmatrix}; \quad \sigma_y = \begin{pmatrix} 0 & -\mathrm{i} \\ \mathrm{i} & 0 \end{pmatrix}; \quad \sigma_z = \begin{pmatrix} 1 & 0 \\ 0 & -1 \end{pmatrix} \tag{6.55}$$

そうすると，スピン演算子の $\mathbf{R}$ 方向成分は次のようになる．

$$\mathbf{R} \cdot \boldsymbol{\sigma} = \begin{pmatrix} Z & X - \mathrm{i}Y \\ X + \mathrm{i}Y & -Z \end{pmatrix} \tag{6.56}$$

ここで観測者の座標系を回転することを考えてみよう．たとえば座標軸を x 軸のまわりに角度 θ だけ回転させると，ベクトル $\mathbf{R}$ の成分は次のように変換する．

$$X' = X; \quad Y' = Y\cos\theta + Z\sin\theta; \quad Z' = -Y\sin\theta + Z\cos\theta \tag{6.57}$$

これらを式 (6.56) の X, Y, Z に代入すると，$\mathbf{R}\cdot\boldsymbol{\sigma}$ は新しい座標成分 X', Y', Z' について式 (6.54) および式 (6.55) の形を持たない．

任意の直交座標において式 (6.54) の簡潔な関係を保つためにはどのようにしたらよいのであろうか？ここで波動関数自身は観測量ではなく，任意の2つの2成分波動関数 ψ と ϕ の間の行列要素 $\langle\phi|f(\boldsymbol{\sigma})|\psi\rangle$ が観測量（オブザーバブル）となることを思い出そう．このような行列要素を変えない変換操作の前後で物理的に検出し得る差異はない．たとえば任意のユニタリー行列 Q を用いた次のような変換が可能である．

$$\text{(i)} \ \psi' = Q\psi; \quad \text{(ii)} \ \boldsymbol{\sigma}' = Q\boldsymbol{\sigma}Q^{-1} \tag{6.58}$$

式 (6.57) による行列 (6.56) の変換をもう少し詳しく見てみよう．式 (6.58) (ii) の要請により，次の関係が成立する．

$$\begin{pmatrix} Z' & X' - \mathrm{i}Y' \\ X' + \mathrm{i}Y' & -Z' \end{pmatrix} = \begin{pmatrix} \cos\frac{1}{2}\theta & \mathrm{i}\sin\frac{1}{2}\theta \\ \mathrm{i}\sin\frac{1}{2}\theta & \cos\frac{1}{2}\theta \end{pmatrix} \begin{pmatrix} Z & X - \mathrm{i}Y \\ X + \mathrm{i}Y & -Z \end{pmatrix}$$
$$\times \begin{pmatrix} \cos\frac{1}{2}\theta & -\mathrm{i}\sin\frac{1}{2}\theta \\ -\mathrm{i}\sin\frac{1}{2}\theta & \cos\frac{1}{2}\theta \end{pmatrix} \tag{6.59}$$

6.5. スピノル

すなわち上記のような座標軸の回転に伴い，波動関数が，

$$\psi' = \begin{pmatrix} \psi'_\uparrow \\ \psi'_\downarrow \end{pmatrix} = \begin{pmatrix} \cos \frac{1}{2}\theta & \mathrm{i}\sin\frac{1}{2}\theta \\ \mathrm{i}\sin\frac{1}{2}\theta & \cos\frac{1}{2}\theta \end{pmatrix} \begin{pmatrix} \psi_\uparrow \\ \psi_\downarrow \end{pmatrix} = Q_{\theta x}\psi \tag{6.60}$$

のように変換されるものとすれば，yz 面内で任意に軸を回転させても，スピンの効果を与える全ての方程式の形は不変となる.

この座標軸の回転に付随するユニタリー変換行列は，スピン行列を用いて次のように表現される.

$$Q_{\theta x} = \cos\frac{1}{2}\theta.1 + \mathrm{i}\sin\frac{1}{2}\theta.\sigma_x \tag{6.61}$$

同様の式が他の軸の回りの回転においても成立しなければならない．このように波動関数を新しい座標に合わせて変換するユニタリー行列を得ることは難しくはない．したがって，ベクトルやテンソルの成分の変換則と同様に"スピノル"(spinor) ψ の変換則を定義できることになる．任意のスピノル積 $\psi_1^*\psi_2$ を含むあらゆる方程式は，座標軸の任意の回転について不変になる．

スピノルの概念を相対論的に拡張することは簡単である．式 (6.54) によって定義されているベクトル σ に，2×2 の単位行列（1 と表記する）で表される"時間成分"を付け加えてみよう．行列演算子の4元ベクトルが得られる．

$$\sigma^\mu = (\sigma_x, \sigma_y, \sigma_z, 1) \tag{6.62}$$

式 (6.58) のようなスピン空間内の任意のユニタリー変換の下で，任意の4元ベクトル (X, Y, Z, T) に付随するベクトル積のノルムは保存する．

このことは初等的な代数を用いて示すことができる．行列 $R\sigma$ の行列式をつくってみよう．

$$\det ||R\sigma|| = \det \begin{vmatrix} T-Z & X+\mathrm{i}Y \\ X-\mathrm{i}Y & T+Z \end{vmatrix} = T^2 - X^2 - Y^2 - Z^2 \tag{6.63}$$

式 (6.58) のようなユニタリー変換 Q において，4元ベクトル (X, Y, Z, T) の各成分は変換され，(X', Y', Z', T') になる．しかしスピン行列の行列式は変換の前後で不変なので，式 (6.63) の右辺は保存する．スピン空間内の変換 Q に伴って，4元ベクトル (X, Y, Z, T) はノルムを保存するような線形変換 L を受ける．これは 6.1 節で議論したローレンツ変換である．

次に，任意のローレンツ変換 L に伴うスピノル ψ の変換 Q を求める方法を見いださなければならない．これは特定の空間座標の回転に対して式 (6.61) を見いだしたのと同様で，4次元への一般化にさしたる困難はない．ここで見いだされる興味深い性質は，与えられた L に対応する Q が常に2つあることである．

この不定性は式 (6.61) において既に明白に現れている.空間座標の回転角を $\theta' < 2\pi$ の正値としても,$\theta = \theta' + 2\pi$ としても同じことになる.変換行列は $\frac{1}{2}\theta$ だけに依存しており,同時に許容される変換行列として $Q_{\theta'}$ と $-Q_{\theta'}$ を得る.この結果は一般的であり,同一のローレンツ変換 L に対しても,2 通りのスピノル変換 Q と $-Q$ が対応する.しかし,あらかじめ採用する変換行列の符号を決めておき,それを一貫して用いるならば,この不定性は問題を生じない.

しかしまだ他にもスピノルの定義に関して不定性の問題が残っている.我々は空間反転 (右手系から左手系への変換など) や時間反転を含まない "固有ローレンツ変換" だけを扱ってきた.空間反転や時間反転が物理的に生じることはないが,多くの力学方程式はそのような座標変換に対して不変となっている.それゆえこのような反転操作の下でのスピノル変換も定義しておくことが重要となる.I がこのような反転操作を表すものとしよう.I^2 は恒等変換となるので,I は 1 の平方根である.したがって,

$$I\psi = \psi \quad \text{or} \quad I\chi = -\chi \tag{6.64}$$

という 2 種類の変換が成立する.ψ の方は真のスピノル,χ の方は "擬スピノル" と呼ばれるが,これらは通常のベクトル (極性ベクトル) と "擬ベクトル" の関係に比せられるものである.

6.6 ディラック方程式

ローレンツ不変なスピノルを導くことができたので,次にスピノル場が従う運動方程式の構築にとりかかることにする.スピンの 2 成分を持つフェルミ粒子波動関数 ψ の時間に依存するシュレーディンガー方程式を,相対論的に一般化することが我々の目的となる.式が演算子 $i\partial/\partial t$ について一次ならば,運動量の演算子 $\mathbf{p} = -i\nabla$ についても一次でなければならない.そこでまず次式を考えてみよう.

$$i\frac{\partial \psi}{\partial t} = m\psi + (\boldsymbol{\sigma}\cdot\mathbf{p})\psi \tag{6.65}$$

ψ がスピノルであれば,これは式 (6.58) のような通常の回転の下で不変である.

しかし残念ながらこの式をローレンツ不変にすることはできない.また角運動量の形式を持つ $\boldsymbol{\sigma}$ は擬ベクトルであり,空間反転について不変ではない.これらの変換に対して不変な形を得るために,ここでスピノル場 ϕ と併せて擬スピノル場 χ を導入し,これらが一組の方程式によって関係を持つものとする.

6.6. ディラック方程式

$$\left. \begin{array}{l} i\dfrac{\partial \phi}{\partial t} = m\phi + (\boldsymbol{\sigma}\cdot\mathbf{p})\chi \\ -i\dfrac{\partial \chi}{\partial t} = m\chi - (\boldsymbol{\sigma}\cdot\mathbf{p})\phi \end{array} \right\} \quad (6.66)$$

これらが半整数スピンを持つフェルミ粒子場を記述するディラック方程式 (Dirac equation) である．この式は，単に必要とされる不変性を持つ最も単純な方程式であるというだけではなく，物理的な実際の観測によってその正当性が確認されている．

たとえば ϕ と χ がそれぞれクライン–ゴルドン方程式 (6.38) を満たすことは簡単に確認できる．式 (6.66) より，

$$\left(i\dfrac{\partial}{\partial t} + m\right)\left(i\dfrac{\partial}{\partial t} - m\right)\phi = (\boldsymbol{\sigma}\cdot\mathbf{p})^2\phi$$
$$= -\nabla^2\phi \quad (6.67)$$

となる．ここではスピン行列 (6.55) の基本性質を用いている．自由空間における式 (6.66) の解は次のような平面波の組み合わせになる．

$$\begin{pmatrix} \phi \\ \chi \end{pmatrix} = \begin{pmatrix} \phi_\mathbf{k} \\ \chi_\mathbf{k} \end{pmatrix} e^{i(\mathbf{k}\cdot\mathbf{r}-\omega t)} \quad (6.68)$$

振動数 ω は，静止質量 m の相対論的粒子のエネルギーであり，正の値と負の値を持ち得る．

$$\omega = \pm|\mathcal{E}(\mathbf{k})| = \pm\sqrt{m^2 + |\mathbf{k}|^2} \quad (6.69)$$

しかしディラック方程式はクライン–ゴルドン方程式を因数分解したものであり，各成分 ϕ と χ にはさらに強い制約が課せられる．2つの異なる解を分離して，次式を得ることができる．

$$\chi_\mathbf{k}^{(+)} = \dfrac{\boldsymbol{\sigma}\cdot\mathbf{k}}{|\mathcal{E}(\mathbf{k})|+m}\phi_\mathbf{k}^{(+)} \quad \text{or} \quad \phi_\mathbf{k}^{(-)} = -\dfrac{\boldsymbol{\sigma}\cdot\mathbf{k}}{|\mathcal{E}(\mathbf{k})|+m}\chi_\mathbf{k}^{(-)} \quad (6.70)$$

$\mathbf{k}$ が小さい場合 (すなわち速度が光速に比べて充分に遅い場合)，正エネルギーの解において $\phi_\mathbf{k}^{(+)}$ は $\chi_\mathbf{k}^{(+)}$ よりはるかに大きくなる．言い替えると，低エネルギーの電子はほとんどスピノル場 ϕ で表すことができる．他方"負エネルギーの解"は運動量が小さい場合，主に擬スピノル場 $\chi_\mathbf{k}^{(-)}$ で表される．我々はここに電子と陽電子の存在を見いだすことができる．後者はもちろん 2.7 節で述べたような，負エネルギーの状態の中に形成された空孔と解釈される．しかし粒子の運動エネルギーが静止質量と同等になってくると，式 (6.70) で示した ϕ と χ の混合の効果が無視できなくなる．

上記の議論は，マックスウェルの方程式 (6.13) から電場や磁場の各成分の波動方程式が導かれることを想起させる．実際マックスウェルの方程式と，ここで扱う連立

一次微分方程式 (6.66) はよく似ている．もちろんポテンシャルを導入すれば，ゲージ変換に付随する自由度は生じるが，電磁場の結合する条件を自動的に満足することができる．

電子や核子のようなフェルミ粒子を相対論的に扱う場合には，4成分の場 (ϕ, χ) が必要である．しかし $m=0$ となるような特別な場合は，ϕ と χ は同じ運動方程式を満足する．ここで通常の2成分スピノル場 ψ に対する単純な "ワイル方程式" (Weyl equation) を調べることは有益であろう．

$$i\frac{\partial \psi}{\partial t} = (\boldsymbol{\sigma} \cdot \mathbf{p})\psi \tag{6.71}$$

この式は固有ローレンツ変換について不変ではあるが，空間反転を含む一般のローレンツ変換について不変ではないので，以前は閑却されていた．しかし弱い相互作用におけるパリティ(parity)非保存の発見 (1956年) により，この式は "ニュートリノ (neutrino) 場" の運動方程式としての意味を持つようになった．式 (6.71) の平面波解の2成分は，静止質量ゼロでスピンが半整数の粒子の，スピン方向が伝播方向に対して平行もしくは反平行の2つの状態に対応する．

6.7 ディラック行列

自由フェルミ粒子は連立した場の方程式 (6.66) で簡単に記述できるかもしれないが，たとえば電子と光子などの相互作用を扱いたい場合，理論を共変な形で表しておく必要がある．時間微分は4元勾配 (6.12) の成分として運動量演算子と同じ形でのみ現れることができる．しかしディラック方程式 (6.66) では各々の式において時間微分と空間微分が同じスピノル場に作用していない．そこで2つの場を，4成分を持つひとつの量に統合する必要がある．これは "ディラックスピノル" もしくは "バイスピノル" (bi-spinor) と呼ばれる．

$$\psi \equiv \begin{pmatrix} \phi \\ \chi \end{pmatrix} = \begin{pmatrix} \psi_1 \\ \psi_2 \\ \psi_3 \\ \psi_4 \end{pmatrix} \tag{6.72}$$

ここで現れる4成分は時空の次元とは直接関係ないことに注意しよう．ローレンツ変換の下でのこれらの成分の変換は，スピノルの変換式 (6.58)，(6.60)，(6.64) などによって与えられ，通常ローレンツ群と呼ばれる4元ベクトルの変換には従わない．

式 (6.66) を見ると，不変な項 $m\phi$ は各々の成分に同じ乗算を施す．一方成分 χ ——すなわち ψ_3 と ψ_4 ——に対する時間微分は ψ_1 および ψ_2 と符号が異なる．これは

6.7. ディラック行列

数式的には,
$$i\frac{\partial}{\partial t} = -i\partial^4 \tag{6.73}$$

に 4 行 4 列の次の行列,

$$\gamma^4 \equiv \begin{pmatrix} 1 & \cdot & \cdot & \cdot \\ \cdot & 1 & \cdot & \cdot \\ \cdot & \cdot & -1 & \cdot \\ \cdot & \cdot & \cdot & -1 \end{pmatrix} \tag{6.74}$$

を掛けて,ψ の成分が形成する "空間" の中で作用させればよい.

4 元ベクトル $-i\partial^\mu$ の空間成分はパウリのスピン行列を組み合わせることによって得られる.これらの成分もバイスピノルの空間において 4×4 の行列で表されなければならない.式 (6.55) から次のような γ^μ の "空間成分" を導入する.

$$\gamma^{1,2,3} \equiv \begin{pmatrix} \cdot & \cdot & \vdots & & \\ \cdot & \cdot & \vdots & \sigma_{x,y,z} & \\ \cdots & \cdots & \cdots & \cdots & \cdots \\ & -\sigma_{x,y,z} & \vdots & \cdot & \cdot \\ & & \vdots & \cdot & \cdot \end{pmatrix}$$

$$\text{thus} \quad \gamma^1 \equiv \begin{pmatrix} \cdot & \cdot & \cdot & 1 \\ \cdot & \cdot & 1 & \cdot \\ \cdot & -1 & \cdot & \cdot \\ -1 & \cdot & \cdot & \cdot \end{pmatrix} \quad \text{etc.} \tag{6.75}$$

これで読者は式 (6.66) の連立したディラック方程式における微分演算が,ψ に作用する微分演算子の行列成分であることが分かるであろう[‡].

$$i(\gamma^1\partial^1 + \gamma^2\partial^2 + \gamma^3\partial^3 - \gamma^4\partial^4) \equiv ig_{\mu\nu}\gamma^\mu\partial^\nu$$
$$\equiv -i\gamma\partial \tag{6.76}$$

[‡](訳註) 本書の流儀 ($g_{11} = g_{22} = g_{33} = 1$, $g_{44} = -1$, $xy = -x^\mu y_\mu$) では, px, γp などの 4 元ベクトルの積は通常の流儀のもの ($g_{00} = 1$, $g_{11} = g_{22} = g_{33} = -1$, $xy = x^\mu y_\mu$) と一致するが,$\gamma\partial$ は符号が逆転するので注意を要する.ディラック方程式 (6.77) やディラック場のラグランジアン (6.99) の表式などで,見かけ上,通常と符号の異なる項が現れているのはこのためである.

式 (6.40) の表記を用いて，ディラック方程式は次のような共変な形に書ける．

$$(i\gamma\partial + m)\psi = 0 \tag{6.77}$$

これはフェルミ粒子の相対論的方程式で，スカラーボーズ粒子に対するクライン－ゴルドン方程式 (6.38) に相当するものである．よく知られているようにディラックは元々 γ^μ のような行列が掛る 4 成分の場を導入して，クライン－ゴルドン方程式を因数分解することによってディラック方程式を得た．ここで述べたディラック方程式の導出は，この形式的な理論を相対論的不変性の要請から正当化するものである．"ディラック行列" γ^μ は上級量子論で重要な役割を果たす．この行列の性質のいくつかは明白である．たとえばローレンツ変換において，これらは 4 元ベクトルの成分として扱うことができるので，場 ψ をそのままにして 4 元ベクトル成分が γ'^μ に変換するように取り扱うことができる．他方，6.5 節の議論に従い，変換の前後で γ^μ は変更されず，バイスピノル ψ のほうが式 (6.60) のようなユニタリー変換を受けるような取扱いもできる．どちらの取扱いを採用しても量子力学的な観測量(オブザーバブル)で表される物理的な結果は同じである．したがって γ^μ が常に式 (6.74) と式 (6.75) の形と考えるほうが便利である．

しかし γ^μ の行列表現が不可欠というわけではない．パウリのスピン行列が角運動量の交換関係を満足するように導かれたことを思い出そう．

$$[\sigma_x, \sigma_y] = 2i\sigma_z \quad \text{etc.} \tag{6.78}$$

これに相当するディラック行列の"反交換関係"を導くことができる．結果は次式のようになる．

$$\gamma^\mu\gamma^\nu + \gamma^\nu\gamma^\mu = -2g_{\mu\nu}\mathbf{1} \tag{6.79}$$

ここで右辺の 1 は 4 行×4 列の単位行列を表す．この式はそのままローレンツ共変な形ではないが，$g_{\mu\nu}$ を $g^{\mu\nu}$ に置き換えれば (一般には逆行列であるが，慣性系では両者は等しい) 共変な形になる．これらの反交換関係さえあれば，式 (6.74) と式 (6.75) のような特定の表現を用いなくとも，ディラック行列の (または 7.8 節と同様の方法で定義されるローレンツ群の生成子の) 性質を定義することができる[§]．

ディラック行列は単位元の 4 乗根であり，純粋数学においては多元環の生成元として現れるものである．物理的な見地からは，それらの積で形成される種々の表現を見いだし，それらがの相対論的にどのように変換されるかを調べることは興味深い．しかしすべての物理的観測量(オブザーバブル)は結果的にブラとケットの積を含む"行列要素"で表さ

[§] (訳註) γ^μ の行列表現は一意的ではなく，実際に用いられる行列表現は文献によって異なる．

6.8. ディラック場の量子化

れる．バイスピノル場 ψ が，式 (6.77) に共役な式を満たすような共役量 $\bar{\psi}$ を持つことは明らかである（$\bar{\psi} = \psi^\dagger \gamma^4$）．つまり（$\partial$ が左側に作用することを許容して），次式を得ることになる．

$$\bar{\psi}(-\mathrm{i}\gamma\partial + m) = 0 \tag{6.80}$$

行列積の規則により，$\bar{\psi}$ はスピノル成分の"横行列"でなければならない．次の積はスカラー場となる．

$$\bar{\psi}\psi = \sum_{i=1}^{4} \bar{\psi}_i \psi_i \tag{6.81}$$

式 (6.58) 等の変換のユニタリー性から，上の式はローレンツ変換の下で値が変わらないことが証明でき，この量はディラック理論のなかで確率密度の役割を果たすことになる．

次の量は，通常の4元ベクトルのように変換する．

$$V^\mu = \bar{\psi}\gamma^\mu\psi \tag{6.82}$$

また，

$$T^{\mu\nu} = \frac{1}{2}\bar{\psi}(\gamma^\mu\gamma^\nu - \gamma^\nu\gamma^\mu)\psi \tag{6.83}$$

は，式 (6.19) のような反対称テンソルとなる．もっとも興味深い量は，次の行列を用いてつくることができる[†]．

$$\gamma^5 \equiv \gamma^1\gamma^2\gamma^3\gamma^4 = \mathrm{i}\begin{pmatrix} \cdot & \cdot & \cdot & 1 \\ \cdot & \cdot & 1 & \cdot \\ \cdot & 1 & \cdot & \cdot \\ 1 & \cdot & \cdot & \cdot \end{pmatrix} \tag{6.84}$$

次の量，

$$P = \bar{\psi}\gamma^5\psi \tag{6.85}$$

はスピノル成分と擬スピノル成分それぞれの積の和であり，式 (6.64) より軸の反転の下で符号を変えることが判る．すなわちこれは"擬スカラー場"である．

6.8 ディラック場の量子化

ディラックの波動関数 ψ は単一の電子や核子を表すものである．自由空間において，与えられた運動量－エネルギー4元ベクトル p を持つ解を考えてみよう．次式を

[†](訳註) γ^5 の定義式も文献によって異なり，係数に i や $-$i が付く場合がある．

式 (6.77) に代入する.

$$\psi = u(p)\,\mathrm{e}^{-ipx} \tag{6.86}$$

すると $u(p)$ は次の条件を満たすディラックスピノルとなる.

$$(\gamma p - m)u(p) = 0 \tag{6.87}$$

γ はディラック行列なので,この式は $u(p)$ の4成分に関する4本の連立一次方程式である.4本の式が同時に成立する条件——すなわち行列式がゼロになる条件——として,ψ の各々の成分はクライン–ゴルドン方程式 (6.38) を満たさなければならない.したがって式 (6.86) の形のディラック方程式の解は次の条件が満たされる場合にのみ成立する.

$$\{\mathcal{E}(\mathbf{p})\}^2 \equiv (p^4)^2 = m^2 + |\mathbf{p}|^2 \tag{6.88}$$

$\mathcal{E}(\mathbf{p})$ を正とし,上式の根 $+\mathcal{E}(\mathbf{p})$ と $-\mathcal{E}(\mathbf{p})$ それぞれについて,$u(p)$ の各成分の比を求めることができる.自由空間内で運動量が確定している場合,式 (6.70) の条件を満たす解はユニタリー変換によって常に $u(p)$ が上側の2成分だけ,もしくは下側の2成分だけをもつ "FW表示"(Foldy-Wouthuysen representation)に変換することができる.すなわちフェルミ粒子は "純粋な電子" もしくは "純粋な陽電子" として表される.またそれぞれの符号のエネルギーについて,2つのスピン状態に対応する2つの独立な解が存在する.すなわち任意の運動量 $\mathbf{p}$ に対して我々は式 (6.86) の形の4つの解 $u_+^{(1)}$, $u_+^{(2)}$, $u_-^{(1)}$, $u_-^{(2)}$,を得る.前者2つは正エネルギーを持つ解であり,後者2つは負エネルギーを持つ解である.

これらの各状態の物理的性質の議論には立ち入らず,ここから第二量子化へ進むことにする.ディラック場のシュレーディンガー演算子は,式 (2.22) と同様に次のように表される.

$$\psi(\mathbf{r}) = \sum_{\mathbf{p}} \sqrt{\frac{m}{V\mathcal{E}(\mathbf{p})}}\,\mathrm{e}^{\mathrm{i}\mathbf{p}\cdot\mathbf{r}} \sum_{n=1}^{2} \left\{ b_+^{(n)}(\mathbf{p}) u_+^{(n)}(\mathbf{p}) + b_-^{(n)}(\mathbf{p}) u_-^{(n)}(\mathbf{p}) \right\} \tag{6.89}$$

因子 $\sqrt{m/V\mathcal{E}(\mathbf{p})}$ は規格化係数であり,ボーズ粒子場の式 (6.43) における因子 $1/\sqrt{2\omega_{\mathbf{k}}V}$ に相当するものである.演算子 $\psi(\mathbf{r})$ の性質は,それぞれのモード,

$$u_+^{(1)}(\mathbf{p})\mathrm{e}^{\mathrm{i}\mathbf{p}\cdot\mathbf{r}} \quad \text{etc.}$$

の占有状態に関わるそれぞれの消滅演算子 $b_+^{(1)}(\mathbf{p})$ 等によって決まる.

我々は負エネルギーの解という困難に直面することになるが,この困難は,真空状態において負エネルギーの状態がすべて占有されているというディラックの仮説によって回避される.この仮定の下で,式 (2.71) と同様に,各々の消滅演算子 $b_-^{(n)}(\mathbf{p})$

6.8. ディラック場の量子化

を，運動量を反転させた"空孔の生成演算子"$\tilde{b}^{*(n)}(-\mathbf{p})$に置き換える．場の演算子は次のように書き直される．

$$\psi(\mathbf{r}) = \sum_{\mathbf{p}} \sqrt{\frac{m}{V\mathcal{E}(\mathbf{p})}} \sum_{n=1}^{2} \left\{ b_{+}^{(n)}(\mathbf{p}) u_{+}^{(n)}(\mathbf{p}) e^{i\mathbf{p}\cdot\mathbf{r}} + \tilde{b}^{*(n)}(\mathbf{p}) \tilde{u}^{(n)}(\mathbf{p}) e^{-i\mathbf{p}\cdot\mathbf{r}} \right\} \tag{6.90}$$

ここで用いた$\tilde{u}^{(n)}(\mathbf{p}) \equiv u_{-}^{(n)}(-\mathbf{p})$は運動量$-\mathbf{p}$を持つ負エネルギーのスピノルを表している．

式 (6.90) の第 1 項は電子を消滅させ，第 2 項は陽電子を生成する．シュレーディンガー表示からハイゼンベルク表示に移行する場合，これらの項には正および負エネルギーの時間依存因子がそれぞれ必要となる．しかしあらかじめ運動量を反転した形で陽電子状態を定義したことに伴い，エネルギーの正負も自動的に考慮される形になる．フェルミ粒子を表すディラック場の演算子は，ハイゼンベルク表示もしくは相互作用表示では次のようになる．

$$\psi(x) = \sum_{p; p^4 = |\mathcal{E}(\mathbf{p})|} \sqrt{\frac{m}{Vp^4}} \sum_{n=1}^{2} \left\{ b^{(n)}(p) u^{(n)}(p) e^{-ipx} + \tilde{b}^{*(n)}(p) \tilde{u}^{(n)}(p) e^{ipx} \right\} \tag{6.91}$$

これでb^*で表される電子と$\tilde{b}^*$で表される陽電子は，どちらも正のエネルギーを持つ励起として同じように扱える．ボーズ粒子場の式 (6.45) と類似性は明らかである．

これで理論を展開するための道具立ては整った．ここで消滅演算子および生成演算子が，式 (2.13)，式 (2.14)，式 (2.19) の反交換関係を持つものと仮定する．同一モードの消滅・生成演算子の組み合わせ以外の反交換子はゼロになる．式 (6.80) における場の演算子のエルミート共役$\bar{\psi}$は，式 (6.91) に対して，(i) "*"付きと"*"なしの因子をそれぞれ逆に"*"なし及び"*"付きにする，(ii) i を $-$i に置き換える，(iii) 各スピノルをエルミート共役にする，という操作を施すことによって得られる．そうして 6.4 節の議論と同様にこれらの 2 つの場の反交換関係を議論することができる．ボーズ粒子の場合との主な違いは，式 (6.91) 中のスピノルの代数的性質によって現れ，式 (6.47) や式 (6.50) で定義されたボーズ粒子の不変デルタ関数よりも複雑なものになる．

しかしながら実際的な要請から必要となるのは，グラフ理論で用いるエネルギー - 運動量表示の伝播関数だけである．我々は時間順序演算子を用いたグリーン関数の定義式 (4.55) から始めて，式 (6.47) を導出したのと同様な議論を辿ることもできるが，グリーン関数はデルタ関数の源をおいた運動方程式の解であるという 4.10 節で示し

た原理を用いると，グリーン関数を求める作業は簡単になる．式 (6.48) や式 (6.49) で見たように，スカラーボーズ粒子の伝播関数は非斉次クライン–ゴルドン方程式を満たす．

$$(\Box_x - m^2)\Delta_F(x,x') = \delta^4(x-x') \tag{6.92}$$

因果律を考慮しながら4次元のフーリエ変換を施すと，エネルギー–運動量表示で次の解が得られる．

$$\Delta_F(k) = \frac{1}{k^2 - m^2 + i\delta} \tag{6.93}$$

ディラック方程式を非斉次化したものとしては，次式を考える．

$$(i\gamma\partial + m)G_F(x,x') = -\delta^4(x-x') \tag{6.94}$$

ここで G_F と右辺はスピノルの性質を持つものと仮定しなければならない．この方程式のフーリエ変換は，

$$(\gamma p - m)G_F(p) = 1 \tag{6.95}$$

となり，この式がエネルギー–運動量表示のフェルミ粒子伝播関数を定義する[‡]．

この方程式を解くためには，スピノルの逆数を定義しなければならない．しかし共役な演算子 $\gamma p + m$ を作用させれば，式 (6.93) の分母のようなスカラー量をつくることができる．このようにして，フェルミ粒子に対するファインマンの伝播関数は次のように書ける．

$$G_F(p) = \frac{1}{\not{p} - m + i\delta} \equiv \frac{\not{p} + m}{p^2 - m^2 - i\delta} \tag{6.96}$$

ここで用いられる記号，

$$\not{p} \equiv \gamma p \equiv -g_{\mu\nu}\gamma^\mu p^\nu \tag{6.97}$$

はこの変数の，ローレンツ不変なスピノルの性質を表している．相対論的な効果が現れるエネルギー領域を扱う場合，式 (3.114)，式 (3.128)，式 (4.61) 等に現れる G_0 は G_F に置き換えなければならない．ここでは抽象的に式の表記を行ったが，G_F の表式 (6.96) などは実際には非常に複雑なものであり，スピノルを含むダイヤグラムや行列要素の評価をする場合には，非常に手の込んだ代数的な処理が必要となる．

[‡](訳註) 4次元のフーリエ変換は式 (4.59) と同様に，$G_F(p) = \int d^4x e^{ipx} G_F(x) = \iiint d^3r \int dt e^{-i(\mathbf{p}\cdot\mathbf{r} - \mathcal{E}t)} G_F(\mathbf{r}t)$，逆変換は $G_F(x) = \int \frac{d^4p}{(2\pi)^4} e^{-ipx} G_F(p)$ である．なおディラック場の伝播関数は G_F でなく S_F と表記する場合が多い．

6.9　相対論的な場の相互作用

ディラック方程式は実験事実に即した議論から生まれたものではなく，あたかも手品のように生み出された．古典場の方程式に対する正準形式は 1.6 節で述べた通りである．ハミルトンの原理に基づき，ラグランジアン密度の時空積分の変分から，場の運動方程式としてオイラーの微分方程式が導かれる．さらにラグランジアン密度に対してルジャンドル変換を施すと，ハミルトニアンが得られる．これが 3.2 節や 3.3 節で議論したような量子場の表示のための道具立てになる．

中性ボーズ粒子場のラグランジアンとハミルトニアンは 1.8 節，荷電ボーズ粒子場に対するそれらの関数は 1.12 節に示してある．これらの粒子はクライン–ゴルドン方程式に従うので，ローレンツ不変であることは自明である．

光子場については，まず古典電磁気学に戻り，自由空間におけるマックスウェルの方程式 (6.13) が，4 元ポテンシャルを用いたラグランジアンから導かれることを見なければならない．6.2 節の表記を用いると，電磁場のラグランジアン密度は次のように表される．

$$\mathcal{L}_{\text{e.m.}} = -\frac{1}{2} g_{\mu\gamma} g_{\nu\delta} \partial^\mu A^\nu \partial^\gamma A^\delta \qquad (6.98)$$

これは明らかに相対論的に不変であり，見かけほど扱い難い式ではない．

最後に自由フェルミ粒子に対するディラック方程式 (6.77) を導かなければならない．これが可能なラグランジアン密度の形は簡単に設定できる．これは 6.7 節の表記法を用いて次のように表される．

$$\mathcal{L}_{\text{fermion}} = \frac{1}{2i}\{\bar{\psi}\gamma(\partial\psi) - (\partial\bar{\psi})\gamma\psi\} - m\bar{\psi}\psi; \qquad (6.99)$$

$\bar{\psi}$ に関する変分によって式 (6.77)，ψ に関する変分によってその共役な式 (6.80) が得られる．式 (1.68) を用いてこれらを証明することは，スピノルを扱うためのよい演習問題である．

次に，種々の場の間に働く力学的相互作用を考慮しなければならない．そのような効果は 1.1 節に示したように，それぞれの自由場のハミルトニアンに，それらの場の演算子の関数で表される相互作用項を付け加えることによって表される．相互作用項が決まれば，第 3 章の方法を用いて，場の結合に付随するあらゆる現象を扱うことができる．本節の残りの部分では，相対論的不変性などの基本的要請を満たす，ごく限られた単純な相互作用の例を示す．

このことはラグランジアンもしくはラグランジアン密度を出発点とした正準形式による議論によって，最もよく理解することができる．我々に最も馴染みのある荷電粒子と光子場の相互作用を考えてみよう．荷電粒子を点電荷とすれば，この問題は古典

論で既に馴染みのあるものである．系全体は全ラグランジアン，

$$L = L_{\text{e.m.}} + L_{\text{particles}} + L_{\text{interact}} \tag{6.100}$$

で表される．付加してある相互作用ラグランジアンの密度は，

$$\mathcal{L}_{\text{interact}} = -g_{\mu\nu} j^\mu A^\nu \tag{6.101}$$

と表される．これは 2.6 節で単純に扱った相互作用と同じタイプのものである．

式 (6.100) をポテンシャル成分 A^ν に着目して変分すれば，電流項を含むマックスウェルの方程式 (6.28) が得られる．電荷 e の古典的粒子に付随する電流を，

$$j^\mu = e \frac{dx^\mu}{ds} \tag{6.102}$$

とし，位置成分に着目して変分を施すと，電磁場中の古典粒子に対するローレンツ力を導くことができる．再び正準形式の手順を適用すると，電磁場の効果は式 (6.40) の表記を用いて，次のようなハミルトニアンで表される．

$$H = \frac{1}{2m}(p - eA)^2 \tag{6.103}$$

p は 4 元正準運動量である．

我々は荷電粒子場を扱う形式への手掛かりを得た．ここで運動量は場の勾配で表されることを思い出そう．運動量は相対論的に次のように書ける．

$$p = -i\partial \tag{6.104}$$

粒子がどの位置にあっても，この運動量は式 (6.103) において eA だけ差し引かれることになる．言い替えると "電荷 e の粒子の電磁場との結合は，自由粒子のラグランジアン密度において ∂^μ を $\partial^\mu - ieA^\mu$ に置き換えることによって表される§"

この原理をフェルミ粒子場のラグランジアン密度 (6.99) へ適用すると，全ラグランジアンには式 (6.98) と式 (6.99) の和に，次の相互作用項が付け加わることが分かる．

$$\mathcal{L}_{\text{interact}} = -e\bar{\psi}\gamma A\psi \tag{6.105}$$

ここから電磁場中のフェルミ粒子に対するディラック方程式をつくることができ，また式 (6.101) と同様にシュレーディンガー表示の電流密度演算子の表式を見いだすことができる．

---

§(訳註) 計量を $g_{00}=1$, $g_{11}=g_{22}=g_{33}=-1$ とした場合は $p = i\partial$, $\partial \to \partial + ieA$ となる．本章での電荷 e の扱いは，電子の場合 $e = -|e|$ である．

6.9. 相対論的な場の相互作用

しかし第二量子化の方法を知っていれば，1.6節の場の正準理論から直接，相互作用ハミルトニアン密度を求めるほうがより自然に見えるはずである．式 (6.105) はフェルミ粒子場の微分も光子場の微分も含んでいないので，そのまま式 (6.97) の表記を用いて，

$$\mathcal{H}_{\text{e.m.-fermion}} = e\bar{\psi} A \psi \tag{6.106}$$

となる．この表式から，相互作用表示を用いて量子電磁力学的な現象をすべて表すことができる．たとえばファインマンダイヤグラムの結節点(ヴァーテックス)は，3.6節で仮定したように，フェルミ粒子が入る線，出る線各1本と，光子の線1本を持つ．ボーズ粒子とフェルミ粒子に関する伝播関数の一般的表式 (6.53) と (6.96) を用いて，質量や電荷の繰り込みにまで至る，摂動論に立脚した全ての議論を構築することができる．

このような手続きにおいて陥りやすい誤りの例として，古典的な相互作用ラグランジアン (6.101) において，電流密度の初等的な式 (1.126) を用いてしまうことが挙げられる．こうするとラグランジアン密度 (1.113) において ∂ を $\partial - ieA$ に置き換えるという基本的な規則に基づく結果とは異なる結果が出てきてしまう．我々は電流——場の方程式の下で常に保存する量——に $-2eA\phi^*\phi$ を付加しなければならない．このような事情は磁場中の電子に対する初等的な理論において既に馴染みのあることであり，シュレーディンガー方程式に用いるハミルトニアン (6.103) には $e^2 A^2 \psi$ が付け加わる．上記の誤りを避ければ，π 中間子のような荷電ボーズ粒子の電磁気的相互作用の理論を組み立てることができる．

場の間には，他のタイプの相互作用も認めなければならない．スピン $\frac{1}{2}$ のフェルミ粒子である核子は，たとえば擬スカラーのボーズ粒子場 ϕ で記述される中間子と強く相互作用する．そうすると式 (6.106) との対比から，ラグランジアンおよびハミルトニアンにおける適切な相互作用項は次のような形になるものと考えられる．

$$\mathcal{H}_{\text{strong}} = -g\bar{\psi}\gamma^5\psi\phi \tag{6.107}$$

式 (6.85) により，これは固有および一般のローレンツ変換の下で不変であり，核子に π 中間子が吸収されたり，核子が中間子を放出したりする過程を記述することができる．この相互作用のある側面は 1.11 節で議論したが，残念ながら"強い相互作用"の結合定数 g は e よりもはるかに大きい[†]．よく知られているように，このような強

[†](訳註) 結合の強さを表す無次元化されたパラメータとして構造定数 $\alpha = g^2/\hbar c$ (cgs-Gauss 単位系の表式．Heaviside-Lorentz の有理化単位系では係数に $1/4\pi$，MKSA 有理化系 (SI系) では $1/4\pi\varepsilon_0$ が付く．文献 [B5] 参照) が用いられる．g の代わりに α を結合定数と呼ぶ場合もある．電磁力の構造定数が $e^2/\hbar c \approx 1/137$ であるのに対し，強い相互作用の構造定数 $g^2/\hbar c$ は $0.1 \sim 1$ 程度である．

い相互作用に対して繰り込まれた理論を構築する試みは困難であり，摂動展開による最低次の項さえ疑わしい結果を与える．

他方，β 崩壊 (beta decay) は常に4つの場の演算子を含む．典型的には中性子 (ψ_n) が電子 (ψ_e) とニュートリノ (ψ_ν) を放出しながら陽子 (ψ_p) へと崩壊する．この"弱い相互作用"は次式のような形を持つ．

$$\mathcal{H}_{\text{weak}} = -G(\bar\psi_n O_1 \psi_p)(\bar\psi_\nu O_2 \psi_e) \tag{6.108}$$

G は定数であり，O_1 および O_2 は式 (6.81)-(6.85) で議論した γ^μ の適切な組み合わせでつくられる演算子である．G は非常に小さいので，摂動論は低次でよい結果を与えるはずである．主要な問題は，観測結果をよく説明できるような定数，場の対称性および場の演算子の組み合わせを設定することだが，このような作業には第7章の議論が非常に役に立つ．

6.10 散乱過程の相対論的運動学

素粒子物理に関するほとんど全ての観測は散乱実験において行われる．典型的には2つの粒子を高い相対エネルギーで衝突させ，相互作用の結果，生成した粒子を離れたところで検出する．そのような現象の性質は3.5節および4.14節で議論したS行列によって記述される．第3章で概略を述べたダイヤグラム法によるアプローチは，摂動級数の総和であるこのS行列を計算するために用いられる．

残念ながら摂動級数は，π 中間子と核子の相互作用のような強い相互作用を扱う場合には収束しない．しかしS行列自身は存在し，原理的には衝突実験における種々のパラメーターの関数として調べることができる．S行列の形には制約があり，一般の物理的な原理から要請されるS行列の数学的な性質を明らかにする研究が精力的に行われている．

エネルギーや運動量の保存に基づく運動学的制約の現れ方は，相対論的な速度においては決して自明のものではない．たとえば電子-光子相互作用 (6.106) は，自由空間において自由電子が直接自由光子を生成したり吸収したりする過程を許容しない．最低次の過程で許容されているのはコンプトン散乱 (3.7節) である．他方，金属中の"フォノン"の直接的な生成過程は，電子速度が音速よりはるかに速いために許容される．

このように相対論的なケースで，質量を持つ粒子の相互作用に対する運動学的制約を系統的に分析することは，単に実験の見通しを与えるというだけでなく，S行列が依存する正準変数を見いだすためにも重要なことである．この議論を概説するため

6.10. 散乱過程の相対論的運動学

に，静止質量 m_1, m_2, m_3, m_4 の4つの粒子が1点に集まって相互に消滅するような，仮想的な過程を考えてみよう．これらの粒子の運動量－エネルギー4元ベクトルを p_1, p_2, p_3, p_4 とする．各々の粒子の質量とエネルギーの関係は条件 (6.39) によって制約を受け，式 (6.40) の相対論的表記を用いると，

$$p_i^2 = m_i^2 \quad (i=1,2,3,4) \tag{6.109}$$

と書ける．

エネルギーと運動量の保存則より，次のようになる．

$$p_1 + p_2 + p_3 + p_4 = 0 \tag{6.110}$$

これらの条件を満たす以外，観測する系の任意性を保証するものとすると，3つのスカラー変数を残すことができる．

$$\left.\begin{aligned} s &= (p_1+p_4)^2 = (p_2+p_3)^2 \\ t &= (p_2+p_4)^2 = (p_1+p_3)^2 \\ u &= (p_3+p_4)^2 = (p_1+p_2)^2 \end{aligned}\right\} \tag{6.111}$$

これらは独立ではなく，次の関係を持つ．

$$s + t + u = m_1^2 + m_2^2 + m_3^2 + m_4^2 \tag{6.112}$$

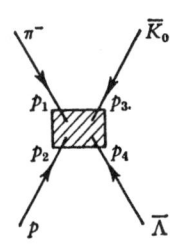

言い替えると，与えられた衝突過程はこれらの変数のうちの2つを決めることによって特徴づけられる．それらは選んだ粒子対の重心系から見たエネルギーの平方となっている．

もちろん4つの純粋な粒子を1点に集めて消滅させることはできない．しかし粒子が時間を遡る反粒子と同じものであるというファインマンの解釈を用いれば，2粒子の衝突過程にも同じ代数的関係を適用できる．たとえば各エネルギー－運動量変数 p_1, p_2, p_3, p_4 が，それぞれ π^-, p, $\bar{K}_0$, $\bar{\Lambda}$ に対応するものと考えると，4体の衝突は次の過程を表す．

$$\pi^- + p \to K_0 + \Lambda \tag{6.113}$$

p_3 と p_4 を反転したものを，生成粒子 K_0 および Λ に対応させればよい[‡].

しかしもしこの過程が本当に起こるならば，2つの"入射粒子"の全エネルギーは少なくともそれらの静止質量を超えていなければならない．式 (6.111) により，条件は次のようになる．

$$u \geq (m_\pi + m_p)^2 \tag{6.114}$$

一般にこのような過程を考察すると，s と t の許容される範囲が制約を受けることが分かる．たとえば4つの粒子の質量が等しい場合，これらの変数は衝突の際に移行する運動量の平方に負号を付けたものになり，必ず負である．

3変数に対する制約は正三角形の各辺からの距離を座標とする座標平面上にプロットすることで，視覚的に理解できる．このような座標面上で式 (6.112) は自動的に満

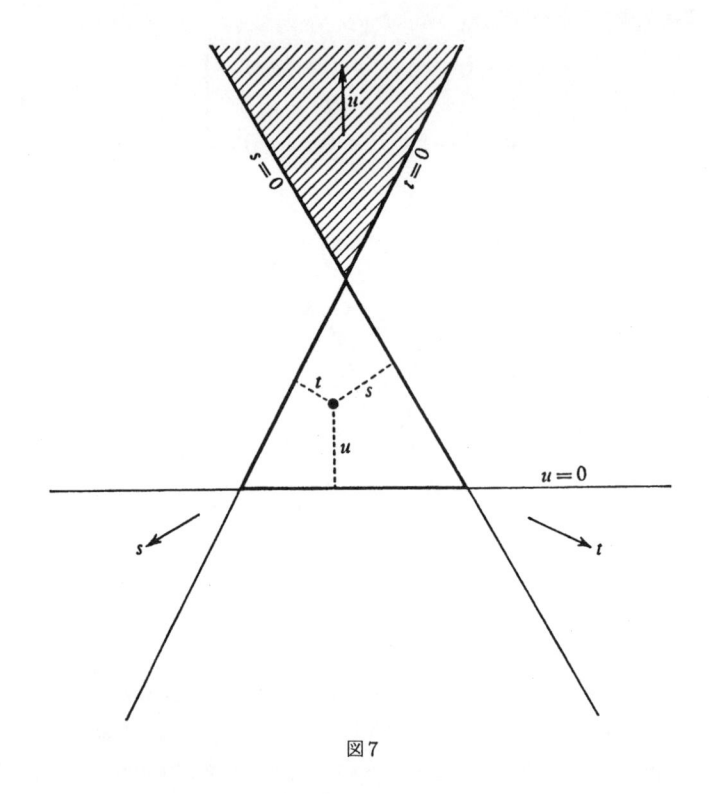

図7

[‡](訳註) これは中間子－重粒子（バリオン）散乱の例で，π^- および K_0 はスピン 0 の中間子，p および Λ はスピン 1/2 の重粒子である．p はもちろん陽子を表す．

6.10. 散乱過程の相対論的運動学

たされる．式 (6.113) の過程はこの面内のある決まった領域内でのみ起こる．たとえば質量が等しい場合，図7の斜線の部分だけになる[§]．

この解析において s, t および u の役割には明らかに対称性が認められる．たとえば p_1 と p_4 が"入射粒子"を表すものとすると，それらの重心のエネルギー変数 s は正でなければならないし，他の組み合わせでも同じことが言える．すなわち (s,t,u) 平面において，等価的に運動学的条件が満たされる複数の"物理的領域"が存在する．再び各粒子の質量が等しいと仮定すると，これらの領域は図8のようになる．しかし粒子が全部同種でなければ，これらの領域は異なった散乱過程に対応する．s が $4m^2$ を超える領域は次の反応を記述する．

$$\pi^- + \bar{\Lambda} \rightleftharpoons K_0 + \bar{p} \tag{6.115}$$

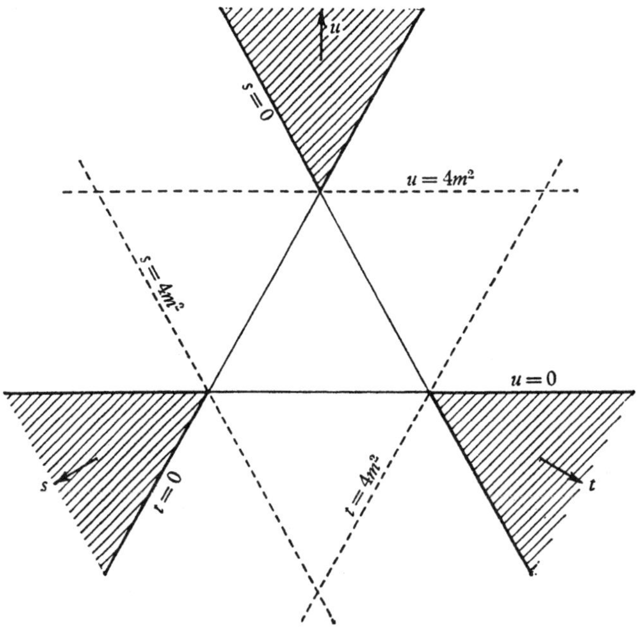

図8

[§](訳註) 生成する粒子の運動量4元ベクトルの符号を逆転させて p'_i を定義すると（たとえば s チャネルで $p'_1 = p_1$, $p'_4 = p_4$, $p'_2 = -p_2$, $p'_3 = -p_3$）$p'_i p'_j \geq m_i m_j$ の関係がある．これと式 (6.109) の $p'^2_i = m^2_i$ を用いることにより，$s \geq (m_1+m_4)^2$, $t \leq (m_2-m_4)^2$ などの条件が得られる．文献 [B2] 参照．

図9

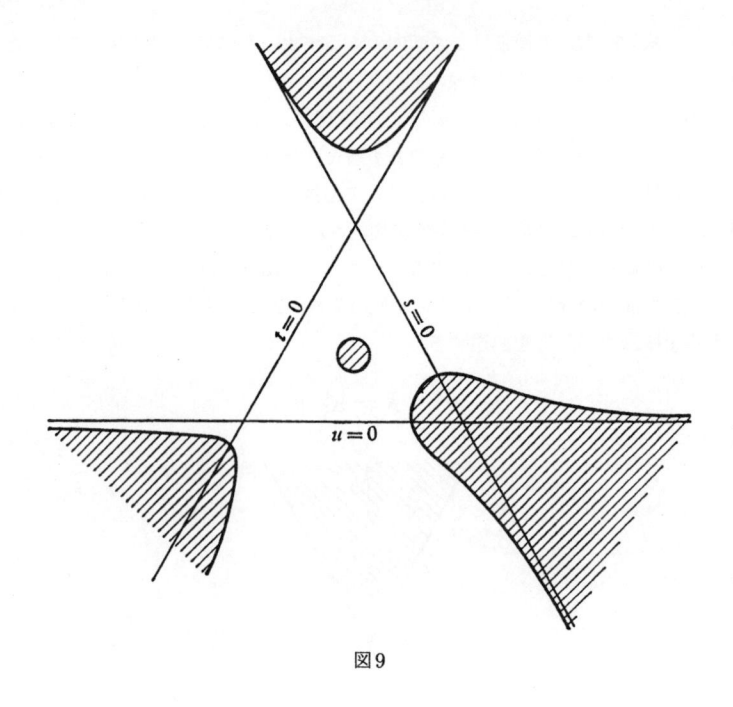

他方，t が $4m^2$ を超える領域は，これとは別の次の反応に関係する．

$$p + \bar{\Lambda} \rightleftharpoons \pi^+ + K_0 \tag{6.116}$$

実際にはそれぞれの粒子の質量が異なるので"物理的領域"は上記のような単純な対称性を持たないが，次のような一般原理は成立する．すなわち"マンデルスタムダイヤグラム"(Mandelstam diagram) において基本的な素反応 (チャネル) の種類に対応した領域が明確に定義される．図9にそのようなダイヤグラムの一例を示しているが，中央の物理的領域は1つの粒子が3つの粒子に崩壊する過程に対応する．

このような幾何的な表示法は次の推論を強く促す．すなわち式 (6.113)，式 (6.115) および式 (6.116) のような異なる反応はひとつの S 行列で表され，その S 行列は基本的には正準変数 s, t, u (式 (6.112) により，このうち2つが独立である) の関数である．それぞれの物理的領域の S 行列の値を関係づける規則によって，異なる過程の間に"交差対称性"(crossing symmetry) を定義することができる．

6.11 解析的な S 行列の理論

S行列の形は物理的な要請,たとえば確率振幅に関する重ね合せの原理,短距離力の性質,確率保存則などに整合していなければならない.これらの条件によって数学的な制約が生じる.たとえば確率保存則を満足するためにはユニタリー性が必要であるが (式 (3.29) のように),これに付随して T 行列,もしくは考察すべき過程の" 散乱振幅 "に関して,式 (4.161) のような代数的関係が導かれる.

S行列に対する最も微妙な物理的要請は" 因果律 "であろう.衝突過程を支配する運動方程式は" 未来 "の状態に関する情報を" 過去 "へ伝達してはならない.この原理は既にいくつかのケースで扱っており (3.8節,4.10節,6.4節)," $+\mathrm{i}\delta$ 則 "によって満足することができる.運動量表示における各々の遅延伝播関数は,複素エネルギー変数の解析的な関数であり,エネルギーの虚部を実軸の上方からゼロに近づけることによって評価される.経験的判断や限られた具体例の考察から,遷移確率は共通の数学的性質を持つことが想定される.すなわち" S行列は解析的である "ということが量子論の公理と考えられている.既に見てきたように,相対論の要請によって,S行列は式 (6.111) の (s, t, u) のような,反応の不変エネルギー変数の関数になる.したがってこれらの変数を複素変数として扱い,考察すべき過程の遷移確率はこれらの変数を用いた解析的関数の,実軸近傍における値であると考えればよい.

この条件の数学的な意味を簡単な言葉で説明することは,1変数関数の場合であっても難しいし,2変数や3変数の関数ではさらに複雑かつ微妙なものになる.しかしこのような関数によって,基本的な微視的物理における" クラマース – クローニッヒの関係式 "(Kramers-Kronig relations) (5.32) を一般化した" 分散関係 "に注意を向けることができる.

分散関係の数学的なプロトタイプは,コーシーの定理から導かれる" ヒルベルト変換 "(Hilbert transform) である.今,複素変数 $w = u + \mathrm{i}v$ の関数 $f(w)$ を考え,これが $w = a$ 以上の実軸上およびその近傍で値が分かっているものとする.また複素面内のあらゆる方向で $|w| \to \infty$ の時 $f(w) \to 0$ であるとし,$f(w)$ の特異点は関数値が分かっている実軸近傍の領域だけに存在するものとする.コーシーの定理は,図10 に示した積分路 C 内の任意の点 z に関して,次のように表される.

$$\begin{aligned} f(z) &= \frac{1}{2\pi \mathrm{i}} \int_C \frac{f(w)}{w-z} \mathrm{d}w \\ &= \frac{1}{2\pi \mathrm{i}} \int_0^\infty \frac{f(u+\mathrm{i}\varepsilon) - f(u-\mathrm{i}\varepsilon)}{u-z} \mathrm{d}u \end{aligned} \quad (6.117)$$

図10

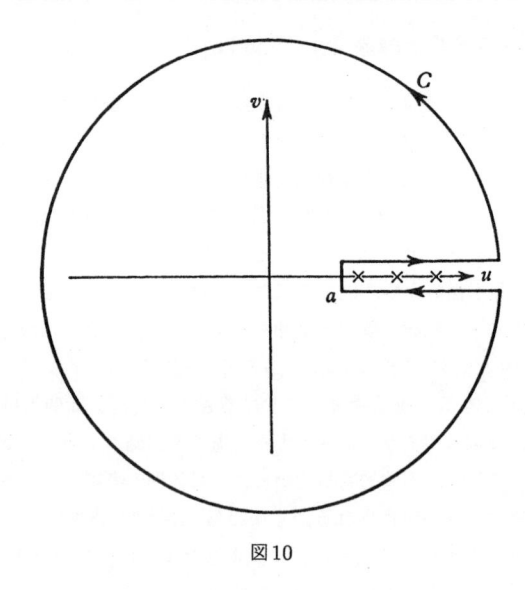

ここで $f(u)$ が $u \leq a$ において実である特例を考えると，ヒルベルト変換の式，

$$f(z) = \frac{1}{\pi}\int_a^\infty \frac{\mathrm{Im}f(u)}{u-z}\mathrm{d}u \tag{6.118}$$

が得られる．

　この定理の有用性は明白である．たとえば式 (6.113) の過程を考えてみよう．この過程は式 (6.114) に従い，不変エネルギー u がある臨界値を超える時に発生する．式 (6.117) の $f(w)$ がこの過程の散乱振幅を表し，かつ"複素平面" $w = u + iv$ 内へ解析接続しているものと考えてみよう．実軸の臨界値以上での $f(w)$ の振舞いは，物理的に観測し得るものである．もしこの定理が成立するための数学的条件が満たされている場合 (これには難しい問題が含まれている)，$f(w)$ を全複素平面内に渡って計算できることになり，$u < 0$ の実軸においても計算可能となる．しかし図9で見たように，これはマンデルスタムダイヤグラム上で式 (6.115) と式 (6.116) の過程に対応する領域であり，議論の出発点で想定した過程とは異なる過程に関与していることになる．したがってこのような分散関係は，一般のS行列において様々なチャネルの散乱振幅の間にある種の関係 (交差関係) をもたらす．

　残念ながらここで概説した方法は，実際に実行するには非常な困難を伴う．まず初めに，粒子の性質から生じる種々の選択則や，スピン，パリティ，奇妙さ^{ストレンジネス}，アイソスピンその他の対称性に付随する行列要素を考慮しなければならない．フェルミ粒子

6.11. 解析的な S 行列の理論

に対する真の S 行列は，式 (6.107) のようなスピノルを含まねばならず，通常解析的な議論に用いられるような単純なスカラー関数ではあり得ない．また相対論的な過程における散乱振幅は s, t のような他の変数を含み，u に関する積分と特異点はこれらの変数に依存してしまう．散乱振幅には，図9 に示したようなマンデルスタムダイヤグラム上の複雑な物理的領域の形が関与するので，代数的な依存性は非常に複雑となる．我々は2つもしくはそれ以上の複素変数の関数について "2重分散関係" を調べなければならない．

散乱振幅における特異点の所在とその性質についても，正確な情報が必要となる．一般的な汎関数解析の理論によると，そのような情報からこの関数が全域で定義でき，問題全体が解けることになる．特異点はどのように生じているのであろうか？

基本的な例として，1.11節で取り上げた，π中間子の交換を伴う核子-核子散乱 (湯川型相互作用) を考えてみよう．S 行列の 1 次摂動は，次のファインマンダイヤグラムで表される．

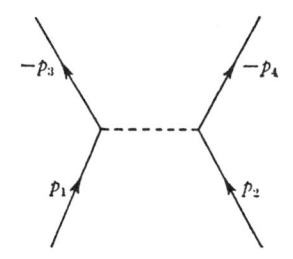

我々は g^2 のような結節点(ヴァーテックス)の因子を無視した．また結節点(ヴァーテックス)における運動量／エネルギーの保存により，力を媒介するボーズ粒子の状態は，相互作用する核子の初めの運動量で決まる．解析的な理論から全運動量の保存因子 $\delta(p_1 + p_2 + p_3 + p_4)$ は省かれ (式 (4.155) 参照)，3.8節の規則からボーズ粒子交換の伝播関数だけが残る．相対論的な領域では，この伝播関数は式 (6.48) により，式 (6.111) の表記を用いて，

$$\mathcal{T}(12 \to 34) \sim \frac{1}{(p_1 + p_3)^2 - m^2 + i\delta}$$
$$= \frac{1}{t - m^2 + i\delta} \tag{6.119}$$

となる．

この結果は式 (1.111) と類似した，湯川ポテンシャルによるボルン散乱である．しかしここではさらに重要な意味を持つので注意を要する．散乱振幅を t の関数と考えると，極は $t = m^2$ にあるが，対称性によって $u = m^2$，すなわち "2つの衝突する核子の重心のエネルギーが中間子の静止質量と等しい" ところにも極が存在するはず

図11

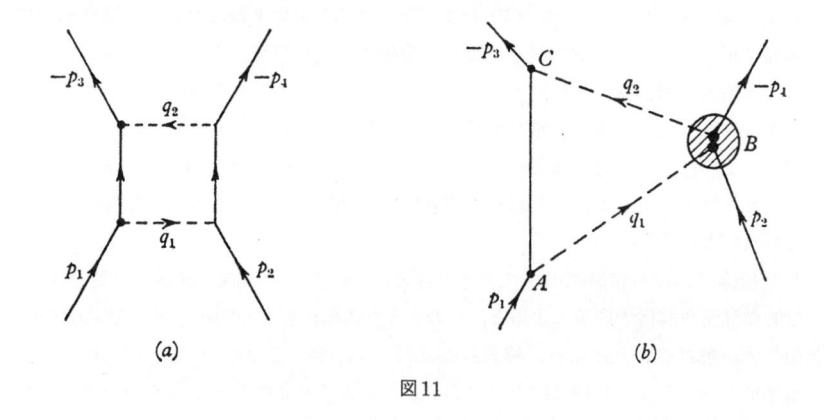

である．"仮想ボーズ粒子"が"実ボーズ粒子"になる点が，散乱振幅の交換依存の形を決める．

しかしこれは無限摂動級数のうちの初めの1項に過ぎない．真の散乱振幅は図11(a)のように2つの中間子が交換される"四角形の"ダイヤグラムの寄与も含む．充分なエネルギーを与えると，両方のボーズ粒子線が"実ボーズ粒子"になるはずであり，このダイヤグラムから $t = 4m^2$ のところで特異点を持つことが分かる．この特異点は孤立したものではなく，分枝(ブランチ)を形成している．しかしこのように実軸に沿った高エネルギー領域で見られる"ランダウ特異点"(Landau singularities)の探究はかなり技巧的なものである．

このダイヤグラムはS行列の他の性質も表している．図11(a)を同図(b)に描き直してみよう．中間子の線 q_1 と q_2 はここでは実ボーズ粒子を表し，B の過程が観測可能な核子 – 中間子散乱になっているものとする．そうすると A と C の過程，つまり中間子が放出され，その後吸収される過程は，他の時空点で起こることになる．B の過程に対するS行列は，エネルギー – 運動量変数 $(q_1, p_2, q_2, -p_4)$ だけに依存する．言い替えると，このようなダイヤグラムの"接続性"は，全S行列を，特異点を特定できるような単純な項への分解する方法に関係している．ここで取り上げている強い相互作用が短距離力であることにより，このようなS行列の分解が数学的に可能となっている．

ここでは頁数が限られているために，解析的なS行列の巧妙な取扱いや，そこから導かれる有用な物理的結果について詳しく論じることはできない．残念ながらこのような試みの最終的な目標——摂動展開を用いない強い相互作用の自己完結した理論の構築——の達成は困難のようである．式(6.119)のような"相互作用"と"粒子"の

6.11. 解析的なS行列の理論

関係は，それなりに有用であるが，そのような扱いが湯川の基本的な仮説から得られる以上の系統的な結果を与え得るものなのかどうか定かではない．基本的な運動方程式を仮定せずに，相対論的不変性，ユニタリー性，因果律などだけから完全なS行列を構築しようとしても，結局は必ずしも物理的に明確な意味を伴わない数学的な仮定を導入しないとうまくいかないようである．

そのような仮定の典型例が"マンデルスタム表示"(Mandelstam representation)である．図11(a)のような四角型ダイヤグラムを仮定した詳細な解析により，不変エネルギー変数 (s,t,u) の関数である散乱振幅の2重分散関係の式を導くことができる．

$$F(s,t) = \frac{1}{\pi^2}\iint_{4m^2}^{\infty}\frac{F_{12}(s',t')}{(s'-s)(t'-t)}\mathrm{d}s'\mathrm{d}t'$$
$$+\frac{1}{\pi^2}\iint_{4m^2}^{\infty}\frac{F_{23}(t',u')}{(t'-t)(u'-u)}\mathrm{d}t'\mathrm{d}u'$$
$$+\frac{1}{\pi^2}\iint_{4m^2}^{\infty}\frac{F_{31}(u',s')}{(u'-u)(s'-s)}\mathrm{d}u'\mathrm{d}s' \qquad (6.120)$$

積分範囲は図9に示した"物理的領域"だけに関して実行される．完全なS行列の特異点の分布も同様に制限されているとの推測がなされている．このことは実際，摂動展開の各次数の項については証明されているが，一般証明はできていない．このような形式における暗黙の仮定のひとつは，基本的なヒルベルト変換(6.118)を適用する際に $|w| \to 0$ で $f(w)$ がゼロにならなければならないことである．散乱振幅の無限(複素)エネルギーにおける漸近特性の情報が直接得られないために，多かれ少なかれ限られた具体的な四角型ダイヤグラムに頼らねばならない[†]．

[†](訳註) 1940年代に電子と電磁場を対象とした場の量子論のプロトタイプである量子電磁力学が，繰り込み理論の成立によって一応の完成を見た．しかし同様の手法をそのまま素粒子の強い相互作用や弱い相互作用に適用することにはいろいろと問題があり，また強い相互作用をする強粒子(重粒子・中間子)が続々と新たに発見されたという状況もあって，1950年代から1960年代にかけて素粒子論の分野では必ずしもラグランジアン形式の場の量子論を基調としない様々な方法論が模索された．次章の章末で言及されるような高次対称性を重視する考え方や，実体論的な素粒子複合模型構築の試みなどの他に，本章のようにS行列が備えるべき解析的な性質を第一義的に扱おうとする考え方も存在し，更には局所的な場や相互作用の概念そのものに対する大胆な変革を試みる立場もあって，それぞれの立場が相互に関連を持ちながら浮き沈みした．1970年代に場の量子論が繰り込み可能なゲージ場の理論として新たな意匠を伴って広範に復権を果たし，素粒子の標準理論に収斂してゆくことになるが，本章と次章の末尾の記述(6.10節，6.11節，7.13節)は，標準理論成立以前の雰囲気を伝えている．S行列の理論と，素粒子論におけるS行列理論の意義については文献[B1]に詳しい．

第 7 章　対称性の数理

Thomas Nunn, Breeches-Maker, No. 29 Wigmore Street, Cavendish Square, has invented a System on a mathematical Principle, by which Difficulties are solved, and Errors corrected; its usefulness for Ease and Neatness in fitting is incomparable, and is the only perfect Rule for that Work ever discovered. Several hundreds (Noblemen Gentlemen, and Others) who have had Proof of its Utility, allow it to excel all they ever made Trial of. (*Advt.* 1815)

7.1　対称操作

　理論物理学者は物質系を数学的に解析する際に，系の"対称性"に特別な関心を払う．孤立した基本的粒子，球対称な原子核や原子，2原子分子，ベンゼン環，あるいは完全結晶について研究をする際に，それらが持つ対称性は，数学的記述を簡略化し，物理的性質の解析を容易にしてくれる．

　したがって対称性に関する数学，すなわち群論が上級量子論において重要な役割を果たすのは当然のことである．群論は物理学において基本的なもので，たとえば空間の等方性と，素粒子において観測される基本的な量子数を関係づける．群論は単に分子や結晶に関する計算の際に，対称性を利用する道具であるというだけではない．相対論的な不変性の議論において既に見たように，連続群で表される対称性——この場合，無限個の対称操作が許容される——は，力学法則の形式にまで強い制約を与えるのである．

　この章では，純粋な理論としての群論——これ自身，独立した数学の一分野である——をすべて紹介することはできないし，物理学における群論の様々な応用をすべて説明することもできない．前章までと同様に，基本原理と基本的な技法のいくつか簡単な適用例を調べ，そこから導かれる事柄を見てみることにしよう．本章で示す事柄を踏まえていれば，この分野における他の優れた文献にとりかかる時に，見通しがよ

くなるはずである.

　量子力学では，系のハミルトニアン $\mathcal{H}$ が物理系を記述する際の基礎となる．ハミルトニアンは種々の粒子——電子，核子等——の位置座標と運動量の関数である．ここではこれらの変数をまとめて $\mathbf{x}$ と表記することにする．系がある対称性を持つということは，$\mathcal{H}$ がそれに対応する座標変換の下で不変であるということである．この不変性は，代数的には次のような座標変換演算子（オペレーター）S の存在として認識される．

$$\mathcal{H}(S\mathbf{x}) \equiv \mathcal{H}(\mathbf{x}) \tag{7.1}$$

　例として 2 原子分子における電子系のエネルギー準位を考えてみよう．$\mathbf{x}$ は 2 つの原子核による場の中で運動する各電子の座標一組 $\mathbf{r}_1, \mathbf{r}_2, \cdots, \mathbf{r}_N$ を表すものとする．この系には明らかに 2 つの原子の中心を結んだ軸に関する対称性がある．これに対応する対称操作 S は，この軸の回りの任意の角度 θ の回転である．この操作が"連続群"をなすことは明らかである．2 つの原子が同種である場合，2 原子の重心を含み，2 原子を結ぶ軸に垂直な平面に関する鏡映も不変な操作となる．原子の中心が $(0, 0, \pm a)$ であれば，$S\mathbf{x}$ は $\mathbf{x}$ に対して各位置ベクトル $\mathbf{r}_1, \mathbf{r}_2, \cdots, \mathbf{r}_N$ の z 成分の符号が変わる．また電子はすべて区別がないので，ハミルトニアンは各電子座標の"置換"すなわち添字 $1\ldots N$ の置換について不変である．この交換操作は $N!$ 個の有限個の要素を構成する．

　それぞれの場合に関する対称操作は，操作の実体も代数的操作も複雑であり，各操作を区別した表記を与えて完全な説明を試みると，表や図を用いて多くの頁を費やさなければならない．しかしすべての可能な対称操作を"要素"とする"群"というものを考え，各要素（各操作）に S, T などの抽象的な記号を充てて代数的な形式を与えてみると，ある自己整合した規則を満足することが分かる．たとえば"積" ST は，初めに T，その後に S の操作を施すことを意味し，このような積もまた群に属する要素 R となる（積の閉律）．恒等変換 E，すなわち全ての座標を変えない変換も，要素の構成を完全にするために，ひとつの要素と見なさねばならない（単位要素の存在）．そして任意の操作 S に対して"逆の操作" Q が定義でき，群の要素のなかに存在する（逆要素の存在）．逆要素 S^{-1} は次のような代数的表現で定義される．

$$SQ = SS^{-1} = E \tag{7.2}$$

これらの規則は"群" $\mathcal{G}$ とその"要素"に関する数学上の公理となっている[‡]．

[‡]（訳註）群の完全な定義のためには，本文中の (i) 積の閉律, (ii) 単位要素の存在, (iii) 逆要素の存在だけでは不充分であり，これに (iv) 結合律を加えなければならない．結合律は $(RS)T = R(ST) = RST$ と表される．つまり 3 つ以上の群の要素の積は，要素の順序（前後

読者はこれらの規則が，たとえば2原子分子のハミルトニアンの不変操作に適合するものであることを確認できるであろう．群の要素同士の積の交換則の可否についてまだ何も言及されていないことに注意されたい．一般には $ST \neq TS$ である．このことは例えば，回転軸を変えて2回回転操作を行う際の，回転の順序を入れ替えた比較や，異なる順序での粒子座標の交換を調べることによって確認できる．これ以上に基本的な数学的公理を考えることは難しい．系の対称操作の数理によって得られる情報の豊富さには驚くべきものがある．

7.2 表現

微積分を避けようとするならば，ハミルトニアン $\mathcal{H}$ を，変数 $\mathbf{x}$ 上に張られたヒルベルト空間内の直交関数系 $\phi_i(\mathbf{x})$ を用いた行列表示に直さなければならない．すなわち次のような行列 $\mathcal{H}_{ij}$ をつくる必要がある．

$$\mathcal{H}(\mathbf{x})\phi_i(\mathbf{x}) = \sum_j \mathcal{H}_{ij}\phi_j(\mathbf{x}) \tag{7.3}$$

行列要素 $\mathcal{H}_{ij}$ は通常の方法で評価される．

この表現における操作 S の現れ方を調べてみよう．変数の変換 $S\mathbf{x}$ は各々の基本関数 $\phi_i(\mathbf{x})$ を $\phi_i(S\mathbf{x})$ に変える．しかし新しい基本関数は，もとの関数系を用いて展開できる．

$$\phi_i(S\mathbf{x}) = \sum_i S_{ik}\phi_k(\mathbf{x}) \tag{7.4}$$

S_{ik} はあらゆるケースにおいて簡単に計算できる．たとえば単純な例として，操作 S が，変数 x に $\pi/2$ を加えるものとしよう．$\phi_1(x) = \sin x$, $\phi_2(x) = \cos x$ とすると，

$$\phi_1(Sx) = \sin\left(x + \frac{1}{2}\pi\right) = \cos x = \phi_2(x)$$

となり，S_{12} は1となる．一般に基本関数系の直交性によって，変換係数は難無く見いだされる．

よく知られている代数的操作によって (式 (3.29) 参照)，ハミルトニアンに対する操作は，行列要素の変換として表される．

$$\mathcal{H}(S\mathbf{x})\phi_i(\mathbf{x}) = \sum_{jkl}\left\{S_{il}^{-1}\mathcal{H}_{lk}S_{kj}\right\}\phi_j(\mathbf{x}) \tag{7.5}$$

関係) さえ決めてあれば一意的に決まるものとする．なお群を構成する"element"は"元"と訳される場合が多いが，意味が把握しにくいので，本書では"要素"と訳した．

ここでは行列 S_{ik} が逆行列を持つことを仮定している．ここで式 (7.1) のようにハミルトニアンがこの変換において不変であるならば，次のようになる．

$$\mathcal{H}_{ij} = \sum_{kl} S_{il}^{-1} \mathcal{H}_{lk} S_{kj} \tag{7.6}$$

言い替えると"ハミルトニアン行列は対称群の全ての要素行列と交換する"．より抽象的に表記すると，$\mathcal{G}$ に属するあらゆる S について，

$$S\mathcal{H} - \mathcal{H}S = 0 \tag{7.7}$$

となる．

群の各々の要素 S に対して，式 (7.4) で定義した行列 S_{ik} が存在する．2 つの要素の積に対応する行列は，それぞれの要素に対応する行列の積に等しく，また単位要素 E に対応する行列が単位行列であることは，簡単に証明できる．群に属する全ての操作は，これらの行列によって忠実に表現できる．これらの行列を，群の"表現"と呼ぶ．

しかしそのような表現は一意的には決まらず，基本関数系 ϕ_i の選び方による任意性を持つ．初めに選んだ基本関数系とユニタリー変換 U_{ij} によって関係づけられる，もうひとつの基本関数系を想定してみよう．ヒルベルト空間の理論によると，対称操作 S は新しい行列，

$$S'_{ij} = \sum_{kl} U_{ik}^{-1} S_{kl} U_{lj} \tag{7.8}$$

で表現される．しかしこの変換を群の全ての要素に対して施せば，たとえば

$$R = ST \tag{7.9}$$

のような関係が変わることはない．元々の対称操作において成立している関係は，任意の基本関数系に基づいた行列表現において成立する．群は抽象的に"積表"によって定義されるので，式 (7.8) で関係づけられる行列表現は互いに完全に"等価"(同値) であると言える．もし 2 つの表現が積の関係において等価であると分かったならば，互いの表現を関係づけるユニタリー変換 (7.8) を必ず見いだすことができ，両者の表現として同じもののように見なすことができる[§]．

[§](訳註) ここでは基本関数系を正規直交系に限定して考えているので，等価変換 (7.8) がユニタリー行列で定義されているが，一般の等価変換に用いる変換行列は正則でさえあれば (つまり逆行列が存在すれば) よい．したがって既約分解の際に使う変換行列も一般には正則行列であり，ユニタリー行列に限定されるわけではない．

まずハミルトニアン $\mathcal{H}$ を対角化してみよう．基本関数系 $\phi_i(\mathbf{x})$ として次式を満たす固有関数系 ψ_i を採用する．

$$\mathcal{H}(\mathbf{x})\psi_i(\mathbf{x}) = \mathcal{E}_i\psi_i(\mathbf{x}) \tag{7.10}$$

対称操作 S をこの式に施してみよう．操作 S に伴う変数の交換や座標変換を行うと，

$$\mathcal{H}(S\mathbf{x})\psi_i(S\mathbf{x}) = \mathcal{E}_i\psi_i(S\mathbf{x}) \tag{7.11}$$

となるが，式 (7.1) によって次式が得られる．

$$\mathcal{H}(\mathbf{x})\psi_i(S\mathbf{x}) = \mathcal{E}_i\psi_i(S\mathbf{x}) \tag{7.12}$$

つまり " $\psi_i(S\mathbf{x})$ もまた同じハミルトニアンの下で，固有値 $\mathcal{E}_i$ に属する固有関数となっている"．

このことは S を特定の基本関数系を用いて行列表現する際に重要な意味を持つ．今，エネルギー $\mathcal{E}_\alpha$ において n 重縮退があるものとしよう．このエネルギーには n 個の独立な固有関数 $\psi_\mathrm{R}^{(\alpha)}(r=1,\ldots,n)$ が属する．そうすると式 (7.12) は，

$$\psi_q^{(\alpha)}(S\mathbf{x}) = \sum_{r=1}^{n} S_{qr}^{(\alpha)}\psi_\mathrm{R}^{(\alpha)}(\mathbf{x}) \tag{7.13}$$

の時にのみ成立する．$S_{qr}^{(\alpha)}$ は $n\times n$ の行列である．対称操作によって生じた "新しい" 固有関数は，同じエネルギーに属する要素の固有関数の一次結合になっている．

式 (7.13) と式 (7.4) を比較すると，S の行列表現に強い制約が働いていることが分かる．$\psi_\mathrm{R}^{(\alpha)}$ によって張られる n 次元の部分空間に属する状態と，残りの部分空間に属する状態が混じり合うことはない．したがって，この表現において S を表す行列は次のようになる．

$$S_{ij} = \begin{pmatrix} (S^{(1)}) & \cdot & & & & & \cdot \\ \cdot & (S^{(2)}) & & & & & \\ & & \ddots & & & & \\ & & & \begin{pmatrix} S_{11}^{(\alpha)} & S_{12}^{(\alpha)} & \cdots & S_{1n}^{(\alpha)} \\ S_{21}^{(\alpha)} & S_{22}^{(\alpha)} & \cdots & S_{2n}^{(\alpha)} \\ \cdots & \cdots & \cdots & \cdots \\ S_{n1}^{(\alpha)} & S_{n2}^{(\alpha)} & \cdots & S_{nn}^{(\alpha)} \end{pmatrix} & & \\ & & & & & \ddots & \\ \cdot & & & & & & \cdot \end{pmatrix} \tag{7.14}$$

対角的に並んだブロック $S^{(1)}$, $S^{(2)}$, ‥‥ 以外の部分の行列要素はすべてゼロであり，各ブロックの次元は，対応するエネルギー固有値の縮退度数となっている．これらのブロックは分けて考えることができ，たとえば $S^{(1)}$ の行と $S^{(2)}$ の列が結合することはない．

この結果は，ハミルトニアンを不変に保つような群 $\mathcal{G}$ に属する任意の操作に関して成り立つ．群の全ての要素を表現する行列も同様に"可約"で，このような一般的な形になる．しかしもちろん固有関数 ψ_i は任意の基本関数系 ϕ_i とユニタリー変換で関係づけることができ，元々の群の行列表現は式 (7.14) の表現と等価である．式 (7.14) のような表現において，行列積は簡略化され，実質的には対応するブロック同士の積になる．つまり式 (7.9) はそれぞれの固有値 $\mathcal{E}_\alpha$ に関して，

$$R_{pq}^{(\alpha)} = \sum_R S_{pr}^{(\alpha)} T_{rq}^{\alpha} \tag{7.15}$$

を意味することになる．実際に式 (7.14) に基づき，次のような"和"(直和) の定義を採用することができる．

$$S = S^{(1)} \oplus S^{(2)} \oplus \ldots \oplus S^{(\alpha)} \oplus \ldots \tag{7.16}$$

それぞれの部分行列は異なる部分空間に属し，式 (7.15) のように全体の行列の積は，各部分行列の積の総和となる．

$$ST = \sum_\alpha {}^\oplus S^{(\alpha)} T^{(\alpha)} \tag{7.17}$$

エネルギー固有値の縮退と"既約分解"(簡約) した対称操作の行列表現の次元との関係は，群論を量子力学に応用する際の要点である．議論は次のようになる．ある方法で我々が，もはやそれ以上簡約できない"既約表現"(irreducible representation)——n_α 次元の行列 $S^{(\alpha)}$——を見いだしたと仮定してみよう．式 (7.7) によって，群に属する任意の要素の行列表現は，ハミルトニアンのように対称操作に関して不変な全ての観測量(オブザーバブル)の行列と交換可能である．そうすると基礎的な定理 (シューアの補題：Schur's Lemma) から，オブザーバブルの固有値はそれぞれ n_α の縮退度を持つことになる．

このことは固有値の値そのものを求めるのには役に立たないことに注意する必要がある．系の対称性は観測される諸量の間に関係をもたらすが，それらの量を決める完全な運動方程式の持つ情報をすべて供するものではない．あるいは見方を変えると，既約表現は系の運動方程式を解かなくても，系の対称操作だけから導くことができるので，少ない手間で物理系が持つ多くの性質を知ることができる．

7.3 有限群の正則表現

空間内の対称群の行列表現をつくることは，必ずしも難しい作業ではない．有限群の場合は，解析的な作業を経ずに，群の要素の直観的な定義から直接"正則表現"をつくることができる．この手法を紹介するために，典型的な例を考える．

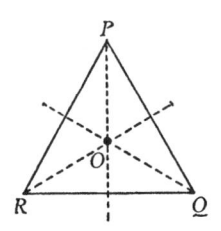

正三角形はたとえば次のような各操作によってそれ自身に変換される．P, Q, R はそれぞれ軸 OP, OQ, OR に関する覆転 (角度 π の回転) である．C_3 は中心 O を垂直に貫く軸について時計回りに $2\pi/3$ 回転させる操作，C_3' は反時計回りの $2\pi/3$ 回転の操作である．直接的な経験もしくは形状に対する直観的判断により，この群——D_3 と命名されている——を構成する要素について次のような"積表"をつくることができる[†]．この表は抽象的に群全体の構造のすべてを表している．これ以降は，各記号に付随する幾何学的な意味について関知しないことにする．実際，同じ構造を持つ群が異なった物理的意味合いで現れることがある[‡]．たとえば P, Q, R を対の交換，C_3 と C_3' を巡回と考えると，表1の積表は3つの同じ物体の置き換えを表す群と見なせる．同じ代数がリチウム原子における電子の波動関数の反対称化においても現れる．任意の操作の組み合わせは可換ではないことに注意しておこう．P 行 Q 列の欄に C_3 が記されていることは，$PQ = C_3$ の関係を意味する．しかし逆の順序でこの連続操作をした場合，$QP = C_3'$ となっている．

今，要素 P の行列表現 $\Gamma_R(P)$ を得るために，単純に積表に P が現れるところを1，それ以外をゼロとおいた行列をつくってみよう．

[†](訳註) 頂点 P, Q, R は対称操作に伴って位置を変えるが，対称操作の軸 OP, OQ, OR は空間に固定されているものとして扱う．なお単なる"正三角形"を対象とした場合の可能な対象操作は本当はここに挙げられたものだけではない (たとえば三角形に垂直で OP を含む面に関する鏡映など)．ここでは要素数が多すぎない簡単な例を見るために，D_{3h} と呼ばれる群の部分群である D_3 の要素だけに着目しているのである (7.6節参照)．D_3 や D_{3h} などの記号はシェーンフリース (Schoenflies) の記号と呼ばれるもので，32種類ある点群全てがこのような記号で系統的に命名されている．文献 [F1] [F2] [F3] 参照．

[‡](訳註) 2つの群が同じ構造の積表を持つ場合，両者は"同型"(isomorphic) であると言う．

$$\Gamma_{\rm R}(P) = \begin{pmatrix} \cdot & 1 & \cdot & \cdot & \cdot & \cdot \\ 1 & \cdot & \cdot & \cdot & \cdot & \cdot \\ \cdot & \cdot & \cdot & \cdot & \cdot & 1 \\ \cdot & \cdot & \cdot & \cdot & 1 & \cdot \\ \cdot & \cdot & \cdot & 1 & \cdot & \cdot \\ \cdot & \cdot & 1 & \cdot & \cdot & \cdot \end{pmatrix} \tag{7.18}$$

群の各要素に対して逆要素は一意的に決まるので,それぞれの記号は各行各列に1回ずつ現れる. $\Gamma_{\rm R}(P)$, $\Gamma_{\rm R}(R)$ などの行列はこのように,各行各列に1が1回ずつ現れる交換行列となる.積表は恒等操作が対角上に現れるようにつくってあるので,単位要素の表現 $\Gamma_{\rm R}(E)$ は単位行列となる.

これらの行列が実際に群の要素を表していることを示すのは簡単である.たとえば実際に,

$$\Gamma_{\rm R}(PQ) = \Gamma_{\rm R}(P)\Gamma_{\rm R}(Q) \tag{7.19}$$

となっている.証明の要点は,1行目に P を掛ける時,記号の順序を P 行の記号の順序に入れ替えていることにある.これは行列 $\Gamma_{\rm R}(P)$ を掛けることによって生じる順序の入れ替えそのものである.群の要素による掛け算は,対応する交換行列を掛けることによる順序入れ替えと同じ操作になっている.

各々の $\Gamma_{\rm R}$ を表す行列がユニタリーであることは明らかである.これは特別なことではなく,任意の行列表現は適切な規格化を施すことにより,簡単にユニタリー化することができる.しかし前節で扱った無限行列 S_{ij} と異なり,各々の $\Gamma_{\rm R}(S)$ は群を

表1

	E	P	Q	R	C_3	$C_{\bar{3}}$
$E^{-1}=E$	E	P	Q	R	C_3	$C_{\bar{3}}$
$P^{-1}=P$	P	E	C_3	$C_{\bar{3}}$	Q	R
$Q^{-1}=Q$	Q	$C_{\bar{3}}$	E	C_3	R	P
$R^{-1}=R$	R	C_3	$C_{\bar{3}}$	E	P	Q
$C_3^{-1}=C_{\bar{3}}$	$C_{\bar{3}}$	Q	R	P	E	C_3
$C_{\bar{3}}^{-1}=C_3$	C_3	R	P	Q	$C_{\bar{3}}$	E

7.3. 有限群の正則表現

構成する限られた要素の個数分だけの行と列を持つ．上記のようにつくった有限群の表現は正則表現と呼ばれ，積表を再構成するための充分な情報を与える．すなわち正則表現は群に対して"忠実な"性質を持っている．群を構成する g 通りの抽象的な操作は，異なる行列によって表現される．

一方，Γ_R は既約ではなく，式 (7.14) における部分行列の次元が位数 g そのものになってしまっている．群のすべての要素 S の表現を式 (7.14) のようにブロックで構成されるようにする等価変換が存在することを示すのは，この理論において最も難しい点である．

$$\Gamma_R(S) \to \begin{pmatrix} \Gamma^{(1)}(S) & \cdot & \cdot & \cdot \\ \cdot & \Gamma^{(2)}(S) & \cdot & \cdot \\ \cdot & \cdot & \Gamma^{(3)}(S) & \cdot \\ \cdot & \cdot & \cdot & \text{etc.} \end{pmatrix} \qquad (7.20)$$

このように簡約した行列を式 (7.19) のように掛け合わせる際には，対応する部分行列同士が互いに関わり合う．式 (7.15) より各々の α について，次式が成立する．

$$\Gamma^{(\alpha)}(ST) = \Gamma^{(\alpha)}(S)\Gamma^{(\alpha)}(T) \qquad (7.21)$$

このように部分行列もまた群の積表に従う．部分行列がそれ以上簡約できない場合，$\Gamma^{(\alpha)}$ は $\mathcal{G}$ の "既約表現" であると言う．

次のような自明な表現をしてみよう．群に属する全ての要素の表現を，同一の1次元行列——単なる数1——とする．これが積表を満足することは明白である．たとえば $C_3 = PQ$ は，$1 = 1 \times 1$ のように表現される．このような "恒等表現" は全く自明なものではあるが，任意の群の表現として形式的に許容され，群の既約表現を求める際に必ず含まれる表現のひとつとなる．ここから先は表現の忠実さが必ずしも最も重要な性質ではないことを認識することが肝要である．我々は同じ数や同じ行列が，いくつかの異なる要素に対応するような表現の例にしばしば遭遇する．

今や正則表現は次元が g で，恒等表現を含むすべての既約表現を含んでいることを示すことができる．それぞれの既約表現の次元は g より小さい．その上，式 (7.20) の形へ既約分解する際に，いくつかのブロックが適当なユニタリー変換によって同じになることが分かる．言い替えると，$\Gamma^{(\alpha)}$ のうちのいくつかは，式 (7.8) によって等価な表現であることが示せる．よって式 (7.16) の規約により，次のように書ける．

$$\Gamma_R = p_1\Gamma^{(1)} \oplus p_2\Gamma^{(2)} \oplus \ldots \oplus p_n\Gamma^{(n)} \qquad (7.22)$$

各々の既約表現 $\Gamma^{(\alpha)}$ が p_α 回現れている．異なる既約表現の数と，そのような表現の次元 n_α は有限で，g 以下である．

しかし純粋な数学理論によれば，正則表現の中に現れる既約表現は，それぞれの等価変換による自由度を除き，群の既約表現をすべて表している．式 (7.14) に戻り，群の無限行列表現が，ハミルトニアンの固有関数系によって対角ブロックだけを持つ形に変換される場合を考えても，各々のブロックの行列 $S_{pr}^{(\alpha)}$ は群の要素の既約表現 $\Gamma^{(\alpha)}(S)$ と等価となり，ハミルトニアンの固有値を類別する問題は，比較的少数の既約表現を見いだす問題に還元される．

7.4　直交定理

群の既約表現をつくる作業は，実際にはいくつかの基本的な原理を用いることにより，きわめて容易なものになる．たとえば"直交定理"と呼ばれる強力な数学の定理を使うことができるが，この定理の最も一般的な表現は次のようなものである．

群の要素 S のユニタリーな既約表現における i 行 p 列の行列要素を $\Gamma_{ip}^{(\alpha)}(S)$ とする．そうすると次式が成立する[§]．

$$\sum_S \Gamma_{ip}^{(\alpha)}(S)^* \Gamma_{jq}^{(\beta)}(S) = \frac{g}{n_\alpha}\delta_{\alpha\beta}\delta_{ij}\delta_{pq} \tag{7.23}$$

まず，ある要素の既約表現を2種類つくり，それらの行列の中で，それぞれ着目する"サイト"を決め，これらのサイトの数の一方を複素共役にして掛け合わせる．これをすべての要素について行い，積の総和を求める．もし2つの既約表現が等価でなければ，この総和はゼロになる．2つの表現が等価であっても，同じサイトの行列要素同士を掛け合わせないと，この総和はやはりゼロとなる．2つの表現が等価であり，かつ同じサイトの行列要素の積の総和をとった場合，この総和は群の位数をそこで用いた既約表現の次元で割ったものに等しくなる．

この定理はそれぞれの行列要素に対して強い制約を課すので，既約表現の形をほとんどすべて推測できる場合がある．基本的な例として表1の積表に従う群を考えてみよう．我々は既にすべての要素が1となる"恒等表現"に言及した．この表現は明らかに既約であるが，次元が1である他の既約な表現は存在し得るであろうか？もしこれがユニタリーであれば，群の要素各々は1の平方根，すなわち +1 もしくは −1 で表される．しかしもしそのような表現が恒等表現と等価でなければ，直交定理によってこれらの数各々の積の和はゼロにならなければならない．すなわち"正の"

[§](訳註) 原著では式 (7.23) を $\sum_S \Gamma_{ip}^{(\alpha)}(S)\Gamma_{jq}^{(\beta)}(S^{-1}) = (g/n_\alpha)\delta_{\alpha\beta}\delta_{ij}\delta_{pq}$ としてあるが，これは正しくない．右辺を修正して $\sum_S \Gamma_{ip}^{(\alpha)}(S)\Gamma_{jq}^{(\beta)}(S^{-1}) = (g/n_\alpha)\delta_{\alpha\beta}\delta_{iq}\delta_{pj}$ としてもよいが，直交定理の表式としては本文中に示した形の方が一般に用いられている．直交定理の証明については文献 [F3] [F4] 参照．

7.4. 直交定理

要素と"負の"要素が同じだけ含まれていなければならない.我々は+1 を恒等操作 E にあてる.一方 6 個の群の要素のうち,3 つの操作 P, Q, R は似ているので(後から見るように,これらは同じ"類"に属する),同じ符号を与えられる.これらは -1 で表され,C_3 と C_3^2 は E と共に $+1$ で表される.

直交定理 (7.23) の入念な証明は手間がかかるので省略するが,一般的な議論への適用例を示すことは教育的であろう.左辺は群の要素の"外積"もしくは"直積"としての数学的構造を持っている.7.6 節で示すように,$R \otimes S$ という記号がこのような抽象的な操作にあてられ,ある面で S と R の積のように振舞う.群の要素の行列表現を用いて次のような数の配列をつくることができる.

$$(R \otimes S)_{ij,kl} \equiv R_{ij} R_{kl} \tag{7.24}$$

これはベクトルのディアード (dyad:二数) によってテンソル成分をつくるのと同様のことである.

次のような対象を考えてみよう.

$$\mathbf{A} = \sum_S S \otimes S^{-1} \tag{7.25}$$

これは群を構成するすべての要素と交換する.すなわち決められた R に対して,

$$\begin{aligned} R\mathbf{A} &= \sum_S RS \otimes S^{-1} \\ &= \sum_S (RS) \otimes S^{-1}(R^{-1}R) \\ &= \sum_{(RS)} (RS) \otimes (RS)^{-1} R = \mathbf{A}R \end{aligned} \tag{7.26}$$

となる.(RS) に関する和も結局,群の要素すべてに関する和になる.

式 (7.25) の中の群の要素の表現に,式 (7.16) のように既約表現 $\Gamma^{(\alpha)}$ および $\Gamma^{(\beta)}$ の直和を用いることができる.そうすると直交定理の式 (7.23) の左辺は,$\mathbf{A}$ の成分と対応させることができる.ここで式 (7.26) に目を向けると,群のすべての要素 R に対して,次のように行列 A ($\Gamma^{(\alpha)}$ と $\Gamma^{(\beta)}$ の次元が違う場合は正方行列でなはい) を得ることになる.

$$A\Gamma^{(\alpha)}(R) = \Gamma^{(\beta)}(R)A \tag{7.27}$$

式 (7.8) との比較から,2 つの表現の次元が同じであれば,この式は両者が等価であることを表していることが分かる.シューアの補題は,式 (7.27) において 2 つの既約表現 $\Gamma^{(\alpha)}$ と $\Gamma^{(\beta)}$ が等価でなければ A のすべての成分はゼロになり,$\Gamma^{(\alpha)}$ と $\Gamma^{(\beta)}$

が等価でかつユニタリーな既約表現であれば，A は単位行列もしくはその定数倍となるというものである．これは直交定理 (7.23) から導かれる具体的な結果の一例となっている．

式 (7.24) の解釈に用いた"テンソル"や"ディアード"という言葉は，直交定理 (7.23) を解釈する別の方法を示唆する．すなわち群が g 次元空間を形成し，R, S, T などに対応する"座標軸"があるものと考えることができる．ある既約表現のなかで，特定の行列要素として現れる数は，その空間の中のベクトル成分と考える．すなわち $\Gamma_{ip}^{(\alpha)}(S)$ は "$\Gamma_{ip}^{(\alpha)}$ と名付けられたベクトルの S 軸方向の成分"である．そうするとこの定理は，単にこれらのベクトルの直交性を述べていることになる．群の既約表現の行列要素は，この抽象的な空間において新しい直交基を形成する．

更に重要な原理が即座に導かれる．次元 n_α の既約表現 $\Gamma^{(\alpha)}$ は，n_α^2 個の成分を持つ．しかし空間内の直交ベクトルの数は，空間の次元 g を超えることができない．したがって等価でない表現について数えると，次のようになる．

$$\sum_\alpha n_\alpha^2 \leq g \tag{7.28}$$

他の定理によって，上式において等号が常に成立することが示されている．

この規則は群の可能な既約表現を強く制約する．たとえば我々は既に，位数 6 の群について 2 つの等価でない既約表現を見いだした．これらはそれぞれ 1 次元である．おなじ群に対してあとひとつだけ，2 次元の既約表現が残されている．これによって等号条件が達成される．

$$1^2 + 1^2 + 2^2 = 6 \tag{7.29}$$

7.5 指標と類

これらの強力な定理があるにもかかわらず，正則表現から直接代数的な解析に基づいて有限群の既約表現をつくることは非常に骨の折れる作業である．実際には我々はシュレーディンガー方程式の解のような物理的対象を扱うが，そのような場合，群の行列表現は計算上——たとえば式 (7.4) のような関数系の操作で——自動的に作り出される．既約分解のテストを代数的手法もしくは具体的な表現によって行い，適切な基本関数系を推測できれば，我々の目的はほとんど達成されたようなものである．直交定理は推測のひとつの手段となり得るが，直交定理を使うためには種々の既約表現の行列要素が既に分かっていなければならない．

2 つの異なる行列一式が等価な表現である可能性を持っているという事実は，行列要素自体にある程度任意性があることを示している．既約分解のテストには，式 (7.8)

7.5. 指標と類

のようなユニタリー変換の下で不変な量だけを利用できる．任意の行列表現において最も簡単な不変量は"固有和"(トレース)である．群表現の理論では，与えられた要素の行列表現の固有和(トレース)を，その表現におけるその要素の"指標"(character)と呼んでいる．式 (7.4) の表記を用いると，指標は次のように表される．

$$\chi(S) \equiv \mathrm{Tr}(S_{ij}) \equiv \sum_i S_{ii} \qquad (7.30)$$

行列の固有和(トレース)がユニタリー変換の下で不変であることはよく知られている．もし2通りの群の表現が等価であるならば，同じ要素に対する表現は同じ指標を持つ．証明は省略するが，逆の定理も成り立つ．すなわち"2通りの表現において，各要素に対する表現の指標が同じであれば，この2通りの表現は等価である"．この定理によって任意の表現と既知の既約表現を簡単に比較することができる．我々は既約表現の行列要素すべてを知っている必要はなく，その表現において各要素に対応する指標だけが分かっていればよい．

もちろん S の指標は，与えられた表現に依存する．しかし式 (7.16) のように表現が可約であると考えてみよう．

$$S = S^1 \oplus S^2 \oplus \ldots \oplus S^r \oplus \ldots \qquad (7.31)$$

"直和"の固有和(トレース)は，明らかにそれを構成する各表現の固有和(トレース)の和となる．

$$\chi(S) = \chi^1(S) + \chi^2(S) + \ldots + \chi^r(S) + \ldots \qquad (7.32)$$

ある群の要素の可約表現における指標は，既約分解した各表現の指標の単純な代数和となる．たとえば式 (7.22) の正則表現に関して次式が成立する．

$$\chi_\mathrm{R}(S) = p_1 \chi^{(1)}(S) + p_2 \chi^{(2)}(S) + \ldots + p_n \chi^{(n)}(S) \qquad (7.33)$$

$\chi^{(\alpha)}(S)$ は正則表現 Γ_R の中で p_α 回現れる既約表現 $\Gamma^{(\alpha)}$ の，要素 S を表現した時の固有和(トレース)である．

このような指標の代数和と表現の直和との対応関係が，有限群の数学的性質と系の物理的性質の関係を把握するための鍵となる．力学方程式の解に付随して現れる表現 Γ について，各要素の指標を計算することは極めて簡単である．Γ の中に現れる既約表現の指標を，各要素についてすべて知っているならば，あとは式 (7.32) や式 (7.33) を用いた連立方程式を解いて，各既約表現が Γ に現れる回数を求めればよい．このようにして Γ をつくるために用いた種々の関数の振舞いを，対称操作群における種々の既約表現として解析することができる．たとえば"これらの固有関数は必然

的に縮退しており，この軸の回りの回転操作の下で表現 $\Gamma^{(3)}$ のように変換する"といったことが言えるのである．

式 (7.33) で表される式の数は，一見非常に多いように思われる．群は g 個の要素を持ち，それは通常，既約表現の次元 n よりもはるかに大きい．しかし幸いこれらの式の多くは重複している．

既に述べたように，群の中の多くの操作には，たとえば 7.3 節で示した正三角形の中心線に関する覆転 P, Q, R のように，直観的に類似したものがある．群の2つの要素 S と T を次式のように関係づける他の要素 X が存在する場合，この2つの要素が同じ"類"(class) に属すると言う．

$$S = X^{-1}TX \tag{7.34}$$

これは直観的な概念と整合する．すなわち X で表される対称操作に基づいて座標を入れ替えるなら，操作 S は操作 T に変換される．我々の例においては，

$$P = C_3^{-}QC_3 \tag{7.35}$$

となっており，三角形の各頂点の表示を $2\pi/3$ の回転で巡回させると，OQ に関する覆転が OP に関する覆転に変換される．

初等的な行列の代数によると，同様の変換 (7.34) で関係づけられる2つの行列 S と T は同じ固有和(トレース)の値を持つ．したがってあらゆる表現において"同じ類に属する要素は同じ指標を持つ"．

$$\chi(S) = \chi(T) \tag{7.36}$$

式 (7.32) もしくは式 (7.33) を解く時，S から得た式と全く同じ式が T からも得られる．独立な式の数の上限は，群の要素が分類される類の数になる．

これで読者は"群の中の類の数は，既約表現の数と等しい"という定理を難無く受け入れることができるであろう．式 (7.33) のような連立方程式は，常に p_α の一意的な解を与える．

直交定理 (7.23) を用いて，この解を正確に示すことができる．2つの既約表現 $\Gamma_{ip}^{(\alpha)}(S)$ と $\Gamma_{jq}^{(\beta)}(S^{-1})$ の指標は $i = p$ および $j = q$ と置いてこれらの行列要素の和をとることによって得られる．全ての群の要素に関する和は，全ての類に関する和として考え直すことができる．和をとる際に，各々の類に属する項の数に注意すると次式を得る．

$$\sum_k \chi_k^{(\alpha)*} \chi_k^{(\beta)} N_k = g\delta_{\alpha\beta} \tag{7.37}$$

k 番目の類は N_k 個の要素から成り,その既約表現 $\Gamma^{(\alpha)}$ の指標が $\chi_k^{(\alpha)}$ である.言い替えると各指標 $\chi_k^{(\alpha)}$ が直交した n 成分の配列を形成している (指標の第 1 種直交性).

k 番目の類 C_k に属する要素が指標 χ_k を持つような表現 Γ を考えてみよう.式 (7.32) と式 (7.37) から,Γ を次のように既約表現の直和に分解した場合,

$$\Gamma = a_1\Gamma^{(1)} \oplus a_2\Gamma^{(2)} \oplus \ldots \oplus a_n\Gamma^{(n)} \tag{7.38}$$

各既約表現 $\Gamma^{(\alpha)}$ の係数は次のようになる.

$$a_\alpha = g^{-1}\sum_k N_k \chi_k^{(\alpha)*} \chi_k^{(\alpha)} \tag{7.39}$$

群の抽象的な構造に関する重要な情報はすべて "指標表" ——行にそれぞれの既約表現 $\Gamma^{(a)}$,列にそれぞれの類 C_k を対応させた,指標 $\chi_k^{(\alpha)}$ の配列——に含まれる.

上記の結果に伴い,次の一般原理を見ることができる."正則表現の中に,ある既約表現 $\Gamma^{(\alpha)}$ が現れる回数は,$\Gamma^{(\alpha)}$ の次元に等しい".これは式 (7.18) の正則表現の定義によっている.Γ_R において,恒等操作以外の群のすべての要素は,対角成分がゼロの行列で表される.したがって E 以外の全ての要素の指標はゼロである.しかし式 (7.34) から E は常にそれ自身だけでひとつの類をつくる.よって式 (7.39) の右辺は $\Gamma^{(\alpha)}$ における E の指標,すなわち n_α になる.この結果は式 (7.28) において等号が成立することによっている.

この指標の理論を具体的に見てみるために,再び D_3 群を取り上げよう.我々は既にこの群が 3 つの既約表現と 3 つの類を持つことを示した.1 次元表現 $\Gamma^{(1)}$ と $\Gamma^{(2)}$ の指標は,7.4 節の直交定理の議論から,直ちに 1 と確認できる.2 次元表現の E の指標は 2 でなければならない.$\chi_2^{(3)}$ と $\chi_3^{(3)}$ だけが未定であるが,直交性の条件 (7.37) からそれぞれ -1 および 0 であることが簡単に導かれる.このようにほとんど労せずして次の指標表を得ることができる.

この表が物理の問題において役立つことを示すために,z 軸を主軸として D_3 対称性を持つ外場の中にひとつの自由原子がある状況を考えて見よう.外場は 1 電子状態のエネルギー準位にどのような影響を及ぼすであろうか.

以下の波動関数に示すような s, p, d の状態だけに注目することにする.

$$\begin{aligned}
\psi_s &= \phi_s(r) \\
\psi_p &= x\phi_p(r),\ y\phi_p(r),\ z\phi_p(r) \\
\psi_d &= xy\phi_d(r),\ yz\phi_d(r),\ zx\phi_d(r), \\
&\quad (x^2-z^2)\phi_d(r),\ (y^2-z^2)\phi_d(r)
\end{aligned} \tag{7.40}$$

表2

類	$\mathcal{C}_1$	$2\mathcal{C}_2$	$3\mathcal{C}_3$
要素	E	$C_3, C_{\bar{3}}$	P, Q, R
$\Gamma^{(1)}$	1	1	1
$\Gamma^{(2)}$	1	1	-1
$\Gamma^{(3)}$	2	-1	0

ここで x および y は"三角形"が存在する面内の座標であり，y 軸は OP と一致する．

$\phi_\text{s}(r)$ は原点からの距離だけに依存する関数なので，この群に属する全ての操作の下で不変であり，恒等表現 $\Gamma^{(1)}$ を生成する．同じ理由で他の波動関数から $\phi_\text{p}(r)$, $\phi_\text{d}(r)$ の因子を除いて考え，x, y, xy, 等の因子だけを考察すればよい．

それぞれの群の要素が p 状態の関数 x, y, z へ及ぼす効果は簡単に計算できる．例えば C_3 の x への作用は単なる回転操作であり，次のように表される．

$$C_3 x = -\frac{1}{2}x + \frac{\sqrt{3}}{2}y \tag{7.41}$$

同様に，y への作用は次のようになる．

$$C_3 y = -\frac{\sqrt{3}}{2}x - \frac{1}{2}y \tag{7.42}$$

式 (7.13) の考え方を適用すると，この作用に対する 2 次元表現として，次の行列が得られる．

$$C_3 = \begin{pmatrix} -\frac{1}{2} & \frac{\sqrt{3}}{2} \\ -\frac{\sqrt{3}}{2} & -\frac{1}{2} \end{pmatrix} \tag{7.43}$$

したがってこの表現における類 $\mathcal{C}_2$ の指標は -1 である．同様の方法により，要素 P (単に x を $-x$ に変換し，y は無変換) の指標はゼロで $\chi_3 = 0$ であることが分かる．明らかにこれら 2 つの関数は，既約表現 $\Gamma^{(3)}$ と指標が合致する表現のための基本関数となる．これらの関数はエネルギーが縮退しており，D_3 の対称性を持つ外場によってこの縮退は解けない．他方，3 番目の p 関数 $z\phi_\text{p}(r)$ は 1 次元表現に属さなければならず，外場によって他の 2 つの関数との縮退が解ける可能性がある．しかしこのような対称操作の議論からは，縮退準位からのずれの大きさについては何も分からない

ことに注意する必要がある.そのような数値は外場の強さや原子の性質などによって決まるものである.

d状態への操作も同様に行うことができる.たとえば zx と yz との変換は x と y の場合と同様で,$\Gamma^{(3)}$ に属する.しかし残りの3つの関数 xy, x^2-z^2, y^2-z^2 を調べてみると,少し複雑な状況が見いだされる.式 (7.41) と式 (7.42) から類 C_2 に対して次のような変換式を得る.

$$C_3(xy) = \left(-\frac{1}{2}x + \frac{\sqrt{3}}{2}y\right)\left(-\frac{\sqrt{3}}{2}x - \frac{1}{2}y\right)$$
$$= \frac{3}{4}(x^2 - y^2) - \frac{3}{4}(y^2 - z^2) - \frac{1}{2}xy \qquad (7.44)$$

これは3次元表現を与える.同じ操作を x^2-z^2 と y^2-z^2 に施すと,固有和(トレース)がゼロの行列が得られる.すなわちこの表現で $\chi_2 = 0$ である.他方,要素 P をこれらの関数それぞれに作用させると $\chi_3 = 1$ となる.指標が $(3,0,1)$ となっているこの表現は可約でなければならない.式 (7.39) により——あるいは指標表を調べることにより——これは直和 $\Gamma^{(1)} \oplus \Gamma^{(3)}$ であると結論できる.言い替えると,3つのd関数を,全ての操作の下で恒等なひとつの関数と,(x,y) のように変換する2つの関数にするような変換が存在するのである.結局この外場は5重縮退したd状態を,1つの一重項状態と2つの二重項状態にまでしか分離できない.

この問題についてさらに計算を行うためには,種々の既約表現を生じる関数の形を知る必要がある.たとえば (xy, x^2-y^2) の組は $\Gamma^{(3)}$ にしたがって変換し,$x^2+y^2-2z^2$ は全ての操作の下で不変であること等は簡単に確認できる.このような関数をつくるための系統的な手続きは"射影演算子"を用いて行われる.これはそれぞれの要素に対応する表現行列を抽象的な群の要素そのものに結び付ける.次の式,

$$O_{pq}^{(\alpha)}\psi(\mathbf{x}) = \frac{n_\alpha}{g}\sum_S \Gamma_{pq}^{(\alpha)}(S)^*\psi(S\mathbf{x}) \qquad (7.45)$$

によって任意の関数 $\psi(\mathbf{x})$ から,$\Gamma^{(\alpha)}$ のように変換する n_α 個の関数の p 番目のものをつくることができる.この射影がゼロでない場合は,$\psi(\mathbf{x})$ はこの表現をつくる関数系に属するものと考えなければならない.このことの証明と射影演算子の具体的な応用は,読者自身で試みられるか,もしくは他の文献を参照されたい.

7.6 直積群と表現

群論の威力が最も発揮されるのは,単純な系——与えられた静電場の中の単一電子の振舞いなど——から"複合系"へ議論を進めるときである.

まず2つの独立なハミルトニアン $\mathcal{H}$ と $\mathcal{H}'$ によって記述される，識別可能な2つの粒子を考えよう．系の状態を記述するために，それぞれの波動関数の積を用いる．

$$\Phi_{i,i'} = \phi_i^{(1)}(\mathbf{x})\phi_{i'}^{(2)}(\mathbf{x}') \tag{7.46}$$

$\phi_i^{(1)}(\mathbf{x})$ は第1の粒子の座標系における直交関数系の関数とする．$\phi_i^{(2)}(\mathbf{x})$ も同様である．式 (7.4) と同様に，群 $\mathcal{G}$ に属する操作 R および，群 $\mathcal{G}'$ に属する操作 S' を施すことの効果を次のように見いだすことができる．

$$\begin{aligned}\{R \otimes S'\}\Phi_{i,i'} &= \phi_i^{(1)}(R\mathbf{x})\phi_{i'}^{(2)}(S'\mathbf{x}') \\ &= \sum_{k,k'} R_{ik}\phi_k^{(1)}(\mathbf{x}) S'_{i'k'}\phi_{k'}^{(2)}(\mathbf{x}') \\ &= \sum_{k,k'} R_{ik} S'_{i'k'} \Phi_{k,k'}\end{aligned} \tag{7.47}$$

記号 $R \otimes S'$ は，行列 $R_{ik}S'_{i'k'}$ で表現される群の要素と考えることができる．我々はこのような群の要素の"直積"を，既に式 (7.24)-(7.26) において用いている．

式 (7.13) と同様に，それぞれの粒子のハミルトニアンの固有関数を基本関数系として用いることにする．$\mathcal{H}$ と $\mathcal{H}'$ がそれぞれ $\mathcal{G}$ および $\mathcal{G}'$ の下で不変であるとすると，それぞれの群の各要素による操作は，式 (7.14) と式 (7.16) のように既約表現の直和に既約分解される．

2つの直和の直積をとると，次のようになる．

$$R \otimes S' = \sum_{\alpha,\alpha'}^{\oplus} R^{(\alpha)} \otimes S'^{(\alpha')} \tag{7.48}$$

つまり"直積群"$\mathcal{G} \otimes \mathcal{G}'$ の表現は $\mathcal{G}$ および $\mathcal{G}'$ の既約表現同士それぞれについての直積をとったものの直和になる．

一般には，このような表現はそれ以上既約分解できない．全ハミルトニアンの固有値は，第1の粒子のエネルギー固有値と，第2の粒子のエネルギー固有値の加算で決まる．直積群の既約表現は，それぞれの因子群における種々の既約表現の直積をとることによって得られる．

$$\{\Gamma \otimes \Gamma'\}^{(\alpha,\beta)} = \Gamma^{(\alpha)} \otimes \Gamma'^{(\beta)} \tag{7.49}$$

指標に関する代数は，群表現の直和・直積と対応しているので，直積群の指標は Γ と Γ' それぞれの指標の積となる．式 (7.24) と式 (7.30) の定義から，2つの群の任意の表現について，

$$\chi(R \otimes S') = \chi(R)\chi'(S') \tag{7.50}$$

が成立する．したがって直積群の完全な指標表をつくることは難しくない．

直積をとることによって，より複雑な群をつくる方法は，新たに対称操作を加えて系の対称性を上げる場合に有効である．たとえば我々の扱ってきた D_3 群に，z を $-z$ にする鏡映操作を加えることができる．この鏡映操作は恒等操作と一緒に，2つだけの要素から成る群を形成する．しかしこの群と D_3 群との直積群は12個の要素を持ち，指標表は 6×6 の表となる．これは式 (7.50) によって簡単に計算できる．このようにして，結晶構造の分類や多体波動関数の分類において現れる複雑な群の指標表と既約表現を，段階を踏んで求めていく方法を得ることになる．複雑な群の重要な性質は"部分群"への分解が様々な方法で行えることである．そのような分解によって，指標表と表現に対する制約が見いだされる．

本章の初めに示した系——2つの粒子の系——は，それぞれの粒子が異なる対称性を持つ場合はあまり面白いものではない．水素分子のように"同じ"群において不変である2つのハミルトニアンによって系が構成されている場合，どのようなことが見られるであろうか．直積群 $\mathcal{G} \otimes \mathcal{G}$ に属する g^2 個の要素から，群 $\mathcal{G}$ 自身を表現する"対角に沿った" g 個の要素を用いることができる．$\Gamma(R)$ と $\Gamma'(R)$ が同じ要素に対する任意の2つの表現であるとすると，次の関係を導くことができる．

$$\Gamma(RS) \otimes \Gamma'(RS) = \{\Gamma(R) \otimes \Gamma'(R)\} \{\Gamma(S) \otimes \Gamma'(S)\} \tag{7.51}$$

行列 $\Gamma(R) \otimes \Gamma'(R)$ は，このような積の関係において群の要素 R のように振舞う．任意の表現 Γ と Γ' から $\mathcal{G}$ の新しい表現をつくることができる．

$$\Gamma'' = \Gamma \otimes \Gamma' \tag{7.52}$$

式 (7.49) のようにして，同じ群 $\mathcal{G}$ の2つの"既約表現" $\Gamma^{(\alpha)}$ と $\Gamma^{(\beta)}$ を考えてみる．直積の表現の次元は $n_\alpha n_\beta$ となるが，これは大抵 $\mathcal{G}$ の既約表現の最大次元より大きい．"このような場合，この直積表現は可約である——すなわち次式のように表されるゼロでない整数 $q_1, q_2, \cdots$ を2つ以上見いだすことができる．"

$$\Gamma'' = \Gamma^{(\alpha)} \otimes \Gamma^{(\beta)} = q_1 \Gamma^{(1)} \oplus q_2 \Gamma^{(2)} \oplus \ldots \oplus q_n \Gamma^{(n)} \tag{7.53}$$

これは群論全体の中でも最も深遠で価値のある定理のひとつである．これが2つの群の既約表現の直積が直積群の既約表現になるという式 (7.49) と矛盾していないことに注意しよう．式 (7.51) と式 (7.52) で選択した行列は直積群の g^2 個の要素のうちの一部の要素の表現にすぎない．$R \neq S$ の時の $\Gamma^{(\alpha)}(R) \otimes \Gamma^{(\beta)}(S)$ は式 (7.53) のように可約にはならない．

指標の計算 (7.50) は成立するので，

$$\chi_k'' = \chi_k^{(\alpha)} \chi_k^{(\beta)} \tag{7.54}$$

と書くことができ，式 (7.39) を用いて直積表現 (7.53) を分解する時の係数 q_1 等を求めることができる．結果として得られる式，

$$q_{\mathrm{R}} = g^{-1} \sum_k N_k \chi_k^{(\gamma)*} \chi_k^{(\alpha)} \chi_k^{(\beta)} \tag{7.55}$$

は群の表現の理論のすべての応用において特別に有用な式である．

この技法の簡単な応用例として，指標表が表 2 で表される D_3 群を再び取り上げよう．式 (7.54) により，直積の表現 $\Gamma^{(3)} \otimes \Gamma^{(3)}$ は，群に属する 3 つの類に対して $(4, 1, 0)$ の指標を持つ．これを分解すると (式 (7.55) からつくることができる) 次のようになる．

$$\Gamma^{(3)} \otimes \Gamma^{(3)} = \Gamma^{(1)} \oplus \Gamma^{(2)} \oplus \Gamma^{(3)} \tag{7.56}$$

我々は 2 つの関数 (x, y) が $\Gamma^{(3)}$ に従って変換することを既に見てきた．この代数に具体性を持たせるために，三方対称の場の中にある原子の p 状態に 2 個の電子があるものとしよう．直積表現のための基本関数として 4 つの関数 xx', xy', yx', yy' (もちろん本当は $\phi_\mathrm{p}(r)\phi_\mathrm{p}(r')$ が掛る) を得ることができる．これらは式 (7.56) の分解を表すために次のように変換できる．

$$\left.\begin{array}{ll} (xx' + yy') & \text{transforms according to} \quad \Gamma^{(1)} \\ (xy' - yx') & \text{transforms according to} \quad \Gamma^{(2)} \\ (xx' - yy', xy' - yx') & \text{transforms according to} \quad \Gamma^{(3)} \end{array}\right\} \tag{7.57}$$

もちろんフェルミ粒子の波動関数における反対称性の原理は，それぞれのケースにおいて適切な対称性のスピン関数と合わせることによって満足させなければならない．

ここでは 2 電子波動関数に対称性を課すことだけによって，元々 4 重縮退していた準位が，ひとつの二重項と 2 つの一重項へ分離している．このような複合系における 1 電子固有状態の分離は，粒子が識別不可能であり，個々には対称規則に従わない場合の典型的な結果である．このような直積表現の使い方は，多体系の固有状態を即座に類別することを可能にしている．

この定理は主要ハミルトニアン $\mathcal{H}$ の固有状態を基本関数として，摂動ハミルトニアン $\mathcal{H}'$ の行列要素を求める際にも非常に役に立つ．式 (7.13) において見ることができるように，$\mathcal{H}$ の対称操作群の中で同じ既約表現に属さない 2 つの固有関数 $|\psi_i\rangle$ と $|\psi_j\rangle$ は，偶然に縮退していない限り直交していなければならない．それゆえ一般に次式が成り立つ．

$$\langle \psi_i | \psi_j \rangle = 0 \quad \text{if} \quad \Gamma^{(i)} \neq \Gamma^{(j)} \tag{7.58}$$

7.6. 直積群と表現

状態 $|\psi\rangle$ に $\mathcal{H}'$ を作用させると,固有関数系が一次結合した状態が現れる.

$$\mathcal{H}'|\psi_j\rangle = \sum_k \langle\psi_k|\mathcal{H}'|\psi_j\rangle|\psi_k\rangle \tag{7.59}$$

しかし $\mathcal{H}'|\psi_j\rangle$ はそれ自身,$\mathcal{H}$ の対称操作 Γ を表現するための基本関数系として用いることができる.この表現においては,係数 $\langle\psi_k|\mathcal{H}'|\psi_j\rangle$ がゼロでない場合にだけ,既約表現 $\Gamma^{(k)}$ が現れる.

系の座標の関数である $\mathcal{H}'$ は他の表現 Γ' のための基本関数として使うことができる.たとえば我々が扱ってきた三方対称の結晶場にある原子において x 軸方向の電気的分極の摂動,すなわち,

$$\mathcal{H}' = ex \tag{7.60}$$

という摂動ハミルトニアンによる光学的遷移を考えてみよう.これは D_3 群の既約表現 $\Gamma^{(3)}$ をつくる.一方,もとの固有関数 $|\psi_j\rangle$ も既約表現 $\Gamma^{(j)}$ をつくるので,式 (7.59) の左辺を単純に基本関数の積と考えると $\Gamma' \otimes \Gamma^{(j)}$ を生成する.この表現を,

$$\Gamma' \otimes \Gamma^{(j)} = r_1\Gamma^{(1)} \oplus r_2\Gamma^{(2)} \oplus \ldots \oplus r_k\Gamma^{(k)} \oplus \ldots \tag{7.61}$$

のように既約分解して,式 (7.55) を用いて各係数 r_k を計算してみよう.

式 (7.61) の表現は,式 (7.59) によって生成される表現 Γ と等価でなければならない.それゆえもし式 (7.61) における係数 r_k がゼロであれば,行列要素 $\langle\psi_k|\mathcal{H}'|\psi_j\rangle$ は確実にゼロでなければならない.言い替えると "Γ' のように変換する摂動は,直積表現 $\Gamma' \otimes \Gamma^{(j)}$ が $\Gamma^{(k)}$ を含まなければ,既約表現 $\Gamma^{(j)}$ と $\Gamma^{(k)}$ に属する状態間の遷移を生じない".このことが波動関数と摂動の対称性に起因する選択則の基礎となっている.しかしこの原理で許容されている遷移がすべて必ず起こるわけではないという点も強調しておかなければならない.

この原理を具体的に見るために,摂動 (7.60) を,$\Gamma^{(3)}$ にしたがって変換する三方対称な系の状態へ作用させてみよう.式 (7.56) よりこの摂動は群の 3 つの既約表現すべてを含む表現を生成することが見て取れるので,これらの状態間の任意の組み合わせにおいて遷移が可能である.

一方で式 (7.54) から,恒等表現 $\Gamma^{(1)}$ に従う状態 $x^2+y^2-2z^2$ に同じ摂動を加えると,単に,

$$\Gamma^{(3)} \otimes \Gamma^{(1)} = \Gamma^{(3)} \tag{7.62}$$

という表現となってしまい,$\Gamma^{(1)}$ や $\Gamma^{(2)}$ に属する状態への遷移は起こりえない.これらの具体例に基づく結果は,もちろん波動関数を用いた積分による行列要素の評価を,波動関数の符号に注意しながら調べることによって得ることもできるが,群論を用いた手法はもっと複雑な場合でも直接的に結果を導くことを可能にする.

7.7 並進群

固体物理において我々は"格子並進対称性"を持つ系を扱う．この対称性は極めて単純な有限群に対応しているが，容易に"無限群"もしくは"連続群"への一般化を行うことができる．

簡単のため1次元の場合——1.3節で示した1次元鎖——を考えよう．ハミルトニアン (1.25) は"座標を格子間隔の m 倍シフトする操作"T_m の下で不変である．この操作が次の単純な積の規約に従う群を形成することは明らかである．

$$T_m T_n = T_{m+n} \tag{7.63}$$

この群の対称性を厳密に決めるために，この1次元鎖がループを形成しており，長さは格子間隔の N 倍であるとする．このような格子の並進群は N 個の要素を持つ．N より大きい添字を持つ要素は，式 (7.63) の用いて N 以下の要素と同定することができる．

$$T_{N+l} \equiv T_l \tag{7.64}$$

このことから初等的な代数を用いて，任意の要素の N 乗が単位要素になることを示すことができる．

$$\{T_l\}^N = E \tag{7.65}$$

実際この群は，整数 m が T_m を表し，要素の積が N を法とする加算となるような，自明な表現を持つ．この加算は可換なので，群は"アーベル群"(Abelian group) である．すなわち任意の要素同士は可換である．

通常の方法でこの群の行列表現や指標表を構成することを試みてみよう．類の条件 (7.34) を満たす要素を探してみると，T_l は群の任意の要素 X と交換するので，次の関係が得られる．

$$T_l = X^{-1} T_l X \tag{7.66}$$

したがってそれぞれの操作に対応する N 個の類が存在する．既約表現の数は類の数に等しい．式 (7.28) により，このことは表現が1次元である場合だけ成立する．

ここで式 (7.65) を用いることができる．恒等要素の指標は1でなければならない．各々の要素に1の N 乗根の適当な階乗を充てれば問題は解決する．言い替えると，この群の指標表は N 行 N 列で，T_l の既約表現 $\Gamma^{(n)}$ において，

$$\chi_l^{(n)} = \{e^{2\pi i n/N}\}^l = e^{2\pi i n l/N} \tag{7.67}$$

となっている．

これはブロッホの定理 (Bloch's theorem) の群論的な導出である．通常の表記 (1.28) に従い (但し簡単のため格子間隔 $a = 1$ と置いて)，既約表現 $\Gamma^{(n)}$ に基づいて変換する固有状態 $\psi_k(x)$ を識別する変数添字として，次の波数を定義する．

$$k = 2\pi n/N \tag{7.68}$$

そうすると式 (7.67) によって次式が得られる．

$$\psi_k(x+l) \equiv T_l \psi_k(x) = e^{ikl} \psi_k(x) \tag{7.69}$$

1.4節で示したように3次元へ一般化するのは簡単である．異なる格子方向への並進操作は互いに交換可能なので，このような群もアーベル群であり，式 (7.66) などにより全ての既約表現は1次元となる．それゆえ一般に，格子の並進対称性を持つハミルトニアンの固有関数を表現の基本関数として，ハミルトニアンを対角化することができる．すなわち固有関数系をそれぞれの状態 $\psi_\mathbf{k}(\mathbf{r})$ が決まった波数ベクトル $\mathbf{k}$ を持つように変換することが可能である．つまり任意の格子並進ベクトル $\boldsymbol{l}$ について，次式を満たす $\mathbf{k}$ が存在する．

$$\psi_\mathbf{k}(\mathbf{r}+\boldsymbol{l}) = e^{i\mathbf{k}\cdot\boldsymbol{l}} \psi_\mathbf{k}(\mathbf{r}) \tag{7.70}$$

群論の固体物理への応用を扱った文献では，ここから"ブリルアン領域(ゾーン)"や"エネルギーバンド構造"の議論へと入っていく．これらの主題は実際的な重要性を持っているが，このような固体の性質は格子の並進対称性と"点群"を組み合わせた"空間群"の性質に依存する．群論の固体物理への具体的な応用の詳細はかなり複雑であるが，その基本原理としては，ここで述べたことが用いられている．

7.8 連続群

1.5節のように，1次元鎖の格子間隔をゼロに近づけることを考えてみよう．有限群を構成する操作 T_l は，連続変数 x を引き数に持つ並進操作 $T(x)$ に置き換わる．しかしそのような操作も，群の要素としての公理を満足する．例えば積の規則を式 (7.63) の代わりに次のように書くことができる．

$$T(x)T(x') = T(x+x') \tag{7.71}$$

このような"連続群"を構成する要素は明らかに無限個ある．しかし既に有限群において得られた群の表現に関する定理のほとんどが連続群においても成立する．たと

えばこの群はアーベル群なので,全ての既約表現は1次元である. 式 (7.67) からの類推で,要素 $T(x)$ に対するひとつの既約表現 $\Gamma^{(k)}$ の指標として,

$$\chi^{(k)}(x) = e^{ikx} \tag{7.72}$$

を充てることができる. この指標はもちろん $T(x)$ の $\Gamma^{(k)}$ における"表現"でもある. 距離 x の並進操作は基本関数に1次元行列,すなわち単なる位相因子を掛ける作用を持つ.

一般には k は任意の実数である. しかし無限領域にわたる積分を避け,かつ並進対称性を保つために,通常1次元鎖には周期境界条件を与える. もし x が長さ L のループに沿った座標であるとすると, 式 (7.64) は次式のようになる.

$$T(L+x) \equiv T(x) \tag{7.73}$$

式 (7.72) にこの条件を課すると,許容される k の値が,

$$k = 2\pi n/L \tag{7.74}$$

に限られる. n は整数である. このことも 1.5 節で述べた連続極限の議論と全く同様である. この条件は群の要素の数を"可付番の"無限個にする.

この群の指標の直交性は,式 (7.37) の各要素に関する和を連続変数 x に関する積分に置き換えることによって証明できる. 積分範囲 L が,要素の数 g の代わりとなる.

$$\int_0^L \chi^{(k)}(x) \chi^{(k')*}(x) \, dx = L\delta_{kk'} \tag{7.75}$$

式 (7.72) と式 (7.74) によって定義された指標について, 上式は明らかに成立している. これはフーリエの定理のひとつの表現となっている.

一見すると連続関数から成る連続群は,あまりに多様性を持ちすぎてしまうので,一般性を持った性質に言及することは難しく,長々とした条件付けをそれぞれの場合について行わなければ意味のある結果を導けないように思われるかもしれない. しかし連続性はそれ自身非常に重要な位相空間としての (トポロジー的な) 性質を生じるので,群の要素に対してかなりの制約を課することになる. 式 (7.71) の変数 x が連続であれば,与えられた任意の操作に対して,その操作に"限りなく近い"他の操作を考えることができる. "ε"を用いた記述をすれば,次のように書ける.

$$T(x+\varepsilon) \to T(x) \quad \text{as} \quad \varepsilon \to 0 \tag{7.76}$$

一般的な議論のために, n 個の連続変数 $\alpha_1, \alpha_2, \ldots \alpha_n$ に依存する操作 $R(\alpha_1, \ldots, \alpha_n)$ によって構成される抽象的な群を考えよう. すべての変数がゼロの時に恒等操作

7.8. 連続群

になるものとする.

$$E = R(0, 0, \ldots, 0) \tag{7.77}$$

恒等操作の"近傍にある"操作を見てみることにしよう. たとえば変数 α_1 を微小量 ε_1 だけ変えることにする. 式 (7.76) のような群の連続性により, 通常の行列の加算に倣(なら)った操作の"加算"の慣例に従い, 次のように書ける.

$$R(\varepsilon_1, 0, \ldots, 0) = R(0, 0, \ldots, 0) + \mathrm{i}\varepsilon_1 I_1(0, 0, \ldots, 0) \tag{7.78}$$

つまりこの要素の効果は無限小量 ε_1 と演算子 I_1 によって決まるが, この演算子は変数の値によらないものとする.

この議論から, 群の"無限小生成子"を次のように定義することができる.

$$I_\mathrm{R} = \lim_{\varepsilon_\mathrm{R} \to 0} \frac{1}{\mathrm{i}\varepsilon_\mathrm{R}} \{ R(0, 0, \ldots, \varepsilon_\mathrm{R}, \ldots, 0) - R(0, 0, \ldots, 0, \ldots, 0) \} \tag{7.79}$$

変数の数と同数あるこれらの操作は, 式 (7.77) のように特定の点を決めるだけで決定することができる"定数操作"であり, 比較的簡単に特定して表現することができる. "リー群"(Lie group)——ここでは条件の詳細は示さないが, ある解析的な制約を課した連続群のことである——の性質は, ほとんどすべてこの生成子の性質によって決まる.

例として, 変数 x を持つ任意の関数に, 並進操作 $T(\alpha)$ を施すことを考えてみよう. 定義により,

$$T(\alpha) f(x) = f(x + \alpha) \tag{7.80}$$

である. 式 (7.79) より,

$$\begin{aligned} I f(x) &= \lim_{\varepsilon \to 0} \left[\frac{1}{\mathrm{i}\varepsilon} \{ T(\varepsilon) - T(0) \} f(x) \right] \\ &= \lim_{\varepsilon \to 0} \frac{1}{\mathrm{i}\varepsilon} \{ f(x+\varepsilon) - f(x) \} \\ &= -\mathrm{i} \frac{\mathrm{d}f}{\mathrm{d}x} \end{aligned} \tag{7.81}$$

となる. この群の生成子は, この表現によれば, ちょうど運動量演算子 p, すなわち空間微分になる.

$$I = -\mathrm{i} \frac{\mathrm{d}}{\mathrm{d}x} \tag{7.82}$$

リー群の生成子が与えられれば, 連続操作によって全ての要素を得ることができる. たとえば 1 変数によって構成される群において, 操作 $R(\alpha)$ をつくってみよう. まず大きい数 N を用いて無限少量 $\varepsilon = \alpha/N$ を定義する. そうすると $R(\alpha)$ を得るためには, 操作,

$$R(\varepsilon) \approx E + \mathrm{i}\varepsilon I \tag{7.83}$$

を N 回施せばよい．

$$R(\alpha) \approx \left\{ E + \mathrm{i}\frac{\alpha}{N}I \right\}^N \tag{7.84}$$

N を無限大にすると，正確な結果が得られる．

$$R(\alpha) = \exp\{\mathrm{i}\alpha I\} \tag{7.85}$$

もちろん演算子の指数関数は，式 (3.33) と同様に，演算子の各次数の項を含んだ級数を意味する．群が n 個の変数を持つ場合，式 (7.85) は式 (7.79) の I_R を用いて次のように一般化される．

$$R(\alpha_1, \alpha_2, \ldots, \alpha_n) = \exp\left\{ \mathrm{i}\sum_{r=1}^{n} \alpha_\mathrm{R} I_\mathrm{R} \right\} \tag{7.86}$$

この結果は驚くべきものと感じられるかもしれない．多変数の"関数"である群の要素 $R(\alpha_1 \ldots \alpha_n)$ の任意の点 $(\alpha_1 \ldots \alpha_n)$ における値が，どうして点 $(0, 0, \ldots, 0)$ における"一次微分"だけから決まるのであろうか？ この理由は基本的な群の性質そのもの――2つの要素 (操作) の積もまた群の要素でなければならない (つまり式 (7.71)) ということ――が，この"関数"全域に及ぶ制約を課していることによる．

もちろん上記の抽象的な式は，群の任意の表現において成り立つ．したがって演算子 $I_1, I_2, \ldots, I_n$ の表現をつくることによって，群の要素すべてに対する表現を得ることができる．特定の対称性による"物理的な"結果の考察は，これらの生成子の代数的な性質を調べることに帰着する．

1変数の群に対する式 (7.85) の簡単な例として，I がある定数 k である場合を考えよう．即座にこの並進群に対する1次元の既約表現を得ることができる．

$$T(\alpha) = \mathrm{e}^{\mathrm{i}k\alpha} \tag{7.87}$$

これは式 (7.72) で既に得ているものである．

一方，式 (7.82) において，この群の操作 I に対して，x の任意の関数に作用させるのに適した，もうひとつの表現をつくることができる．式 (7.85) より次式が得られる．

$$\begin{aligned} T(\alpha)f(x) &= \left[\exp\left\{\mathrm{i}\alpha\left(-\mathrm{i}\frac{\mathrm{d}}{\mathrm{d}x}\right)\right\}\right]f(x) \\ &= \left[\exp\left\{\alpha\frac{\mathrm{d}}{\mathrm{d}x}\right\}\right]f(x) \\ &= f(x+\alpha) \end{aligned} \tag{7.88}$$

指数関数の部分を展開すると，通常の $f(x+\alpha)$ に対するテイラー展開の式になる．これは式 (7.80) の $T(\alpha)$ の定義式に一致している．

最後にこのような数学の重要性を見るために，ハミルトニアン $\mathcal{H}$ がある観測量(オブザーバブル)を表すエルミート演算子 I と交換するものとしてみよう．式 (3.36) からこの演算子はハイゼンベルク表示においても時間に依存せず，その期待値は保存量となる．しかし式 (7.85) により，I を用いて各要素 $R(\alpha)$ がユニタリー演算子となるような連続群をつくることができる．$\mathcal{H}$ は I と交換するので，群の要素すべてが $\mathcal{H}$ と可換である．したがって式 (7.7) よりハミルトニアンはこの群の要素が表すすべての変換の下で不変である．この逆も証明できる．もし $\mathcal{H}$ がある連続群の操作 $R(\alpha)$ について不変であれば，その群は保存量に対応する生成子を持つ．

このようにして，ハミルトニアンの"不変性"と物理量の"保存則"の間の，最も深いレベルにおける関係を確立できる．分かりやすい例は，式 (7.80) のような操作群で表される"空間並進不変性"と，式 (7.82) の生成子で表される"運動量の保存"との関係である．また 1.12 節の"ゲージ変換"は"全電荷演算子"(1.129) が生成子となるので，系の全電荷は保存する．

素粒子論においてこの理論を用いる目的は，各段階での議論において，対称性と不変性の関係を厳密かつ完全なかたちで活用することにある．

7.9 回転群

古典力学において"角運動量保存則"は，通常の運動量の保存則と同様に重要である．量子論ではこれらの保存則は，ハミルトニアンの不変性，すなわち座標軸の回転と並進に関する不変性と関係づけられる．より一般的な相対論的不変性を導入する前に，理想空間においては，特別な意味を持った位置や方向というものがないことを見てみよう．

ある点を固定した回転操作は，あきらかに連続群の要素としての性質を持つ．"回転群"の代数は量子力学全般において基本的な重要性を持つ．

まず初めに 2 次元の回転操作を考えてみよう．これは 3 次元の回転群の部分群である．特定の軸に関する回転操作はアーベル群であり，式 (7.71) の"1 次元ループ"の変換と同型である．変数 x は角度 ϕ，範囲は $L = 2\pi$ に置き換わり，既約表現はすべて 1 次元になる．式 (7.72) と式 (7.74) から，整数 m が次の表現のラベルとなる．

$$R^{(m)}(\phi) = e^{im\phi} \tag{7.89}$$

xy 平面内の関数 $f(x, y)$ について，x 軸と y 軸を回転させて変換することにより，$R(\phi)$ の別の表現をつくってみよう．式 (7.80) と同様に次のように書くことができる．

$$R(\phi)f(x, y) = f(x', y') \tag{7.90}$$

座標変換は，

$$\begin{pmatrix} x' \\ y' \end{pmatrix} = \begin{pmatrix} \cos\phi & -\sin\phi \\ \sin\phi & \cos\phi \end{pmatrix} \begin{pmatrix} x \\ y \end{pmatrix} \quad (7.91)$$

と表される．この表現において，無限小変換の生成子 (7.79) は次のように与えられる．

$$\begin{aligned} I_z f(x,y) &= \lim_{\phi \to 0} \frac{1}{\mathrm{i}\phi} \left[f(x',y') - f(x,y) \right] \\ &= \frac{1}{\mathrm{i}} \left[\frac{\mathrm{d}}{\mathrm{d}\phi} f(x\cos\phi - y\sin\phi, x\sin\phi + y\cos\phi) \right]_{\phi=0} \\ &= \mathrm{i} \left(y \frac{\partial}{\partial x} - x \frac{\partial}{\partial y} \right) f(x,y) \\ &= L_z f(x,y) \end{aligned} \quad (7.92)$$

この群は角運動量 (単位 $\hbar$) の，面に垂直な方向の成分によって生成されている．

群のもうひとつの可能な表現は，式 (7.91) で用いられた変換行列，

$$R(\phi) = \begin{pmatrix} \cos\phi & -\sin\phi \\ \sin\phi & \cos\phi \end{pmatrix} \quad (7.93)$$

である．式 (7.92) のように ϕ に関する微分をとり無限小変換の生成子を求めると，次のようになる．

$$I_z = \begin{pmatrix} 0 & \mathrm{i} \\ -\mathrm{i} & 0 \end{pmatrix} \quad (7.94)$$

これはパウリのスピン行列 (6.55) のひとつと同じものである．ここでは基本式 (7.80) の適用によって，群の要素の表現 (7.93) が得られていることに注意されたい．

我々は3次元の回転群の構造を求めるための様々な手がかりを得た．たとえば群は式 (7.92) のような3つの無限小生成子を持ち，それらは初等量子力学における角運動量の成分で与えられる．式 (7.86) によって，一般の群の要素は次のように書ける．

$$R(\alpha_x, \alpha_y, \alpha_z) = \exp\{\mathrm{i}(\alpha_x L_x + \alpha_y L_y + \alpha_z L_z)\} \quad (7.95)$$

L_x と L_y は，L_x の変数を巡回置換することによって得られる．これらの記号は3次元ベクトルのように変換するので，変数の組 $(\alpha_x, \alpha_y, \alpha_z)$ は回転軸の方向と回転の角度を表すベクトルとなる．

L_x, L_y および L_z は互いに交換しない演算子なので，上の式をそのまま計算することはできない．初等量子力学で次のような交換関係が成立することが知られている．

$$[L_x, L_y] = \mathrm{i}L_z, \quad [L_y, L_z] = \mathrm{i}L_x, \quad [L_z, L_x] = \mathrm{i}L_y \quad (7.96)$$

7.9. 回転群

これらの交換関係は，群の無限小変換 (7.78) から一般の変換を表す指数関数の式 (7.86) を導く時にも守られなければならない．交換関係から生じる"両立条件"を正しく考慮しないと，同じ変数 $\alpha_x, \alpha_y, \alpha_z$ が同じ群の要素を表すことを保証できなくなる．

リー群の理論の基本原理は，任意の無限小生成子対の交換子が，各生成子と定係数による一次結合で表されるということである．

$$[I_p, I_q] = \sum_{r=1}^{n} C_{pq}^r I_R \tag{7.97}$$

"構造定数"(structure constant) C_{pq}^r は表現にはよらない．また逆に，これらの構造定数が与えられると群の構造が決まり，構造定数は生成子において"リー代数"(Lie algebra) を定義することになる．連続群における上記の関係は，有限群での要素記号に関する積表 (7.3節) に相当する役割を担うものである．6.7節において，ローレンツ群の生成子の表現であるディラック行列の性質が，交換関係 (6.79) で決まっていることも，同様の議論によって正当化されることになる．

よりありふれた回転群の表現は"オイラー角"(Euler angles) (ψ, θ, ϕ) を用いてつくることができる．3次元直交座標の成分 (x, y, z) は次のような行列によって変換される．

$$R(\psi, \theta, \phi) = \begin{bmatrix} \cos\psi\cos\phi\cos\theta - \sin\psi\sin\phi & -\cos\psi\sin\phi\cos\theta - \sin\psi\cos\phi & \cos\psi\sin\theta \\ \sin\psi\cos\phi\cos\theta + \cos\psi\sin\phi & -\sin\psi\sin\phi\cos\theta + \cos\psi\cos\phi & \sin\psi\sin\theta \\ -\cos\phi\sin\theta & \sin\phi\sin\theta & \cos\theta \end{bmatrix} \tag{7.98}$$

この面倒な表現は式 (7.93) を一般化したものである．微分により無限小生成子を求めると次のようになる．

$$I_\psi = \begin{bmatrix} \cdot & i & \cdot \\ -i & \cdot & \cdot \\ \cdot & \cdot & \cdot \end{bmatrix}; \quad I_\theta = \begin{bmatrix} \cdot & \cdot & -i \\ \cdot & \cdot & \cdot \\ i & \cdot & \cdot \end{bmatrix}; \quad I_\phi = \begin{bmatrix} \cdot & i & \cdot \\ -i & \cdot & \cdot \\ \cdot & \cdot & \cdot \end{bmatrix} \tag{7.99}$$

これらは式 (7.94) に，回転軸方向に相当する，成分がゼロの行と列を加えることによって得られる．I_θ は L_y の生成子であり，y 軸に関する角度 θ の回転 $R_y(\theta)$ を生成する．また I_ψ と I_ϕ は z 軸の回りの回転 $R_z(\psi)$ および $R_z(\phi)$ を生成する．オイラー角は $R_z(\psi)$, $R_y(\theta)$, $R_z(\phi)$ という決まった順序の回転によって定義されているために式 (7.98) は 3 つの生成子 L_x, L_y, L_z すべてを必要としないことに注意してもらいたい．これは交換関係による両立条件が重要な役割を果たしている例である．

7.10 回転群の既約表現

式 (7.92) と式 (7.95) に現れる角運動量演算子は，全角運動量演算子 J と，特別に選んだ軸方向の角運動量成分 L_z の同時固有関数である"球面調和関数"を思い起こさせる．J の定義は，

$$J^2 = L_x^2 + L_y^2 + L_z^2 \tag{7.100}$$

である．全角運動量の量子数が正の整数 j であれば，全角運動量の大きさは $j\hbar$ であり，角運動量の z 成分は $(2j+1)$ 個の値に量子化されて，その量子数 m は $j, j-1, \ldots, -j$ の値をとる．

したがって関数 Y_j^m は $(2j+1)$ 次元空間の基本関数系を構成し，L_z は対角行列となる．

$$L_z Y_j^m = m Y_j^m \tag{7.101}$$

交換関係を利用して，Y_j^m の全角運動量 j を変えずに m の値だけを昇降させて $Y_j^{m\pm 1}$ にする演算子をつくることができる．

$$L_\pm = L_x \pm \mathrm{i} L_y \tag{7.102}$$

角運動量の他の成分 L_x と L_y も，これら $(2j+1)$ 個の基本関数を用いて表示できる．回転操作の表式 (7.95) を使って，回転群の任意の要素に対する $(2j+1)$ 次元表現 $D^{(j)}$ をつくることができる．

この表現の既約性を見てみるために指標表を調べてみよう．2次元の回転に関しては，式 (7.66) において全ての要素が異なる類に属し，式 (7.89) の1次元表現を持つことを示した．

$$\chi^{(m)}(\phi) = \mathrm{e}^{\mathrm{i}m\phi} \tag{7.103}$$

この結果から (もしくは直接，式 (7.95) と式 (7.101) より)，$R_z(\phi)$ は $D^{(j)}$ において，これらの数が対角成分となった行列で表現されることが分かる．この表現の指標は次のようになる．

$$\begin{aligned}\chi^{(j)}(\phi) &= \sum_{m=-j}^{j} \mathrm{e}^{\mathrm{i}m\phi} \\ &= \frac{\sin\left(j+\frac{1}{2}\right)\phi}{\sin\frac{1}{2}\phi}\end{aligned} \tag{7.104}$$

3次元における任意の回転 $R(\boldsymbol{\alpha})$ は，幾何学的にはある特定の回転軸に関する角度 ϕ の回転として表され，回転軸の方向は他の回転操作 $R(\boldsymbol{\beta})$ によって z 軸方向に合わせることができる．このことは，

$$R(\boldsymbol{\alpha}) = R^{-1}(\boldsymbol{\beta}) R_z(\phi) R(\boldsymbol{\beta}) \tag{7.105}$$

7.10. 回転群の既約表現

という関係式で表されるが，これは式 (7.34) と比較して分かる通り，$R(\boldsymbol{\alpha})$ と $R_z(\phi)$ が同じ類に属することを示しているので，両者は同じ指標 (7.104) を持つ．回転群の各要素の指数は回転ベクトル $(\alpha_x, \alpha_y, \alpha_z)$ の大きさだけに依存し，方向にはよらない．

積分範囲を $0 < \phi < 2\pi$ として，式 (7.75) に従ってこれらの指標の直交性が証明でき，表現の既約性に関する他の条件も満たされる．しかし式 (7.104) が本当に有用となるのは回転群の直積群を分解する時である．

式 (7.53) に従って次のような分解を試みてみよう．

$$D^{(j)} \otimes D^{(j')} = \sum_{j''}{}^{\oplus} q_{j''} D^{(j'')} \tag{7.106}$$

指標 (7.104) は次の恒等式を満たす．

$$\chi^{(j)}(\phi)\chi^{(j')}(\phi) = \sum_{m=-j}^{j} \sum_{m'=-j'}^{j'} e^{i(m+m')\phi}$$

$$\equiv \sum_{j''=|j-j'|}^{j+j'} \left\{ \sum_{m''=-j''}^{j''} e^{im''\phi} \right\}$$

$$= \sum_{j''=|j-j'|}^{j+j'} \chi^{(j'')}(\phi) \tag{7.107}$$

これを式 (7.53) と比較することによって，我々は基礎的な"角運動量の加算"の定理に到達する．回転群の 2 つの既約表現の"積"(直積) は可約で，他の表現の"和"に既約分解される．

$$D^{(j)} \otimes D^{(j')} = D^{(j+j')} \oplus D^{(j+j'-1)} \oplus \ldots \oplus D^{(|j-j'|)} \tag{7.108}$$

物理的に言うと，角運動量 $j\hbar$ と $j'\hbar$ を持つ 2 つの物体を組み合わせた系全体の角運動量 $j''\hbar$ は，それぞれの角運動量の大きさの差から，両者の和までの値を取り得る．

また解析的に言うと，2 つの球面調和関数の積を，球面調和関数の一次結合の形に直す場合，有限の項で表すことができる．これは式 (7.46) と式 (7.51) に示した直積表現の定義によっている．$D^{(j)} \otimes D^{(j')}$ の基本関数系は $D^{(j)}$ と $D^{(j')}$ それぞれの基本関数の積によって構成される．しかしこの新しい基本関数系は，式 (7.108) の右辺にあるそれぞれの既約表現に従って変換するような関数を用いて展開することができるのである．したがって次のように書けるはずである．

$$Y_j^m(\theta,\phi) Y_{j'}^{m'}(\theta,\phi) = \sum_{j''=-|j-j'|}^{j+j'} \left\{ \sum_{m''=-j''}^{j''} C_{jj'j''}^{mm'm''} Y_{j''}^{m''}(\theta,\phi) \right\} \tag{7.109}$$

係数 $C_{jj'j''}^{mm'm''}$ は基本関数と共に詳しい表にまとめられており，"ウィグナー係数" (Wigner coefficient) もしくは "クレブシュ-ゴルダン係数" (Clebsh-Gordan coefficient) と呼ばれている．本書の読者は原子や核子系のスペクトル理論におけるこの係数の重要性をよく理解しているものと思う．

三方対称な結晶場の問題を扱うために，我々は式 (7.40) と式 (7.57) において D_3 群の既約表現のように変換する自由原子の基本関数として，s, p, d の波動関数を示した．同様にこのような結晶場もしくは摂動 (7.60) を球面調和関数の和によって扱い，準位のずれや選択則などを回転群の既約表現に基づいて計算することもできるのである．そのような目的のためには，高次のベクトルやテンソルの形で回転群を系統的に表現する理論が役に立つ．この問題は"ウィグナー-エッカルトの定理" (Wigner-Eckhart theorem) によって取り扱われ，積分計算をしなくとも遷移行列の各要素の比を求めることができる．このような議論は選択則の理論 (つまり式 (7.61))，回転群の表現による結晶場の分解，および式 (7.109) にあるクレブシュ-ゴルダン係数の完全な数表に基づいて行われる．

式 (7.59) にあるような典型的な行列要素は，原子や核子の準位の摂動問題において，$\psi_k \mathcal{H}' \psi_l$ という形の関数の積分を含む．もし2つの波動関数が，与えられた角運動量の固有関数であり，$\mathcal{H}'$ もそれぞれの $D^{(j)}$ に従って変換するように分解したならば，この被積分関数は "3つの" 球面調和関数の積の形になる．式 (7.109) の方法を適用することにより，この関数は様々な球面調和関数の和となり，式 (7.109) の場合と類似した係数によって表されることになる．物理的にはこの "ラカー係数" (Racar coefficient) が3つの角運動量ベクトルから第4のベクトルをつくる規則を与える．数学的には，射影演算子 (7.45) や直交条件 (7.37) などを用いた表現理論の系統的な適用に基づいて，それらの係数の表をつくることができるのである．

7.11 スピノル表現

6.5節において "スピノル" ——座標空間のローレンツ変換にともなって変換する2成分関数——の性質を議論した．たとえば x 軸に関する単純な回転に伴い，下記の行列を用いた式 (6.60) の変換が施される．

$$Q_x(\theta) = \begin{pmatrix} \cos\frac{1}{2}\theta & \mathrm{i}\sin\frac{1}{2}\theta \\ \mathrm{i}\sin\frac{1}{2}\theta & \cos\frac{1}{2}\theta \end{pmatrix} \qquad (7.110)$$

任意の回転操作に対して上記のような行列が決まるので，これは回転群の "スピノル空間" における表現と見なせる．

7.11. スピノル表現

このような表現は群の無限小生成子をつくることによって容易に見いだせるようになる．式 (7.79) を用いて次式を得ることができる．

$$L_x = \frac{1}{i}\left[\frac{\partial Q_x(\theta)}{\partial \theta}\right]_{\theta=0} = \frac{1}{2}\begin{pmatrix} \cdot & 1 \\ 1 & \cdot \end{pmatrix} = \frac{1}{2}\sigma_x \qquad (7.111)$$

ここで，式 (6.55) で定義したパウリのスピン行列 σ_x が得られた．交換関係 (7.96) から，他の生成子も同様にパウリのスピン行列で表されることが容易に推察される．

$$L_y = \frac{1}{2}\sigma_y, \quad L_z = \frac{1}{2}\sigma_z \qquad (7.112)$$

一般の回転操作を表す式 (7.95) は次のように書ける．

$$R(\boldsymbol{\alpha}) = \exp\left(\frac{1}{2}i\boldsymbol{\alpha}\cdot\boldsymbol{\sigma}\right) \qquad (7.113)$$

この議論を時間的成分を加えたローレンツ群の表現へ拡張する際には，式 (6.62) が出発点となる．

既に 7.10 節において，回転群は $(2j+1)$ 次元 (j は整数) の既約表現 $D^{(j)}$ を持つことを示してある．表現 (7.113) もまた既約であるが，2次元の表現になっている．この表現は $D^{(j)}$ に " 半整数の " 量子数を与えたものであると想定するのは自然なことであり，証明も可能である．

その上，回転群の既約表現は角運動量演算子の固有値と関係している．$D^{(\frac{1}{2})}$ にしたがって変換する状態は，角運動量が $\frac{1}{2}\hbar$ である．これは " 電子や核子のスピンは $\frac{1}{2}$ である " ということを，群論的に表現したものである．

表現 $D^{(j)}$ の基本関数は $2j+1$ の球面調和関数 Y_j^m である．回転の演算子 (7.110) は " 角運動量 " が式 (7.101) の表記法で $Y_{\frac{1}{2}}^{\frac{1}{2}}$ および $Y_{\frac{1}{2}}^{-\frac{1}{2}}$ と表されるようなスピノル成分 $\psi_\uparrow$ および $\psi_\downarrow$ に作用する行列で定義されている．これらの記号は極座標 θ, ϕ を用いてあらわな関数として表すことはできないが，7.10 節に示した角運動量が持つべき性質を持っていなければならない．式 (7.108) のような回転群の直積表現の既約分解は，量子数 j や j' が整数の場合も半整数の場合も同じ規則に従い，式 (7.109) のようなウィグナー係数やラカー係数が同じように定義される．

しかしながら $j = \frac{1}{2}$ のスピノル表現は，式 (7.110) において角 θ と角 $\theta+2\pi$ が区別できるために，同じ空間回転に対して2つの形を持つ．すなわちこの表現は " 2価表現 " となっている．このことは 6.5 節で既に議論した．2価性は特に困難を生じるわけではないが，群論的な操作の際に一定の規則を決めて，注意して扱わなければならない．

7.12 $SU(2)$

2成分を持つスピノル波動関数は,自由電子が2通りの角運動量を持つことを説明するために導入された.物理的観測量(オブザーバブル)としてのスピンはその後,6.5節で見たようにローレンツ群によって表される相対論的不変性と関係していることが見いだされた.しかし一方で,電荷の値だけが異なり,他の性質はほとんど違わない数種類の状態を持つ,さまざまな素粒子の存在が知られている.たとえば中性子と陽子は電磁気的性質が異なる以外は,ほとんど同じ性質を持っている.また中間子やハイペロンにおいて,電荷が正,ゼロおよび負の粒子の組み合わせが見いだされている.電荷だけが異なるこれらの粒子の組が,同じ場の異なる固有状態に対応しており,電荷は明確に定義される演算子の固有状態 (量子数) に対応すると想定するのは自然なことである.

我々は 1.12 節において正と負の荷電ボース粒子を一緒に扱うことのできる簡単な形式を導入した.そこでは複素スカラー場 ϕ と,その性質を決める適当なラグランジアン密度を仮定した.複素スカラー場は実質的には2つの場——ϕ の実部と虚部——に相当し,それゆえ2つのタイプの励起を生じる.しかし下記のような変換の下で不変でなければならないので,両者は独立ではない.

$$\phi \to e^{i\alpha}\phi; \quad \phi^* \to e^{-i\alpha}\phi^* \tag{7.114}$$

このような波動関数の変換は,6.3節で議論したような電磁ポテンシャルのゲージ変換に伴って要請されるものである.両者が同時に変換を受けることによって,粒子の電磁的な相互作用の振舞いは不変に保たれる.

群論的な観点から次のように論じることができる.保存すべき量は,式 (1.129) の演算子 Q で測定される全電荷量である.7.8節で示したように,この演算子は連続群の生成子であり,群の要素は式 (7.85) によって次のように与えられる.

$$U(\alpha) = \exp\{i\alpha Q\} \tag{7.115}$$

数表示では Q は対角行列になり,単一のボース粒子の波動関数に対するこの変換の効果は,単に式 (7.114) に示したような位相変換になる.この"ゲージ変換"は $U(1)$ 群——絶対値が1の複素数の乗算によって形成される群,すなわち1次元の"ユニタリー群"——と同型である.この群はもちろん,式 (7.93) で示したひとつの軸の回りの回転群と同じものである.

上記の形式は強い制約を持ってしまうが,スピンからの類推により,表現を拡張し得る巧妙な形式の可能性を考えることができる.ここで陽子と中性子が同一の"核子場"の2つの状態で,その状態が"アイソスピン"(isospin) の演算子 I_3 で定義され

7.12. $SU(2)$

るものとしてみよう. 通例に従い, 純粋な"陽子状態" $|p\rangle$ は,

$$I_3|p\rangle = +\frac{1}{2}|p\rangle \tag{7.116}$$

によって定義され, また"中性子状態" $|n\rangle$ はこの演算子に対して $-\frac{1}{2}$ の固有値を持つものとする. 電荷は $(\frac{1}{2}+I_3)$ によって測ることになる[†].

そうすると I_3 は式 (6.55) のパウリのスピン演算子 $\frac{1}{2}\sigma_z$ と同じ表現を持つので, $|p\rangle$ と $|n\rangle$ は 2 次元のヒルベルト空間を張ることになる. 演算子 I_3 は"アイソスピン演算子" $\mathbf{I}$ の成分のひとつであり, アイソスピンの大きさは,

$$I^2 = I_1^2 + I_2^2 + I_3^2 \tag{7.117}$$

と定義されるものとする. I と I_3 を同時に確定することによって, 系の物理的な状態を決めることができる. ここで式 (7.111) と式 (7.112) に示した σ_i と全く同じ交換関係を持つ生成子 $\tau_i = 2I_i$ の存在を仮定することができる.

一見してこれは奇妙なものに思われる. 粒子の電荷が角運動量といかなる関係を持ち得るのだろうか? この関係は純粋に数学的な面における形式の一致によるもので, 実空間における角運動量と"内部空間"のアイソスピンとが直接に関係を持っているわけではない.

アイソスピンの成分 I_i によって生成される変換群の任意の要素を考えてみよう. 式 (7.113) と同様に, これは 2×2 のユニタリー行列で表される. 式 (7.115) に従い, 次のように任意の要素が表現される.

$$U(\boldsymbol{\alpha}) = \exp(i\boldsymbol{\alpha}\cdot\mathbf{I}) \tag{7.118}$$

$\boldsymbol{\alpha}$ は成分 $\alpha_1, \alpha_2, \alpha_3$ を持つ任意のベクトルである. また式 (7.98) や式 (7.110) のように, 3 つのオイラー角 (ψ, θ, ϕ) によって変換を表現することもできる. どちらの場合も行列は 3 つの独立な実変数によって決まる.

容易に証明できるように, 一般の 2 階ユニタリー行列は, 3 つの独立な実変数で表すことができる. したがって式 (7.118) で表される変換を, 代わりに $SU(2)$ 群――行列式が $+1$ の 2×2 行列で表現される"特殊ユニタリー群"――の要素に対応させることもできる.

$SU(2)$ 群はそれ自身単独で考察することにも意味はあるが, 形式的に 3 次元回転群とほとんど同じ内容を含んでいるという点もまた重要である. 生成子 I_i は角運動

[†](訳註) もう一段階, この関係を一般化すると $Q/|e| = \frac{1}{2}(B+S) + I_3$ となる (中野-西島-ゲルマン [Gell-Mann] の法則). B は重粒子数 (バリオン数), S は奇妙さ (ストレンジネス) である. これを導くために $SU(3)$ 対称性 (次節) が想定される. 文献 [B1] [B2] 参照. p.251 の訳註も参照されたい.

量 L_x の関係 (7.96) と同じ代数的性質を持つ．ただし電荷と空間回転との間に直接の関係はない．アイソスピン演算子は素粒子が持つ内部空間の対称性と関係するもので，実空間における運動学とは無関係である．

しかしながら式 (7.115) の $U(1)$ 対称性を，式 (7.118) で表される $SU(2)$ 対称性に拡張する場合，スピンなどを扱う際に用いる代数的手法が役に立つ．例として2つの核子からなる系の状態を調べてみよう．単一の核子の状態関数は，7.11節で扱った既約表現 $D^{(\frac{1}{2})}$ に従って変換する．2粒子を表す2つの関数の積は，1粒子の表現同士の直積に従って変換されることになるが，これは式 (7.108) のように既約分解できる．

$$D^{(\frac{1}{2})} \otimes D^{(\frac{1}{2})} = D^{(1)} \oplus D^{(0)} \tag{7.119}$$

この式は，電荷量の異なる核子の対が，完全に識別可能な2粒子のように互いに独立ではないことを意味している．式 (7.119) の既約分解は，2核子系のとり得る状態が，電子対の一重項と三重項のように，2種類に分かれることを示している．陽子と中性子の波動関数の反対称な組み合わせは全アイソスピンがゼロの状態を記述し，また対称な波動関数を組み合わせた $I=1$ の状態は別の性質を示す．後者の条件の下で $I_3 = 0$ とした状態は三重項状態に属し，電磁気的な相互作用を除いて，陽子対 $(I_3 = +1)$ や中性子対 $(I_3 = -1)$ と同じ性質を示す．"強い相互作用の荷電独立性"の仮説により，式 (6.107) に似た完全な相互作用ハミルトニアンの式は結合定数を2つ含み，それらはアイソスピン一重項とアイソスピン三重項における散乱過程に対応する．pp，nn，pn のどの組み合わせを扱うにしても，強い相互作用に関しては違いがない．

しかしながら $SU(2)$ を回転群と同じものとして扱うのは，やはりある意味で特殊な考え方である．$SU(2)$ 群自身を，少し異なった観点から見てみよう．群の要素は単純にユニタリー行列であらわされる．

$$U_{\alpha\beta} = \begin{pmatrix} a & b \\ -b^* & a^* \end{pmatrix} \tag{7.120}$$

a と b は次の関係を満たす任意の複素数である．

$$aa^* + bb^* = 1 \tag{7.121}$$

この行列は2成分 u_1 と u_2 を持つ縦ベクトル u_α に作用するものと考えることができる．u_α は2次元の既約表現 "**2**" に従って変換する．

$$u_\alpha \to U_{\alpha\beta} u_\beta \tag{7.122}$$

7.12. $SU(2)$

通例に従い，繰り返して現れる添字について和をとる．

また，このような変換の下で"反変な"変換性を持つベクトルも定義できることを我々はよく知っている．反変ベクトルを添字を上に付けて v^γ のように書くことにすると，その変換性は次式のように表される．

$$v^\gamma \to \left[U^{-1}\right]_{\delta\gamma} v^\delta = U^*_{\gamma\delta} v^\delta \tag{7.123}$$

このとき v^γ が"共役表現"2^* に従って変換すると言うことにする．ただし $SU(2)$ の場合，$U_{\alpha\beta}$ から $U^*_{\alpha\beta}$ をつくってみればすぐ分かるように，2^* は 2 と等価である．

ここで2つのベクトルの直積で表されるテンソルに話を進めるのは自然なことである．式 (7.122) と式 (7.123) によって，次のように書ける．

$$T^\gamma_\alpha = u_\alpha v^\gamma \to U_{\alpha\beta} U^*_{\gamma\delta} u_\beta v^\delta = \left[U_{\alpha\beta} U^*_{\gamma\delta}\right] T^\delta_\beta \tag{7.124}$$

このように $[U_{\alpha\beta} U^*_{\gamma\delta}]$ は4行4列の行列を形成するが，これは直積表現 $2 \otimes 2^*$ の要素である．

しかし行列 (7.120) はユニタリー行列なので，テンソル T^γ_α の成分からいろいろな不変量をつくることができる．たとえばこの行列の固有和(トレース)は変換の前後で変わらない．それゆえ固有和(トレース)は群のなかの恒等表現 $\mathbf{1}$ に属する．他のそのような不変量は行列の非対角要素の反対称な組み合わせによって表される．

$$T^1_2 - T^2_1 \equiv \varepsilon_{\alpha\gamma} T^\alpha_\gamma \tag{7.125}$$

このようにして"反対称因子"を次のように定義することができる．

$$\varepsilon_{11} = \varepsilon_{22} = 0; \quad \varepsilon_{12} = -\varepsilon_{21} = 1 \tag{7.126}$$

式 (7.125) が変換 (7.124) の下で不変であることの証明は，それぞれの項を書き出して，式 (7.121) の形の組み合わせ以外はゼロになることを示せばよい．

ここで4つの数の組み合わせである T^γ_α を，対称な組み合わせと反対称な組み合わせに分解することを考えてみよう．

$$T^\gamma_\alpha = \frac{1}{2}\left\{T^\gamma_\alpha + T^\alpha_\gamma\right\} + \frac{1}{2}\left\{T^\gamma_\alpha - T^\alpha_\gamma\right\} \tag{7.127}$$

初めの括弧は対称な行列となり，3つの独立な成分を含む．後の方の括弧は反対称な行列となり，独立な変数はただひとつ $\frac{1}{2}\varepsilon_{\alpha\gamma} T^\alpha_\gamma$ だけである．しかしこれは既に見たように，既約表現 $\mathbf{1}$ に従って変換する．対称部分の成分は $\mathbf{3}$ と表される3次元の表

現に従って変換する.つまり T_α^γ は可約であり,既に他の方法で導いた式(7.119)は,次のように書き直すことができる.

$$2 \otimes 2 = 3 \oplus 1 \tag{7.128}$$

この方法は一般性を持つものである.上の添字が p 個,下の添字が q 個であるテンソル $T_{\gamma\delta...}^{\alpha\beta...}$ は 2^{p+q} 次元である.しかし任意の2つの添字に関する反対称化によって,次元を下げることができる.

$$T_{\delta...}^{\beta...} = \varepsilon_{\alpha\gamma} T_{\gamma\delta...}^{\alpha\beta...} \tag{7.129}$$

は元々の表現に含まれている行列要素を持った 2^{p+q-2} 次元の表現となる.これは上付きと下付きの添字の組だけしか適用できないものではない.$SU(2)$ は共役表現の間に区別がないので,簡単な等価変換で添字を上から下へ移すことができる.したがってこのようなテンソルでつくった表現は,すべての添字の組について対称でない限り可約である.このような操作はテンソルの独立な成分を減らす.$(p+q)$ 個の添字がそれぞれ2つの値をとる完全対称な配列に含まれる独立な成分は $(p+q+1)$ 個あり,既約表現 $(\mathbf{p+q+1})$ をつくる.

$SU(2)$ 群は回転群と同様な表現の再構成が可能である.既約表現の直積に対する,式(7.108)のような一般の既約分解は次のようになる.

$$(\mathbf{2j+1}) \otimes (\mathbf{2j'+1}) = (\mathbf{2j+2j'+1}) \oplus (\mathbf{2j+2j'-1}) \oplus \cdots$$
$$\cdots \oplus (\mathbf{2|j-j'|+1}) \tag{7.130}$$

これは2つの全対称テンソルの積を,式(7.127)や式(7.129)のような手法により全対称な表現の直和で表すことによって証明することができる.実際にこのようにして群の要素のあらわな表現を見いだせば,式(7.109)のウィグナー係数をつくることができる.これはウィグナー-エッカルトの定理が重要な役割を果たす例である.

7.13　$SU(3)$

$SU(2)$ の下で変換する状態の分別は,よく知られている原子や核子のスピンや角運動量と同じパターンに従う.しかしこのパターンは他の素粒子に対する観測とは合致しない.我々が単純なアイソスピン／電荷の保存則を超えて,質量が近似的にしか等しくない素粒子群の複雑な選択則を探究する際には,他のさまざまな量子数——重粒子数(バリオン),奇妙さ(ストレンジネス),超電荷(ハイパーチャージ)など——を導入しなければならない.このようなパズルの根底には $SU(3)$ 型の対称性が存在している.

7.13. $SU(3)$

定義としては $SU(3)$ は行列式が 1 の全ての 3 次元ユニタリー行列によって構成される群である．前節の $SU(2)$ の既約表現の解析は，このような複雑なケースにも容易に一般化できる．

我々は式 (7.120) から類推される 3×3 のユニタリー行列によって変換する，3 成分の縦ベクトルから議論を始めなければならない．式 (7.122) に従って変換するベクトル u_α は基本的な既約表現 **3** をつくり，式 (7.123) に従って変換する"反変ベクトル" v^γ は既約表現 **3*** をつくる．$SU(3)$ の $SU(2)$ との主な違いは **3** と **3*** が等価でないことである．ユニタリー行列 U を複素共役 U^* に対応させる等価変換は存在しない (式 (7.8) 参照).

このことにより，$T^{\alpha\beta\cdots}_{\gamma\delta\cdots}$ のように表されるテンソルにおいて，上付きの添字と下付きの添字の区別が保たれなければならない．しかし同じ段の添字の対には式 (7.129) と似た方法を適用することによって次元を下げることができる．

$$T^{\nu\cdots}_{\gamma\delta\cdots} = \varepsilon_{\alpha\beta\gamma} T^{\alpha\beta\nu\cdots}_{\delta\cdots} \tag{7.131}$$

$\varepsilon_{\alpha\beta\gamma}$ は式 (7.126) と類似した 3 次元の反対称因子であり，$\varepsilon_{123} = \varepsilon_{231} = \varepsilon_{312} = -\varepsilon_{213}$ などとなっている．式 (7.131) の関係は群の操作の下で不変である．これは因子 $\varepsilon_{\alpha\beta\gamma}$ 自身が 3 次元のテンソルの成分として変換する不変な行列であるためである．

この手続きは，上段の添字の対を下段のひとつの添字に置き換えることを可能にする．また反対に下段の添字の対を上段のひとつの添字にすることもできる．もうひとつの約し方は固有和をとること，すなわち上下の添字をそろえて和をとることである．

$$T^{\beta\cdots}_{\delta\cdots} = T^{\alpha\beta\cdots}_{\alpha\delta\cdots} \tag{7.132}$$

この関係もまた群の変換の下で不変である．

結論として p 個の上段の添字と q 個の下段の添字は群の表現の基底となる．しかしこの表現は式 (7.131) や式 (7.132) のような縮約がすべてゼロにならない限り可約である．テンソルが全ての上段添字と下段添字の組み合わせに関して，

$$T^{\alpha\beta\cdots}_{\gamma\delta\cdots} = T^{\beta\alpha\cdots}_{\gamma\delta\cdots} = T^{\beta\alpha\cdots}_{\delta\gamma\cdots} \quad \text{etc.} \tag{7.133}$$

のように対称で，式 (7.132) のような固有和が全てゼロであれば，この表現は既約である．

この $SU(3)$ の既約表現には (p,q) というラベルを付けることができるが，独立な成分の数は次のようになる．

$$\mu = \frac{1}{2}(p+1)(q+1)(p+q+2) \tag{7.134}$$

$SU(3)$ の表現を次元によって分類するやり方は $SU(2)$ の場合と同様である．(1,1) を表す 3×3 で固有和(トレース)がゼロのテンソル T_α^β は8個の独立な成分を持つので **8** と表される．同じように $p=0$, $q=2$ の場合，対称テンソル $T_{\alpha\beta}$ で表され，表現は **6** となる．これが $p=2$, $q=0$ の場合とは等価でないことに注意が必要である．この場合は共役表現 **6*** となり，$T^{\alpha\beta}$ によって表される．

ここで直積表現の既約分解を書き下すことができる．たとえば次のような分解が成立する．

$$\mathbf{3}\otimes\mathbf{3}=\mathbf{6}\oplus\mathbf{3}^* \tag{7.135}$$

$$\mathbf{3}\otimes\mathbf{3}^*=\mathbf{8}\oplus\mathbf{1} \tag{7.136}$$

これらの既約分解は，連続群の応用の本質的な部分を表している．たとえば強い相互作用をする粒子がクォーク (quark)——$SU(3)$ の **3** 表現に従って変換する，より基本的な粒子——によって構成されているものとしよう．3つのクォークがひとつの粒子を形成していると仮定すると，その粒子の波動関数は式 (7.135) や式 (7.136) と同様の規則により，次の表現に従って変換することが分かる．

$$\mathbf{3}\otimes\mathbf{3}\otimes\mathbf{3}=\mathbf{10}\oplus\mathbf{8}\oplus\mathbf{8}\oplus\mathbf{1} \tag{7.137}$$

したがって我々は，互いによく似た8つの粒子のグループ（八重項）が2組と，10個の粒子のグループ（十重項）ひと組を見いだせるものと予想できる．たとえば8つの組としては，スピン $\frac{1}{2}$ の重粒子(バリオン)八重項 (n, p, Σ^-, Σ^0, Σ^+, Ξ^-, Ξ^0, Λ^0) がこれにあたる．Ω^- 粒子の発見 (1963年) によってスピン $\frac{3}{2}$ の重粒子(バリオン)十重項がすべて確認されたことは $SU(3)$ 理論のめざましい勝利であった．

$SU(3)$ 対称性の枠内では，ある特定の既約表現にしたがって変換する粒子はすべて，強い相互作用に関しては互いに縮退した固有状態に属しているので，基本的には同じものである．しかし実際には，これらの状態は他の性質，たとえば電荷などによって区別される．我々はこのようなことを $SU(2)$ のケースですでに見ている．陽子と中性子は表現 **2** に属するけれども，アイソスピン成分 I_3 によって区別され，電磁場の影響下では異なる振舞いを示す．つまり $SU(2)$ の対称性は他の相互作用によって"破られた"と考えることができる．I_3 をアーベル群 $U(1)$ (ひとつの角運動量成分 L_z だけを考え，式 (7.89) のような z 軸のまわりの回転との関係を考えよう) を生じる摂動として扱うこともできる．任意の $SU(2)$ 表現は，式 (7.115) のような1次元表現に分解する．

$SU(3)$ に対する同様の理論は，もう少し複雑になる．3×3 のユニタリー行列は8個の独立な変数によって決まり，群は式 (7.79) のように定義される8個の生成子

7.13. $SU(3)$

を持つ．これらの生成子は式 (7.97) のような交換関係を持ち，パウリのスピン行列と類似した 3 × 3 行列によって表される．たとえば次のように書くことができる (ゲルマン行列 : Gell-Mann Matrices)．

$$\lambda_1 = \begin{pmatrix} \cdot & 1 & \cdot \\ 1 & \cdot & \cdot \\ \cdot & \cdot & \cdot \end{pmatrix} \; ; \; \lambda_2 = \begin{pmatrix} \cdot & -i & \cdot \\ -i & \cdot & \cdot \\ \cdot & \cdot & \cdot \end{pmatrix} \; ; \; \lambda_3 = \begin{pmatrix} 1 & \cdot & \cdot \\ \cdot & -1 & \cdot \\ \cdot & \cdot & \cdot \end{pmatrix}$$

$$\lambda_4 = \begin{pmatrix} \cdot & \cdot & 1 \\ \cdot & \cdot & \cdot \\ 1 & \cdot & \cdot \end{pmatrix} \; ; \; \lambda_5 = \begin{pmatrix} \cdot & \cdot & -i \\ \cdot & \cdot & \cdot \\ i & \cdot & \cdot \end{pmatrix} \; ; \; \lambda_6 = \begin{pmatrix} \cdot & \cdot & \cdot \\ \cdot & \cdot & 1 \\ \cdot & 1 & \cdot \end{pmatrix}$$

$$\lambda_7 = \begin{pmatrix} \cdot & \cdot & \cdot \\ \cdot & \cdot & -i \\ \cdot & i & \cdot \end{pmatrix} \; ; \; \lambda_8 = \frac{1}{\sqrt{3}} \begin{pmatrix} 1 & \cdot & \cdot \\ \cdot & 1 & \cdot \\ \cdot & \cdot & -2 \end{pmatrix} \qquad (7.138)$$

これらのうちで，λ_1，λ_2，λ_4，λ_5，λ_6，λ_7 は非対角であり σ_x と σ_y に新たな行と列を付け加えたものである．しかし λ_3 と λ_8 は対角行列であり，互いに交換する．したがって λ_3 と λ_8 の同時固有状態を見いだして，$SU(3)$ の既約表現に属する状態を，これらの演算子の固有値である量子数によって分類することができる．このような演算子の性質はリー代数として定義され，それは六角形のパターンに 8 つの粒子を配した有名なダイヤグラムによって表現される"八道説"の基礎となっている[‡]．

[‡](訳註) 八道説 (ゲルマン [Gell-Mann] およびネーマン [Ne'eman], 1961 年) の後，$SU(3)$ に基づく重粒子 (バリオン) と中間子 (メソン) の分類の根拠として，これらを構成すると考えられる仮想粒子"クォーク"に d (ダウン)，u (アップ)，s (ストレンジ) の 3 種類の"香り"(フレーバー) の属性を想定した 3 元クォーク仮説が 1964 年にゲルマンとツヴァイク (Zweig) によって提唱された．しかしその後，小林 - 益川理論 (1972 年) が現れ，加速器実験の進展によってさらに 3 種類の香りの量子数 (c : チャーム，b : ボトム，t : トップ) の存在が '90 年代半ばまでに順次確認されており，現在の標準理論では強粒子 (ハドロン : 重粒子と中間子) に関して 6 元クォーク模型を想定している．中野 - 西島 - ゲルマンの法則も，$Q/|e| = \frac{1}{2}(B+S+C+B'+T) + I_3$ と拡張されることになる (C : チャーム数，B' : ボトム数，T : トップ数)．現在の見地からすると，香りの量子数に関わる $SU(3)$ 理論 (八道説) は究極的なものではなく，暫定的・近似的な強粒子分類の指針であったと見るべきである．他方，クォークは香りとは別に"色"の指標 (Red, Blue, Green) も持つことが判明し，こちらに関しては厳密な $SU(3)$ 対称性がゲージ理論として局所的にも適用されることになって，強い相互作用を扱う量子色力学 (quantum chromodynamics) が成立した．したがって $SU(3)$ 代数は香りではなく色の対称性として残ることになった．

参考文献（訳者補遺）

　序文に述べられているとおり原著に参考文献のリストはないが，読者の便宜を考え，本書の内容に関連する国内の文献を訳者から紹介しておく．必ずしも現在入手が容易な書籍に限定したリストではないが，図書館や古書の流通も有効に利用して良書にふれてみてもらいたい．各書籍の記述分量の目安を与えるために，それぞれの末尾に総頁数も示しておく．

A　場の理論入門

- [A1]　武田暁：場の理論 (裳華房, 1991年, 286頁)
- [A2]　高橋康, 柏太郎：量子場を学ぶための場の解析力学入門 (講談社, 2005年, 178頁)
- [A3]　高橋康, 表實：古典場から量子場への道 (講談社, 2006年, 244頁)
- [A4]　朝永振一郎：スピンはめぐる ―成熟期の量子力学― (みすず書房, 2008年, 351頁)

　　[A1] は一般的な場の理論の概念を初等的に論じた入門書．[A2] と [A3] は著者一流の視点から場の古典論と場の量子化を論じたもの．普通の教科書や専門書とは異なる"高橋康スタイル"とも言うべき独自の語り口には根強いファンがいる．
　　[A4] は晩年の朝永が雑誌に連載した 1920-30 年代の量子力学の成立と進展にまつわる歴史談義を収めたものであるが，その中に量子論で扱われる場の概念が深化と変容を遂げて，素粒子論の端緒となる核力の問題へと繋がってゆく歴史的経緯の解説も含まれている．原論文を読み込んで，その背景にある思考過程までを入念に再解釈し，教訓を汲み取ることを研究の糧とした朝永の伎倆が生かされた名著．元の中央公論社刊 ('74年) が長らく絶版になっていたが，註釈を加えた新版の形で再刊された．

B 量子電磁力学・素粒子物理

[B1] 湯川秀樹, 片山泰久編：岩波講座 現代物理学の基礎 [第2版] 10 素粒子論 (岩波書店, 1978年, 684頁)

[B2] ベレステツキー, リフシッツ, ピタエフスキー (井上健男訳)：相対論的量子力学1 (東京図書, 1969年, 520頁)／リフシッツ, ピタエフスキー (井上健男訳)：相対論的量子力学2 (東京図書, 1973年, 290頁)

[B3] 中西襄：新物理学シリーズ19 場の量子論 (培風館, 1975年, 329頁)

[B4] 横山寛一：物理学選書 量子電磁力学 (岩波書店, 1978年, 195頁)

[B5] コッティンガム, グリーンウッド (樺沢宇紀訳)：素粒子標準模型入門 (シュプリンガー, 2005年, 316頁)

[B6] エイチスン, ヘイ (藤井昭彦訳)：ゲージ理論入門 I／II (講談社, 1992年, 384頁/382頁)

[B7] 九後汰一郎：新物理学シリーズ 23／24 ゲージ場の量子論 I／II (培風館, 1989年, 272頁/284頁)

[B8] 藤川和男：現代物理学叢書 ゲージ場の理論 (岩波書店, 2001年, 256頁)

[B9] ストーン (樺沢宇紀訳)：量子場の物理 (シュプリンガー, 2002年, 303頁)

[B10] 高林武彦：素粒子論の開拓 (みすず書房, 1987年, 290頁)

[B11] 高内壮介：湯川秀樹論 (第三文明社, 1993年, 374頁)

[B12] 益川敏英：いま, もうひとつの素粒子論入門 (丸善, 1998年, 165頁)

[B13] 渡邊靖志：新物理学シリーズ 33 素粒子物理入門 基本概念から最先端まで (培風館, 2002年, 239頁)

素粒子物理の分野では1970年代に, 電磁相互作用に加えて弱い相互作用, 強い相互作用までがゲージ原理と繰り込み処方に立脚する標準理論 (標準模型) へと収斂した. この意味で標準理論成立以前の書籍 (本書も含む) の記述には量子電磁力学以外の素粒子論の部分において古さがあるわけだが, 上のリストでは古い内容を含む書籍や歴史的な経緯を解説した書籍も挙げてある.

[B1] と [B2] は量子電磁力学を含む素粒子論の専門書であるが, 上述の通り素粒子論の部分において標準理論成立以前の雰囲気を伝えている. [B1] の編者である湯川は, 強い核力の問題 (中間子論) を1935年にいち早く手がけて場の量子論的な素粒子論に先鞭をつけたが, 後には発散の困難を根本的な難点として捉え, 場の量子論そのものの変革を模索していた. この文献はそうした湯川の志向を色濃く反映した部分を含んでいる点でも興味深い. これに対して [B2] の原書はいわゆる『ランダウ＝リフシッツ理論物理学教程』シリーズに含まれる著作で, 当時 (本書ザイマンの原書出版と同じ頃) の標準的な内容と構成を持つ伝統的なスタイ

ルの教科書である. [B3] と [B4] はゲージ的な理論構造の解説に力点を置いた量子電磁力学のテキストである.

[B5] 〜 [B8] はゲージ理論に立脚しているという意味において現代的な素粒子論の教科書と言ってよいと思う. 数理的に難解な部分や計算技術的側面に深入りせずに標準理論の骨子を把握するには [B5] がよい. [B6] は計算技法の解説書という性質が加味されている. BRS対称性の概念をふまえた更に現代的なゲージ場の理論に本格的に取り組むのであれば和書では [B7], [B8] あたりが妥当であろう.

[B9] は凝縮系と関係する題材を意識的に取り上げているという点で本書とも性格が似ているが, 径路積分, Goldstoneボソン, BRS変換, 繰り込み群, 1/N展開など比較的新しい話題に通じる題材を扱っており, ある意味で本書の続編のような性格を持つ.

[B10] 〜 [B13] は素粒子物理の歴史の概説 (読み物) である. [B10] では坂田昌一, 朝永振一郎, 湯川秀樹の業績を中心に, 日本における素粒子論の歴史的展開を, 欧米の素粒子物理の全般的な動向とも関連づけて概観できる. [B11] も湯川の仕事を中心軸にしながら, その位置づけと意義を論じるために国内外の素粒子論の歴史的状況に広範に言及している. [B12] は標準理論の成立に焦点をあてた歴史的経緯を, 数式も交えながら解説している. [B13] は実験技術の推移も含めた素粒子論の歴史と展望の概説である.

なお4元ベクトルとスカラー積の取扱いは, 現在では $x^\mu = (ct, \mathbf{r})$, $x_\mu = (ct, -\mathbf{r})$, $xy = x^\mu y_\mu$ とするのが標準的であるが, 古い書籍ではこれと異なる場合もあり, [B1] [B4] は4元ベクトルをユークリッドベクトル的に扱う $x_\mu = (\mathbf{r}, ict)$, $xy = x_\mu y_\mu$, [B3] では $x_\mu = (ct, \mathbf{r})$, $x^\mu = (ct, -\mathbf{r})$, $xy = x^\mu y_\mu$ を採用している. 本書では $x^\mu = (\mathbf{r}, ct)$, $x_\mu = (\mathbf{r}, -ct)$, $xy = -x^\mu y_\mu$ としている.

C 凝縮系物理と場の量子論

[C1] アブリコソフ, ゴリコフ, ジャロシンスキー (松原武生, 佐々木健, 米沢富美子訳)：統計物理学における場の量子論の方法 (東京図書, 1970年, 420頁)

[C2] フェッター, ワレッカ (松原武生, 藤井勝彦訳)：多粒子系の量子論 [理論編] ／ [応用編] (マグロウヒルブック, 1987年, 373頁/253頁)

[C3] リフシッツ, ピタエフスキー (碓井恒丸訳)：量子統計物理学 (岩波書店, 1982年, 460頁)

[C4] 高野文彦：新物理学シリーズ18 多体問題 (培風館, 1975年, 235頁)

[C5] 高橋康：新物理学シリーズ16／17 物性研究者のための場の量子論Ⅰ／Ⅱ

(培風館, 1974年, 211頁／1976年, 262頁)
[C6] 小泉義晴：量子物理学とグリーン関数〈講義・演習ノート〉(現代工学社, 1987年, 117頁)
[C7] ザゴスキン (樺沢宇紀訳)：多体系の量子論〈技法と応用〉(シュプリンガー, 1999年, 273頁)

[C1] はこの分野で古くから定評のある古典的教科書．[C2] は大部であるが懇切丁寧な記述で非常に広範囲の内容を扱っており，評価の高い書籍である．[C3]〜[C7] はそれぞれに力点の置き方が異なっている．[C3] は超流動・超伝導や磁性などの記述の比重が大きい．[C4] はグリーン関数以外の技法にも比重を置いた多体理論の概説である．[C5] の著者は素粒子系の理論家なので，凝縮系の書籍としては特殊な題材の選び方をしてあり (変換母関数，繰り込みなど)，むしろ一般的な場の理論に関する独自の参考書という性格が強い．[C6] は物性論のための入門編的性格を持つ書籍．[C7] は対象を固体電子系に限定してあり，この種の書籍としては頁数が少ないが，メソスコピック的な観点からの題材も含む．

D　固体物理各論

[D1] ザイマン (山下次郎, 長谷川彰訳)：第2版 固体物性論の基礎 (丸善, 1976年, 416頁)
[D2] キッテル (堂山昌男監訳)：固体の量子論 (丸善, 1972年, 410頁)
[D3] 松原武生編：岩波講座 現代物理学の基礎 7 物性 I (岩波書店, 1973年, 343頁)／中嶋貞雄編：岩波講座 現代物理学の基礎 8 物性 II (岩波書店, 1972年, 370頁)
[D4] 西村久：基礎固体電子論 (技報堂出版, 2003年, 376頁)
[D5] イムリー (樺沢宇紀訳)：メソスコピック物理入門 (吉岡書店, 2002年, 297頁)

[D1]〜[D3] は何れも理論的な立場から物性論各論を扱っている．[D1] は本書と同じ原著者によるもので，広範囲の内容がバランスよくまとめられている優れたテキストである．[D1] と [D2] は教科書的で，[D3] はある程度，出版された時点における総合報告に近い性格を持つ．上述の"古典的"な書籍に対し，比較的新しい電子物性関連の論点を補う意味で [D4] と [D5] を挙げておく．[D4] は電子相関，アンダーソン局在，量子ホール効果などを題材として，グリーン関数の各論への応用も具体的に紹介されている．[D5] はアンダーソン局在，量子ホール効果などの他，量子ポイントコンタクトや微細リングなどにおけるメソスコピック物性 (ナノ物性) の話題も加えた電子物性の概説である．

E 相対性理論

[E1] 内山龍雄：物理テキストシリーズ 相対性理論 (岩波書店, 1987年, 231頁)
[E2] ディラック (江沢洋訳)：[ちくま学芸文庫] 一般相対性理論 (筑摩書房, 2005年, 172頁)
[E3] 藤井保憲：時空と重力 (産業図書, 1979年, 172頁)

　4元ベクトルやテンソルなどの相対論的表記法は，一般相対論のさわりの部分に目を通しておくと理解しやすくなる．[E1] は小冊ながら特殊相対論，相対論的電磁気学から一般相対論までの相対論全般を扱っている．[E2] は無駄な記述のない最もシンプルな一般相対論のテキスト．[E3] は初等的な一般相対論の入門書である．

F 群論と物理学

[F1] バーンズ (中村輝太郎, 澤田昭勝訳)：物性物理学のための群論入門 (培風館, 1983年, 240頁)
[F2] 小野寺嘉孝：物性物理／物性化学のための群論入門 (裳華房, 1996年, 196頁)
[F3] 犬井鉄郎, 田辺行人, 小野寺嘉孝：応用群論 ──群表現と物理学── (増補版) (裳華房, 1980年, 425頁)
[F4] 吉川圭二：理工系の基礎数学9 群と表現 (岩波書店, 1996年, 242頁)
[F5] 佐藤光：パリティ物理学コース 物理数学特論 群と物理 (丸善, 1992年, 266頁)

　[F1] [F2] は有限群，[F3] [F4] は群論全般，[F5] は主に連続群 (リー群) を扱っている．素粒子論を視野に入れて書かれているのは [F4] と [F5] である．

訳者あとがき

　J. M. ザイマンは物性物理の理論家であるが "Electrons and Phonons" (Oxford U.P. 1960) や "Principles of the Theory of Solids" (Cambridge U.P. 1972) などの固体物理の教科書の著者としても有名である．膨大な題材の中から限られた話題を適切に選択してテキストを編み上げる彼の手腕には卓越したものがあり，多くの研究者がその恩恵に浴してきた．そのザイマンが物理系の大学院生を対象とした上級量子論の講義内容をもとにして1969年に上梓したテキストが本書の原著 "Elements of Advanced Quantum Theory" (Cambridge U.P.) である．

　教科書の執筆者としてのザイマンの優れた資質はこの本においても遺憾なく発揮されており，独自の構成を持った魅力的なテキストに仕上がっている．物性論と素粒子論がほぼ均等に扱われている点がこの本の際立った特長であり，表現は控えめながら序文においてもこの点に関する原著者の野心的な意図がうかがわれる．しかし大学院における"標準的な"カリキュラムとの非整合性が災いしたためか，冒頭に挙げた同じザイマンの固体物理関係の本に比べると，教科書として十分な評価を得るには至っていないようである．また同じ頃に素粒子系の上級量子論の入門用テキストとして書かれ，現在でもよく使われている J. J. Sakurai "Advanced Quantum Mechanics" (Benjamin 1967) などと比べても，知名度の点で劣ることは認めなければならないだろう．しかしこのザイマンの原著も'60年代末の初刷以降，'70年代に1回，'80年代に2回，'90年代に2回増刷されているところを見ると，コンスタントに読まれてきた本であり，さほど目立たぬながらそれなりのロングセラーであると言えないこともない．

　訳者は1996年に書店の店頭でこの原著を見つけて初めてその存在を知ったのだが，量子力学を学んだ学生の視野に入り始めてくる各種の話題——湯川中間子論，グリーン関数とファインマンダイヤグラム，多体系・凝縮系における量子論的手法，相対論的量子論，有限群および連続群の物理への応用など——の平易な入門的解説がバランスよく取り上げられており，非常に魅力のある本に思えた．もちろん'70年代に入る前に書かれたものであるために，執筆された当時とは違って今現在の先端的なトピッ

クスからは内容的にある程度の隔たりがあるが，基礎的な事項を扱う教科書の価値は，最先端の題材を扱う専門書のそれとは別に評価されてよいと思う．本書の内容は20世紀物理の中心部分を構成している上級量子論の基礎事項を，素粒子論と物性論の双方を視野に入れて概説した教育的なテキストとして，現在の視点で見ても極めてユニークで優れたものと言ってよい．また大学における初等量子力学の教育体制が十二分に確立し，量子力学の知識が広く普及した今日の状況をみると，物理学科以外の理工系学生の"教養"のためにも，この種の本が必要となってきているのではないかという気がする．そこでこの優れた本の存在を学生達に広く知ってもらいたいと考え，翻訳を思い立ったわけである．

　翻訳書の出版に関してはいろいろと紆余曲折があり，訳者が初めて原書を手にしてから足掛け5年を経てようやく出版の運びとなった．訳者はその後，他にも物理書の翻訳を手がけており，すでに先に出版されているものもあるが，最初に訳出した本書の刊行には個人的にいささかの感慨を持たないでもない．最終的に出版に携わっていただいた丸善プラネット(株)矢野皓氏と，助力をいただいた丸善(株)出版事業部佐久間弘子氏に御礼申し上げる．また現在訳者が所属する(株)日立製作所 計測器グループの戸所秀男氏，石谷亨氏，間所祐一氏，武藤博幸氏をはじめとする多くの方々に対し，この場を借りて感謝の意を表したい．

2000年1月
茨城県ひたちなか市にて　　　　　　　　　　　　　　　　　　　　　樺沢宇紀

追記：本書は1997年から98年にかけて手元で訳出を行い，2000年に出版した『ザイマン 現代量子論の基礎』の新装版である．訳者が現在までに手がけた物理書の翻訳物は10点に及ぶが，『ザイマン』は最初に手がけた翻訳として最も愛着がある反面，当初訳者が組版ソフト $\LaTeX$ の扱いに習熟していなかった事などから版面の完成度としては少なからず不満の残る点があった．一昨年来，品薄状態になって書籍の流通からほとんど姿を消したこともあり，ここで改めて訳稿全体に手を加え，新装版として世に送り出すことにした．原書の出版からは随分と時を経ているが，訳者は現在でも本書が上級量子論の入門書として独自の教育的な価値を保持し続けているものと判断している．新装版の出版に携わって頂いた丸善プラネット株式会社の水越真一氏に感謝する．

2008年7月
茨城県ひたちなか市にて　　　　　　　　　　　　　　　　　　　　　樺沢宇紀

索 引

<あ>
アーベル群, 232
アイソスピン, 244
アインシュタインの規約, 174
位数, 219
位相シフト, 126, 129, 132
1次元鎖, 6
　　　——のハミルトニアン, 6
一重項, 227, 230, 246
因子群, 228
ヴァーテックス (結節点), 74
ウィグナー‐エッカルトの定理, 242
ウィグナー係数, 242
ウィックの時間順序積, 70
ウィックの定理, 71
運動量 [-エネルギー] 4元ベクトル, 175, 201
運動量の保存, 22, 40, 83, 86, 88, 201, 237
運動量密度, 12
液体ヘリウム, 164
S行列, 63, 66, 200, 205
$SU(3)$, 248
$SU(2)$, 244, 245
N積, 69
エネルギー‐運動量表示, 107, 111
エネルギー殻, 128, 147
エネルギーギャップ, 168, 171
エネルギーの散逸, 148
エネルギー保存, 86, 201
　　　結節点における——, 83, 86, 88
エルミート共役, 4
エントロピー, 101
オイラー角, 239
オイラーの微分方程式, 16
音響モード, 42, 167

<か>
回転群, 237
角運動量, 126, 192, 238, 240, 243
角運動量表示, 129, 132
角運動量保存則, 237
核子, 25, 42, 45, 65, 199, 200, 207, 246
核子場, 244
核力, 26
仮想光子, 26
仮想フォノン, 65, 76, 144
荷電独立性, 246
荷電ボーズ粒子, 27, 185, 197, 199, 244
可約なダイヤグラム, 91
可約表現, 216
簡約, 216
擬スカラー, 199
擬スカラー場, 193
擬スピノル, 188, 193
擬スピノル場, 188
基底状態, 4
擬ベクトル, 188
気泡型グラフ, 153
既約自己エネルギー, 92
既約なダイヤグラム, 91
既約表現, 216, 219
既約分解, 216
球面調和関数, 126, 129, 241, 243
鏡映, 212, 217, 229
凝縮電子系
　　　——のハミルトニアン, 47
共変テンソル, 177
共変ベクトル, 175
共鳴, 130, 133
共役表現, 247
局在準位, 133
虚時間, 101, 103, 112

空間反転, 188, 190
空孔, 48, 50, 58, 77, 82, 189, 195
クーパー対, 168
クーロンゲージ, 180
クーロン相互作用, 26, 136, 160
クォーク, 250
久保公式, 101, 104
クライン‐ゴルドン場 (実スカラー場)
　　　――のハミルトニアン密度, 20
　　　――のラグランジアン密度, 20
　　　――の量子化, 20
クライン‐ゴルドン方程式, 20, 181
グリーン関数, 95
　　　――の運動方程式, 117
　　　1粒子――, 105, 106, 111
　　　因果――, 123, 130
　　　温度――, 101, 112
　　　時間に依存しない――, 117
　　　自由粒子の――, 108
　　　シュレーディンガー方程式の――, 118
　　　遅延――, 118, 128
　　　2粒子――, 112, 113
　　　波動方程式の――, 119
　　　ポワソン方程式の――, 119
繰り込み, 91, 93
クレブシュ‐ゴルダン係数, 242
群, 212
K行列, 129
形状因子, 42-44, 82, 93
計量テンソル, 174
ゲージ不変性, 28, 178
ゲージ変換, 27, 179, 244
結合定数, 42, 43, 199
結晶運動量, 41
結節点 (ヴァーテックス), 74
結節部分, 88
ゲルマン行列, 251
光学フォノン, 44
交換エネルギー, 137
交換関係
　　　位置と運動量の――, 2, 6, 7, 10, 13
　　　角運動量の――, 238
　　　消滅・生成演算子の――, 2, 8, 11, 28, 182
　　　ボーズ粒子場の――, 18, 29
交差対称性, 204
光子, 26, 75, 181, 184, 197, 199
格子系, 9

　　　――のハミルトニアン, 10
構造定数, 199, 239
恒等表現, 219, 226, 231, 247
固有ローレンツ変換, 188
コンプトン散乱, 75

<さ>
三重項, 246
散乱, 38
時間発展演算子, 56, 60
時間反転, 104, 152, 188
自己エネルギー, 26, 45, 76, 77, 91, 111, 144
指標 (群の), 222, 223
　　　――の直交性, 225, 234
指標表, 225
射影演算子, 52
遮蔽, 139, 147, 148, 156
シューアの補題, 221
集団運動, 115
縮約, 70
シュレーディンガー場
　　　――のハミルトニアン, 37
　　　――のラグランジアン密度, 19
シュレーディンガー表示, 55
シュレーディンガー方程式, 19, 55
純粋状態, 98
準粒子, 47, 171
　　　正孔的――, 50
詳細つりあいの原理, 40
消滅演算子, 3, 8, 10, 32
真空, 4, 47, 50
　　　物理的な――, 86
真空偏極, 78
数表示, 8, 31
スカラー積, 173
スカラー場, 20, 27, 185, 193, 244
スカラーポテンシャル, 177
ストレンジネス, 245
スピノル, 185, 187, 193, 242
スピノル場, 188
スピノル表現, 242
スピン, 185, 188-190, 194, 243, 244
スピン行列, 186, 189, 192, 238, 243
スピン波, 11
スペクトル表示, 108, 131, 149
スレーターの交換正孔近似, 139
正規積, 69

正孔, 48, 50, 58, 77, 82, 84, 106, 171
静止質量, 21, 181, 189, 201, 207
正準集団, 100
生成演算子, 3, 8, 10, 32
生成子 (連続群の), 235
正則表現, 217
積表, 214, 217
摂動論, 51
先進波, 118, 123, 127
選択則, 109, 114, 231, 242
占有数, 3
相関エネルギー, 143
相関関数, 109, 113, 150–153
相互作用
　　　相対論的な場の—, 197
　　　電子 - 光子—, 43
　　　電子 - フォノン—, 42
　　　フェルミ粒子間—, 40, 41, 65, 76
　　　フェルミ粒子 - ボーズ粒子—, 42
　　　粒子 - 反粒子—, 78
相互作用ハミルトニアン, 21, 22, 38, 40, 42
相互作用ハミルトニアン密度, 22, 23, 25, 42, 199
相互作用表示, 59
相対論的運動学, 200
相対論的形式, 173
相対論的電磁気学, 176
束縛エネルギー, 147
束縛状態, 132, 168, 169

<た>
対称性, 211
ダイソン方程式, 92, 111, 130
第二量子化, 17, 35
ダイヤグラム, 72, 142, 153
ダランベルシアン, 179
弾性場, 17
　　　—のハミルトニアン密度, 17
　　　—のラグランジアン密度, 16
断熱極限の操作, 62
チェレンコフ効果, 76
チェレンコフ放射, 45
遅延波, 119
置換演算子, 31
チャネル, 204
中間子, 21, 22, 25, 65, 183, 199, 202, 207, 244

中性子, 200, 244
中性ボーズ粒子, 185, 197
直積, 228, 229, 241, 246–248
直積表現, 229–231, 241, 243, 247, 250
超伝導, 167
超流動, 167
調和振動子, 1
　　　—のハミルトニアン, 1, 2
直積群, 227, 228
直和, 216
直交定理, 220
強い相互作用, 199, 200
T 行列, 63, 127
D_3 群, 217
T 積, 70
ディラック行列, 192
ディラックの海, 50
ディラック場 (スピノル場)
　　　—のラグランジアン密度, 197
　　　—の量子化, 193
ディラック方程式, 189, 192
デバイ波数, 44
デルタ関数, 13
電荷の保存, 237
電子 - 正孔 (空孔) 対
　　　—の消滅, 49, 77, 84
　　　—の生成, 49, 84, 157
電磁相互作用
　　　—のハミルトニアン密度, 199
　　　—のラグランジアン密度, 198
電磁場
　　　—のラグランジアン密度, 197
電磁場テンソル, 177
伝播関数, 71, 80
　　　—の運動量表示, 79
　　　クライン - ゴルドン場の—, 183
　　　光子の—, 185
　　　修正された—, 87, 91, 111, 115, 145, 146
　　　正孔 (空孔) の—, 77, 82
　　　先進波の—, 123
　　　ディラック場の—, 196
　　　フェルミ粒子の—, 82
　　　ボーズ粒子の—, 82
伝播関数とグリーン関数, 107, 111
電流密度, 29, 43, 102, 103, 163
等価な表現, 214, 223, 231, 247

同型な群, 217
動径分布関数, 113
トーマス-フェルミ近似, 136
トーマス-フェルミ-ディラックの方法, 137
特殊相対論, 173
特殊ユニタリー群, 245, 249

〈な〉

2核子系, 246
2価表現, 243
二重項, 227, 230
2重分散関係, 207, 209
ニュートリノ, 190, 200
ノーマル (基準振動) モード, 6, 121

〈は〉

ハートリーの近似法, 138
ハートリー-フォックの方法, 139, 142
バイスピノル, 190
ハイゼンベルクの運動方程式, 57
ハイゼンベルク表示, 57
パウリの原理, 31
梯子型グラフ, 146
梯子型ダイヤグラム, 146
波数, 6
波数ベクトル, 9, 179
八道説, 251
発散の困難, 26, 45
波動方程式, 17, 119, 179
場の運動量, 17, 28
場のハミルトニアン, 17
場のラグランジアン, 14
ハミルトニアン密度, 17
ハミルトンの原理, 15
ハミルトンの正準方程式, 57
バリオン, 202, 245, 250
パリティ, 190
反交換関係
　　　準粒子の—, 48
　　　消滅・生成演算子の—, 32, 34, 35
　　　ディラック行列の—, 192
　　　フェルミ粒子場の—, 36
反変ベクトル, 175, 247
反粒子, 46, 50
BCS理論, 168
P積, 66
非可逆過程, 148, 153

微細構造定数, 43
微視的可逆性の原理, 40
非調和項, 23
表現 (群の), 213, 214
　　　—の次元, 216, 219, 221, 224, 229
　　　忠実な—, 219
ヒルベルト変換, 205
ファン・ホーヴの相関関数, 150
フーリエ変換, 6, 12, 107, 196
フェルミ液体, 160–162
フェルミエネルギー, 46, 136
フェルミ気体, 47, 168
フェルミ速度, 50, 162
フェルミ-ディラック統計, 39
フェルミ面, 46
フェルミ粒子, 31
フェルミ粒子系
　　　—の波動関数, 31
　　　—のハミルトニアン, 37
フォック空間, 37
フォノン, 8, 11, 18, 23
複素エネルギー, 109, 123, 205
複素スカラー場
　　　—のハミルトニアン密度, 28
　　　—のラグランジアン密度, 27
覆転, 217
不純物準位, 130
物理的領域, 203
部分群, 217
不変距離, 174
不変デルタ関数, 184
ブリルアン-ウィグナー展開, 51, 54
ブリルアン領域, 9
ブルックナーの方法, 146
ブロッホ関数, 41
ブロッホの定理, 233
分極, 43, 102, 104, 148, 150, 156, 159
分極率, 148, 156
分散関係, 8, 148, 180, 205
分配関数, 101
並進群, 232
並進対称性, 107, 150, 163, 234
　　　格子の—, 6, 232, 233
β 崩壊, 200
ベーテ-サルピーター方程式, 116
ベクトル場, 9
ベクトルポテンシャル, 177

索引

変形ポテンシャル, 42
ボーズ-アインシュタイン凝縮, 165
ボーズ-アインシュタイン統計, 39
ボーズ気体, 164
ボーズ粒子, 1
ポーラロン, 46
ボゴリューボフの方法, 164
ボルン級数, 123, 125
ボルン近似, 39, 63, 125, 128
ポワソン括弧, 99
ポワソン方程式, 119, 136

<ま>

マグノン, 11
マックスウェルの方程式, 176
マンデルスタムダイヤグラム, 204
マンデルスタム表示, 209
密度演算子, 97
　　　—の運動方程式, 99
密度行列, 96
　　　1粒子—, 105
　　　正準—, 100
　　　大正準—, 100
　　　2粒子—, 112
ミンコフスキー速度, 175

<や>

$U(1)$, 244
有効質量, 38, 76, 79
誘電関数, 148, 149
誘電率, 44, 46
誘導放射, 24, 39
湯川型相互作用, 25, 26, 207
輸送理論, 101
ユニタリー群, 244
陽子, 200, 202, 244
要素 (群の), 212
陽電子, 50, 194
揺動散逸定理, 153
弱い相互作用, 200
4元電流密度, 178, 179, 198
4元ポテンシャル, 177, 179, 180, 197

<ら>

ラカー係数, 242
ラグランジアン密度, 14
ラグランジュの運動方程式, 16

ラプラシアン, 179
乱雑位相 (ランダムフェーズ) 近似, 158
ランダウ特異点, 208
ランダウ理論 (フェルミ流体の), 160
リー群, 235
リー代数, 239
リウヴィル方程式, 99
リップマン-シュウィンガー方程式, 124
量子化, 36
量子電磁力学, 199
類, 224
励起子, 115
レイリー散乱, 23
レイリー-シュレーディンガー級数, 54
レゾルベント, 121
連結クラスターの定理, 144
連結したグラフ, 89, 110
連続群, 233
連続体, 11
　　　—のハミルトニアン, 12
ローレンツ条件 (ローレンツゲージ), 179
ローレンツ不変性, 173
ローレンツ変換, 174
ローレンツ力, 178, 198

<わ>

ワイル方程式, 190

訳者略歴

1990年　大阪大学大学院基礎工学研究科物理系専攻前期課程修了
　　　　㈱日立製作所　中央研究所　研究員
1996年　㈱日立製作所　電子デバイス製造システム推進本部　技師
1999年　㈱日立製作所　計測器グループ　技師
2001年　㈱日立ハイテクノロジーズ　技師

著書

Studies of High-Temperature Superconductors, Vol. 1
　（共著，Nova Science，1989）
Studies of High-Temperature Superconductors, Vol. 6
　（共著，Nova Science，1990）

訳書

『多体系の量子論』（シュプリンガー，1999）
『現代量子論の基礎』（丸善プラネット，2000）
『メソスコピック物理入門』（吉岡書店，2000）
『量子場の物理』（シュプリンガー，2002）
『ニュートリノは何処へ？』（シュプリンガー，2002）
『低次元半導体の物理』（シュプリンガー，2004）
『素粒子標準模型入門』（シュプリンガー，2005）
『半導体デバイスの基礎（上/中/下）』（シュプリンガー，2008）

ザイマン　現代量子論の基礎―新装版

2008 年 9 月 20 日　初 版 発 行
2019 年 1 月 31 日　第 2 刷発行

訳 者　樺 沢 宇 紀　　　ⓒ 2008

発行所　丸善プラネット株式会社
　　　　〒101-0051　東京都千代田区神田神保町 2-17
　　　　電 話 03-3512-8516
　　　　http://planet.maruzen.co.jp/

発売所　丸善出版株式会社
　　　　〒101-0051　東京都千代田区神田神保町 2-17
　　　　電 話 03-3512-3256
　　　　https://www.maruzen-publishing.co.jp

印刷・製本/富士美術印刷株式会社

ISBN 978-4-901689-97-7 C3042